软件测试

主　编◎李晓华
副主编◎蔡文瑞　张泽民　罗　宁
参　编◎苏　锦　彭启慧　李虹羽

上海交通大学 出版社
SHANGHAI JIAO TONG UNIVERSITY PRESS

内容提要

本书从软件工程基础出发,介绍了软件测试在软件生命周期中所处的地位和作用,还从黑盒测试方法、自动化测试技术、接口及性能测试、持续集成等几个方面,讲解了软件测试涉及的技术要点。本书全部采用项目化教学的方式,以仿电力门户网站项目为主线,帮助读者掌握黑盒测试的几种常用的分析方法、Selenium 框架的基本应用技能、接口及性能测试的主流工具的应用,并了解持续集成在软件测试中的基本应用场景。

本书主要面向大专院校软件相关专业学生以及软件测试岗位的从业者。

图书在版编目(CIP)数据

软件测试/李晓华主编. —上海:上海交通大学出版社,2023.9
ISBN 978-7-313-29375-6

Ⅰ.①软… Ⅱ.①李… Ⅲ.①软件-测试 Ⅳ.①TP311.5

中国国家版本馆 CIP 数据核字(2023)第 169980 号

软件测试

RUANJIAN CESHI

主　　编:	李晓华		
出版发行:	上海交通大学出版社	地　　址:	上海市番禺路 951 号
邮政编码:	200030	电　　话:	021-64071208
印　　制:	上海万卷印刷股份有限公司	经　　销:	全国新华书店
开　　本:	787mm×1092mm　1/16	印　　张:	20.5
字　　数:	461 千字		
版　　次:	2023 年 9 月第 1 版	印　　次:	2023 年 9 月第 1 次印刷
书　　号:	ISBN 978-7-313-29375-6		
定　　价:	68.00 元		

版权所有　侵权必究
告读者:如发现本书有印装质量问题请与印刷厂质量科联系
联系电话:021-56928178

前　言

伴随着我国软件技术及相关产业几十年的发展，目前市面上已经出现了很多以软件测试为主题的书籍。这些书籍虽然涵盖了软件测试各个领域的技术和工程方法，但是以项目内容作为主线，适合初学者的书籍并不多见。

本书围绕电力行业的项目进行编写，从电力门户的项目背景开始介绍，为读者介绍了电力行业的发展情况，同时也讲解了软件测试的发展历程，以及软件测试职业的发展前景等内容。本书主要围绕 Web 门户网站 UI 及功能测试、自动化测试、性能测试、接口测试以及持续集成方法的应用等内容进行讲解。在项目演练的过程中穿插讲解理论知识。比如：在 Web 功能测试环节讲解一些软件工程方法、测试基础理论、常用黑盒测试方法等；在接口测试环节讲解 RESTful 接口的工作原理；在自动化测试环节讲解 Selenium 框架、Pytest 框架以及 Allure 领域的相关知识。

本书编写的目的是帮助广大大专院校的学生学习软件测试工作内容，了解软件测试在项目开发过程中的作用，并且能在没有任何项目背景的前提下，逐步独立进行软件测试的相关工作。同时在本书的项目讲解内容中，也有很多适合广大软件测试从业人员的内容。比如：Pytest 框架在自动化测试项目中的使用技术；Allure 技术在自动化报告生成中的应用；持续集成在软件测试项目中的应用等。总体来说，本书对初学者进入软件测试领域很有帮助，对软件测试从业人员也同样适用，可以帮助他们梳理知识体系、扩展思路。

本书的编写得到了北京软通动力教育科技有限公司的相关专家和工作人员的帮助，同时也采纳了热心网友提供的建议，在此一并表示感谢。最后希望广大读者在阅读本书时能有所收获，能在成功道路上多垫一块砖。

目 录

项目 1　电力门户测试项目概述 ···（001）

　　任务 1.1　软件测试概述 ···（001）

　　任务 1.2　电力门户项目概述 ···（002）

项目 2　电力门户网站前端 UI 以及功能测试分解 ···（005）

　　任务 2.1　软件工程基础理论 ···（006）

　　任务 2.2　常用黑盒测试设计方法介绍 ···（013）

　　任务 2.3　用户注册及登录模块测试 ··（016）

　　任务 2.4　电力门户前端 UI 功能及兼容性测试 ···（020）

　　任务 2.5　Web 门户网站安全测试 ··（027）

项目 3　电力门户后台 Web 端自动化测试 ···（034）

　　任务 3.1　自动化测试开发环境搭建 ··（035）

　　任务 3.2　电力门户后台管理端环境搭建 ··（085）

　　任务 3.3　电力门户后端新闻列表功能及自动化测试 ··（093）

　　任务 3.4　电力门户用户管理功能及自动化测试 ···（120）

项目 4　重构电力门户自动化测试项目 ··（133）

　　任务 4.1　Pytest＋Allure 测试框架介绍与部署 ··（135）

　　任务 4.2　Allure 在电力门户自动化项目中应用 ··（202）

项目 5　电力门户后台 API 接口及性能测试 ··（244）

　　任务 5.1　电力门户后台管理端 API 接口测试 ··（247）

　　任务 5.2　电力门户后台管理端接口性能测试 ··（275）

项目 6　持续集成在软件测试项目中的应用 ·· (306)

　　任务 6.1　Jenkins 工具安装部署 ··· (307)

　　任务 6.2　Jenkins 持续集成应用 ··· (309)

参考文献 ··· (322)

项目 1　电力门户测试项目概述

场景导入

本项目首先从软件测试的专业角度，介绍了软件测试的发展历史，描述了软件测试从最初的"调试"角色中逐步独立出来，慢慢演变成为一个与软件开发平等的职业。软件测试也慢慢演变成为一门有科学理论支撑的学科。随着软件工程学科的出现，软件测试在整个软件工程中的地位也越来越重要。软件测试在此期间也发展出不同的类别，比如：功能测试、性能测试、兼容性测试、交互性测试、安全测试等。本项目介绍软件测试的发展历程，描述了软件测试职业的发展路线，帮助广大从业人员理清思路，启发软件测试人员的职业规划。

本项目的任务2从项目所在的行业出发，介绍了我国电力行业的发展现状和在国民经济中所占的比例，阐明了电力行业在国计民生中所发挥的巨大作用。同时本书简要说明了所涉及项目的背景，简述了电力门户项目的发展初衷，以及项目采用的主要技术框架，并介绍了项目的主要功能模块，方便读者从较高的视角理解本书编写的意图。

知识路径

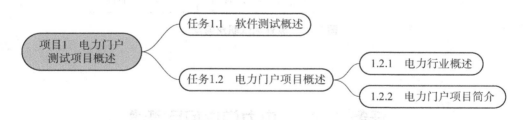

任务1.1　软件测试概述

软件测试是伴随着软件开发而产生的。早期，软件的规模较小、复杂度较低，其开发过程也杂乱无序，软件测试的含义比较狭窄，开发人员将测试等同于"调试"，其测试通常由开发人员兼任。整个软件行业对软件测试的认知低，投入也微乎其微。到了20世纪80年代初期，IT行业进入了快速发展阶段。软件趋向大型化、高复杂度。软件的质量越来越重要。这一现状推动整个行业逐渐重视软件测试,不仅一些软件测试的基础理论和实用技术开始出现,而且随着人们为软件开发设计各种流程和管理方法,软件测试也产生了功能测试、自动化测试、性能测试、解决方案测试、客户化测试等多个细分领域。

软件测试行业的发展,给众多的从业人员带来了发展机遇。目前,软件测试人员的职业发展通道非常广泛,如图 1-1 所示。软件测试人员在职业初期就可以结合自身特点选择适合的职业发展通道。

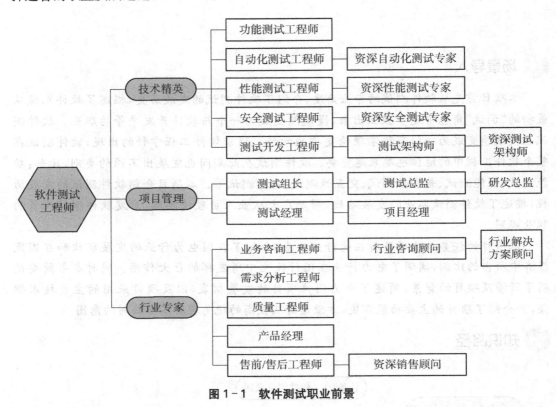

图 1-1 软件测试职业前景

任务 1.2 电力门户项目概述

1.2.1 电力行业概述

电力是由发电、输电、变电、配电、用电等环节组成的电力生产与消费系统,它将自然界的能源通过机械能装置转化成电力,再经输电、变电和配电将电力供应到各用户。

电力行业是指国家标准化管理委员会发布的《国民经济行业分类》(GB/T 4754—2017)中提到的电力生产业和电力供应业。

电力生产业是指利用热能、水能、核能及其他能源等产生电能的生产活动,包括火力发电、热电联产、水力发电、核力发电、风力发电、太阳能发电、生物质能发电和其他发电生产8个子行业。2002年以前"国家电力公司"统管所有电力产业。2002年电力体制改革后,"国家电力公司"分成了现在的国家电网和南方电网以及几大发电集团。涉及中国发电行业的主要企业有"五大集团":中国华能集团、中国大唐集团、中国华电集团、国家电力投资集团、国家能源投资集团。

电力供应业是指利用出售给用户电能的输送与分配活动,以及供电局的供电活动等。我国涉及业输电、变电、配电和用电的企业主要是国家电网和南方电网。

在我国电力行业的发展过程中,由于各种能源发电技术的起点不同,各子行业处于不同的发展阶段。在丰富的煤炭资源支持下,火力发电技术起步较早,技术发展较为成熟,火电行业已经步入成熟期;水电行业已发展成为我国的第二大电源,近年来行业规模保持稳定增长,已经步入成长期;而风电、太阳能、生物质能和核电技术起步相对较晚,且在国内还存在着一些成本、技术上的问题,尚处于导入期,占比相对较小。在清洁能源中,风电技术更成熟一些。

1.2.2 电力门户项目简介

电力企业是关系国民经济命脉和国家能源安全的特大型国有重点骨干企业。国内电力龙头企业以投资、建设、运营电网为核心业务,承担着保障安全、经济、清洁、可持续电力供应的基本使命。

电力门户项目是以电力行业为基础,围绕电力行业的用户场景及需求特征,进行网页设计与制作课程教学使用的实践开发类项目。电力门户项目继承了大型门户系统(Portal)特点,构筑了由信息网络、数据交换、数据中心、应用集成、企业门户五个部分组成的一体化企业级信息集成平台。电力门户项目实现了论坛、专题、期刊、频道内容的实时展示,同时支持站点地图、站内信息资源共享,而且提供中文繁、简体及英文切换。电力门户项目采用当前流行的微服务架构设计,前端页面通过RESTful接口获取后台数据,后端通过Web页面进行管理和内容维护。本教材将围绕电力门户项目开展前端UI测试、Web管理端测试以及自动化测试和REST API接口以及性能测试,同时也讲解持续集成在软件测试中的应用。通过本教材的实操项目,使同学们掌握软件测试的方法和关键技能。

 项目小结

本项目首先从学科发展的方向对软件测试的行业发展历程进行了描述,同时介绍了软件测试人员职业发展的路径,帮助广大从业人员对自身的职业发展进行一个清晰的规划;其次结合电力行业的发展概况,介绍了电力行业在国民经济中的地位,以及电力行业紧跟时代的发展步伐并通过自身改革所取得的一些成绩;最后对本书中涉及的电力门户项目进行了介绍,主要包括电力门户项目的背景、项目的主要功能以及项目所采用的技术框架等。

综合练习

1. 判断题：软件测试就是软件调试。（　　）
2. 判断题：软件测试是开发和维护过程中的活动。（　　）
3. 单选题：Myers 在 1979 年提出了一个重要观点，即软件测试的目的是（　　）。
   A. 证明程序正确　　　　　　　　B. 查找程序错误
   C. 改正程序错误　　　　　　　　D. 验证程序无错误

项目 2　电力门户网站前端 UI 以及功能测试分解

场景导入

项目 1 对整个测试行业的发展历程进行了描述，并对软件测试行业的前景进行了展望，主要是帮助广大学生及从业人员分析行业特征，找准自我定位，为职业生涯规划提供思路。我们接下来进入业务领域的实践环节。电力门户网站前端主要提供了用户访问主站信息的人机接口。网站前端包含了以下几大模块：关于我们、新闻中心、社会责任、业务领域、科技创新、党的建设、在线服务等。本项目将围绕网站前端的功能测试，从测试需求的分析、测试设计方法应用、用例设计、输入数据编排、测试执行等全流程多个环节切入测试工作的实景中去，帮助大家对功能测试有一个全面的认识和理解。比如：测试需求分析环节需要我们对用户的原始需求进行全面解读。第一步要找准测试目标，千万不要出现待测 A 功能，结果却测试了 B 功能的情况；第二步厘清业务流程，能清晰描述业务流程全貌，以便在用例设计时搞清前置条件，执行用例后准确描述预期结果；第三步理解业务规则和参数范围，有助于我们进行测试数据的编排。在测试设计的环节中，本项目将结合被测业务的特点在测试设计中运用等价类划分、边界值分析等设计方法，对前面的测试需求分析的内容展开用例设计。针对 Web 前端项目的特点和 UI 特性开展测试，比如：站内链接的有效性、页面 Title 及 Logo 标志信息、文章标题与图文一致性、网站的兼容性测试等，让我们能大致清楚 Web 前端项目的主要测试对象。

知识路径

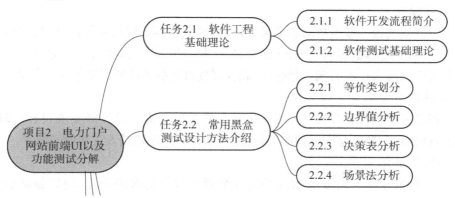

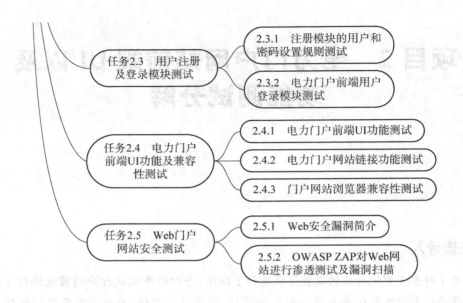

任务2.1 软件工程基础理论

2.1.1 软件开发流程简介

在开展项目任务之前,我们首先对软件工程的基础理论以及测试理论进行阐述,以方便我们在后面的任务中理清思路,并明白所开展的任务都是有充足的基础理论支撑的。下面我们先讲述软件工程的相关内容,什么是软件工程?构成软件工程的要素是什么?

软件工程是指导计算机软件开发和维护的工程学科。其采用工程的概念、原理、技术和方法来开发与维护软件,把经过时间考验而证明正确的管理技术与当前能够得到的最好的技术和方法结合起来。软件工程是在整个软件生命周期内,都能起到科学指引,并能有效提升软件生产效率、解决实际问题的一门工程性学科。

1. 瀑布模型

软件的开发流程一般包括问题定义、可行性研究、需求分析、系统设计(包含概要设计和详细设计)、系统实现(编码)、测试、发布、运行和维护等阶段,如图2-1所示。

下面我们以瀑布模型为例,详细介绍软件开发过程的各阶段需要承担的任务。

1) 问题定义

用户提出一个软件开发需求以后,分析人员首先要明确软件的实现目标、规模及类型,如是数据处理问题还是实时控制问题,是科学计算问题还是人工智能问题等。

2) 可行性研究

基本任务:对于上一阶段所确定的问题是否有可行的解决办法,内容包括经济可行

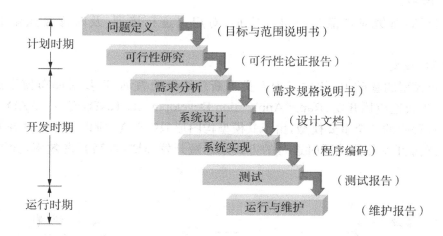

图 2-1 软件开发瀑布模型

性、技术可行性、法律可行性以及不同的方案。

完成目标：针对关于问题性质、工程目标和规模、问题定义的书面报告，给出可行性论证报告。

3）需求分析

基本任务：为了解决这个问题，目标系统必须做什么？确定系统必须具有的功能和性能，系统要求的运行环境，并且预测系统发展的前景。

完成目标：给出软件需求规格说明书（Specification）。

4）系统设计（概要设计）

基本任务：概括性描述，应如何解决这个问题？设计出实现目标系统的几种可能的方案，并结合实际场景推荐一个最佳方案。

完成目标：给出概要设计文档。

5）系统设计（详细设计）

基本任务：详细描述如何具体地实现这个系统。

完成目标：设计出程序的详细规格说明。

6）系统实现（编码）

基本任务：写出正确的容易理解、容易维护的程序模块。

完成目标：以某种程序设计语言表示的源程序清单。

7）测试（单元测试、集成测试、系统测试）

基本任务：采用合适的设计方法和设计用例，以此检验软件的各单独模块以及整体系统是否达到需求规格说明书中规定的技术要求。

完成目标：软件合格，能交付用户使用。

8）运行与维护

基本任务：使系统持久地满足用户的需要。包括改正性维护、适应性维护、完善性维护、预防性维护。

完成目标:持续对产品运行进行维护,对用户进行培训,及时修复遗留的产品缺陷。

2. RAD 模型

在瀑布模型的基础上,软件工程人员不断总结经验教训,逐步对瀑布模型进行改进,由此产生快速应用开发(Rapid Application Development,RAD)模型。RAD 模型是软件开发过程中的一个重要模型,由于其模型构图形似字母 V,所以又称软件开发的 V 模型。它通过开发和测试同时进行的方式来缩短开发周期,提高开发效率,如图 2-2 所示。

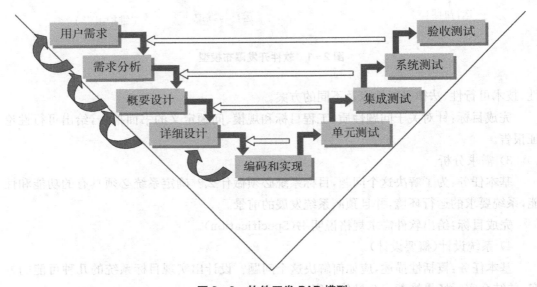

图 2-2 软件开发 RAD 模型

优点:相对于瀑布模型,V 模型测试能够尽早的进入开发阶段。

缺点:虽然测试进入开发阶段较早,但是真正进行软件测试是在编码之后,这样忽视了测试对需求分析、系统设计的验证,时间效率上也会大打折扣。

3. 敏捷开发模型

从二十世纪九十年代开始,敏捷开发模型逐渐引起人们广泛关注。敏捷开发模型是一种以人为核心、快速迭代、循序渐进的开发方法。它强调以人为本,专注于交付对客户有价值的软件。它是一个用于开发和维持复杂产品的框架。它把一个大项目分为多个相互联系,但也可独立运行的小项目,并分别完成,在此过程中软件一直处于可使用状态。图 2-3 展示了敏捷开发的工作流程。

图 2-4 更加简洁地展示了敏捷开发模型的整个迭代周期内的工作内容与分工合作的场景,将敏捷开发过程中所倡导的小步快跑的敏捷精髓充分体现了出来。

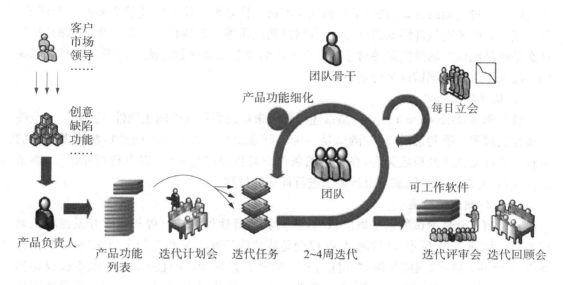

图 2-3　敏捷开发工作流程图

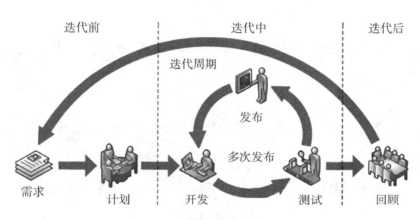

图 2-4　敏捷开发模型简易流程

优点：敏捷开发模型确实使项目进入实质开发迭代阶段时，用户可以很快看到一个基线架构版的产品。敏捷开发模型注重市场快速反应能力，所以客户前期满意度高。

缺点：敏捷开发模型注重人员的沟通，忽略文档的重要性。若项目人员流动太大，会给维护带来不少难度。特别是项目的新手比较多时，老手会比较累。需要项目中存在经验较丰富的人，否则大项目中容易遇到瓶颈问题。项目的人员过多不仅不利于发挥敏捷开发模型的优点，而且可能导致整体混乱。

2.1.2　软件测试基础理论

上一项目的内容对软件工程的定义以及软件开发流程、产品生命周期作了较为详尽的说明。通过上面的介绍,我们了解到软件测试工作是整个流程中比较重要的一个环节。所以我们有必要对软件测试的概念,以及软件测试所涉及的理论方法作一次简单的说明。什么是软件测试?软件测试的对象是什么?我们该怎么开展软件测试?带着这些疑问我们一起来了解软件测试这个行业的常识。

1. 软件测试的定义

软件测试(Software Testing)是描述一种用来促进鉴定软件的正确性、完整性、安全性和质量的过程。换句话说,软件测试是一种实际输出与预期输出之间的审核或者比较的过程。软件测试的经典定义为:在规定的条件下对程序进行操作,以发现程序错误,衡量软件质量,并对其是否能满足设计要求进行评估的过程。

2. 软件测试的分类

在了解了软件测试的基本概念以后,我们看一看软件测试过程与软件开发流程的对应关系。如图2-5所示,软件测试W模型是从软件开发的V模型衍生出来的,是软件开发V模型的发展,强调的是测试伴随着整个软件开发周期,而且测试的对象不仅仅是程序,需求、功能和设计同样也要测试。测试与开发是同步进行的,从而有利于尽早地发现问题。

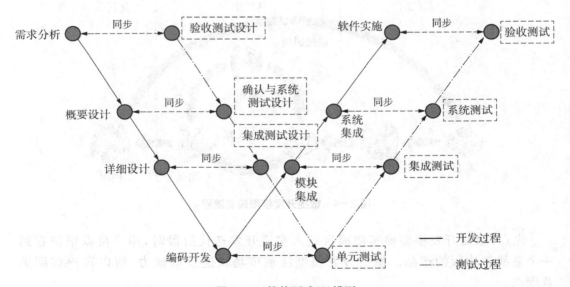

图2-5 软件测试W模型

软件测试活动可以从开展阶段、运行方式、是否涉及代码等不同的维度进行分类,目前测试行业对于软件测试的分类详情如图2-6所示。

接下来我们重点介绍按阶段划分和按是否查看源代码划分的测试,首先介绍按照阶段划分的测试分类:单元测试、集成测试、系统测试、验收测试,如表2-1所示。

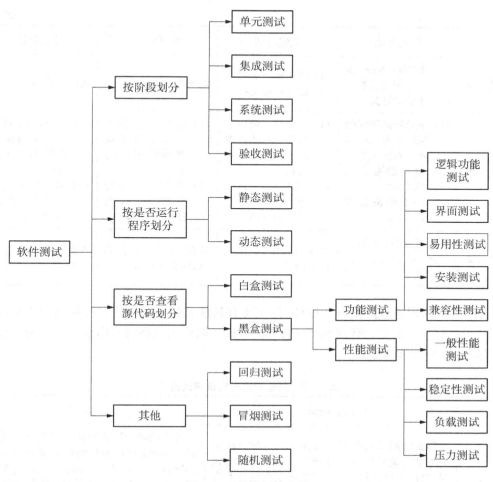

图 2-6 软件测试分类

表 2-1 按阶段划分测试分类

	单元测试	集成测试	系统测试	验收测试
概念	对软件中的最小可测试单元进行检查和验证	在单元测试的基础上，将所有模块按照概要设计要求组装成子系统或系统后的测试，重点测试不同模块的接口部分	将整个软件系统看作一个整体进行测试，包括对功能、性能以及软件所运行的软硬件环境进行测试	旨在向未来的用户展示该软件系统已能满足其需求和要求
测试时机	编码之后，代码已经通过编译之后	在单元测试下一个阶段实施	集成测试之后	系统测试后期，软件正式交付用户使用之前
测试人员	白盒测试工程师或开发人员	白盒测试工程师或开发人员	黑盒测试工程师	用户和黑盒测试工程师

续 表

	单元测试	集成测试	系统测试	验收测试
测试依据	(1) 源程序本身,包括代码和注释 (2) 详细设计文档	(1) 单元测试的模块 (2) 概要设计文档	需求规格说明书	需求规格说明书
通过标准	(1) 单元测试用例的执行率为100%,通过率为95% (2) 语句的覆盖率达100% (3) 分支的覆盖率达85%	(1) 各个单元模块结合到一起能够协同配合,正常运行 (2) 测试用例的执行率为100%,通过率为95%	(1) 系统功能、性能等满足需求规格说明书中的要求 (2) 测试用例的执行率为100%,通过率为95%	(1) 系统功能、性能等满足需求规格说明书中的要求 (2) 测试用例的执行率为100%,通过率为95%
主要方法	控制流测试、数据流测试、排错测试、分域测试等	自顶向下测试、自底向上测试	功能测试、性能测试、随机测试等	Alpha测试、Beta测试

除了按照阶段进行测试分类以外,测试还有其他几种分类方式。按照是否查看程序内部结构进行划分的分类有:白盒测试、黑盒测试。同样用表格展示白盒与黑盒两种测试的差异,如表2-2所示。

表2-2 白盒测试与黑盒测试差异

	白盒测试	黑盒测试
概念	又称结构测试或逻辑驱动测试。这种方法是把测试对象看作一个打开的透明盒子。测试时,测试人员会利用程序内部的逻辑结构及有关信息,通过在不同点检查程序状态,检验程序中的每条通路是否都能按预定要求进行正确工作	又称为功能测试或数据驱动测试。顾名思义这种方法就是把测试对象看作一个不能打开的黑盒子。测试时,测试人员完全不用考虑盒子里面的逻辑结构和具体运作,只依据程序的需求规格说明书,检查程序的功能是否符合它的功能说明,检验输出结果是否正确
实施人员	测试工程师或开发人员	测试工程师或用户
测试依据	(1) 源程序本身,包括代码和注释 (2) 详细设计文档	需求规格
主要方法	逻辑覆盖、循环覆盖和基本路径测试	等价类划分、边界值分析、因果图、错误推测等
应用	软件验证测试	软件确认测试

按照是否运行程序测试,可以分成静态测试和动态测试。两者的差异如表2-3所示。

静态测试:不运行被测试系统程序,而只是静态地检查程序代码、界面或文档可能存在的错误的过程,可以采用人工检视或者自动化工具分析两种方式展开。静态测试内容包括:①代码测试,主要测试代码是否符合相应的标准和规范;②界面测试,主要测试软件

表 2-3 静态测试与动态测试差异

测试阶段	静态测试	动态测试
可行性评审	√	
需求评审	√	
设计评审	√	
代码走读	√	
单元测试		√
集成测试		√
系统测试		√
验收测试		√

的实际界面与需求中的说明是否相符；③文档测试，主要测试用户手册和需求说明是否真正符合用户的实际需求。

动态测试：运行被测软件，输入相应的测试数据，检查实际输出结果和预期结果是否相符的过程。

任务 2.2　常用黑盒测试设计方法介绍

2.2.1　等价类划分

1. 等价类划分概述

等价类是指某个输入域的子集合，在该子集合中，测试某等价类的代表值就等于这一类其他值的测试，对于揭露程序的错误是等效的。因此，全部输入数据可以合理地划分为若干个等价类。在每一个等价类中取一个数据作为测试的输入条件，就可以用少量的代表性的测试数据取得比较好的效果。

等价类划分可以分为两类：

（1）有效等价类：对于程序的规格说明来说是合理的、有意义的输入数据构成的集合，利用有效等价类可以检验程序是否实现了规格说明中所规定的功能和意义。

（2）无效等价类：与有效等价类相反，是指对程序的规格来说是无意义的、不合理的输入数据构成的集合。

2. 等价类划分原则

假设一个程序 P 有输入量 X 和 Y 及输出量 Z，在字长为 64 位的计算机上运行。若 X、Y 取整数，按黑盒方法进行穷举测试，可能采用的测试数据组为 $2^{64} \times 2^{64} = 2^{128}$。

等价类划分法是把程序的输入域划分成若干部分，然后从每个部分中选取少数代表性数据当作测试用例。每一类的代表性数据在测试中的作用等价于这一类中的其他值，也就是说，如果某一类中的一个例子发现了错误，这一等价类中的其他例子也能发现同样的错误；反之，如果某一类中的一个例子没有发现错误，则这一类中的其他例子也不会查出错误。把全部输入数据合理划分为若干等价类，在每一个等价类中取一个数据作为测试的输入条件，就可以用少量代表性的测试数据取得较好的测试结果。

等价类划分的步骤如下：
(1) 划分等价类；
(2) 细划分等价类；
(3) 建立等价类表；
(4) 编写测试用例。

2.2.2 边界值分析

1. 边界值分析设计原则

边界值分析作为等价类划分的补充，通过选择等价类的边界值作为测试用例。

基于边界值分析有如下原则：

(1) 如果输入条件规定了值的范围，应选择刚到达这个范围的边界的值，以及刚刚超过这个范围边界的值作为测试输入数据。

(2) 如果输入条件中规定了值的个数，则用最大个数、最小个数、比最小个数少一、比最大个数多一作为测试数据。

(3) 如果规格说明书给出的输入域或输出域的有序集合，则应选取集合的第一个元素和最后一个元素作为测试用例。

(4) 如果程序中使用了内部数据结构，则应选择内部数据结构的边界上的值作为测试用例。

2. 边界值分析的两种方法

(1) 一般边界值分析：一般取 Min、Min＋、Normal、Max－、Max。

(2) 健壮性边界值分析：除了一般边界值分析外，还包括 Min－、Max＋。

2.2.3 决策表分析

决策表又叫判定表，是分析多种逻辑条件下执行不同操作的技术。决策表由以下四部分组成。

(1) 条件桩：列出问题的所有条件，条件的顺序无关紧要；
(2) 动作桩：列出问题规定可能采取的所有动作，排列顺序没有约束；
(3) 条件项：列出了针对条件桩的取值在所有可能情况下的真假值；
(4) 动作项：列出了在条件项的各组取值的有机关联情况下应采取的动作。

另一方面，决策表中的规则，指的是任何条件组合的特定取值以及相应要执行的动作，在决策表中贯穿条件项和动作项的一列就是一条规则，决策表中列出多少条件取值，就对应多少条规则，条件项就有多少列。比如表 2-4 是一个使用决策表制作的打印机测试用例。

表2-4 决策表分析案例

条件桩	不能打印	Y	Y	Y	Y	N
	红灯闪	Y	Y	N	N	Y
	不能识别打印机	Y	N	Y	N	Y
动作桩	检查电源线			√		
	检查打印机数据线	√		√		
	检查是否安装驱动程序	√		√		√
	检查墨盒	√	√			√
	检查是否卡纸		√		√	

2.2.4 场景法分析

同一事件不同的触发顺序和处理结果形成事件流,每个事件流触发时的情景便形成了场景。

场景法一般包含基本流和备选流(也叫备用流)。从一个流程开始,通过描述经过的路径来确定过程,经过遍历所有的基本流和备用流来形成整个场景。场景法的基本设计步骤如下:

(1)根据说明,描述程序的基本流以及各项备选流;

(2)根据基本流和各项备选流生成不同的场景;

(3)对每一个场景生成相应的测试用例;

(4)对生成的所有测试用例重新复审,去掉多余的测试用例。测试用例确定后,对每一个测试用例确定测试数据值。

场景法分析的原理如图2-7所示。

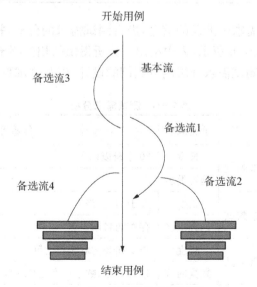

图2-7 场景法分析原理图

任务 2.3　用户注册及登录模块测试

2.3.1　注册模块的用户和密码设置规则测试

1. 用户注册模块需求分析

本次任务主要对电力门户网站的用户登录功能进行需求分析，首先我们从软件需求文档中将用户注册的相关需求信息开展分析，以下是从软件需求文档中摘出的用户注册功能的需求描述信息，如表 2-5 所示。

表 2-5　用户注册需求说明

描述要素	描述内容	备注事项
需求名称	用户注册	
需求编号	SRS-UC001	
需求简述	用户填写注册信息，并提交保存	用户名长度在 20 字符以内，密码长度在 8~20 字符之间且包含数字、字母、特殊字符
参与者	用户	
前置条件	已经进入用户注册界面	
后置条件	用户可以登录，并进行关联操作	
特殊需求	提供验证码验证	

根据以上用户注册需求中涉及的信息，进行测试需求的分析，提取需求中关联的测试点以及业务规则。如表 2-6 所示，表中给出了分析得出的相关测试点以及测试思路，后面我们将根据分析得出的测试需求开展测试用例的设计，以及测试数据的构造。

表 2-6　测试需求分析

功能模块	功能	测试点	子测试点	分析思路
用户注册	用户名	正常测试	长度	20 字符以内
			是否重名	否
		异常测试	长度	大于 20 字符
			是否重名	存在同名用户名
	密码	正常测试	长度	长度在 8~20 字符之间
			数据内容	包含字母、数字以及特殊字符（~!@#￥%……&*_-）

续表

功能模块	功能	测试点	子测试点	分析思路
		异常测试	长度	小于8字符或者大于20字符
			数据内容	(1) 不包含字母 (2) 不包含数字 (3) 不包含特殊字符(～！@#￥%……&*_-)

2. 应用等价类划分方法进行用例设计

按照产品的需求规格的描述,注册登录用户时设置的密码需要满足以下条件:

(1) 密码必须由8~20位的字符组成;

(2) 密码必须包含字母、数字以及特殊字符(～！@#￥%……&*_-)

根据上面规格需求中提出的要求,我们利用等价类分析方法,对用户注册模块中的用户密码信息进行等价类划分,如表2-7所示。

表2-7 等价类划分

序号	有效等价类	序号	无效等价类
1	密码长度为8~20字符且包含数字、字母、特殊字符	1	密码长度大于20字符
		2	密码长度小于8字符
		3	长度在8~20字符之间,不包含数字
		4	长度在8~20字符之间,不包含字母
		5	长度在8~20字符之间,不包含特殊字符

依据上面的有效等价类和无效等价类的规则,我们可以给出一些测试数据,提供给测试用例设计使用,如表2-8所示。

表2-8 等价类取值

序号	有效等价类取值	序号	无效等价类取值
1	@3a0989#12	1	@3aqawsxedcrfvgbyhnujm
2	￥qq4578903wsxcdfgty	2	#1c
3	￥1a2b3c4d5f	3	￥qazwsxedc
4	&12345qazwsx	4	%1234567890
5	!0987uio	5	1a2b3c4d5f

结合表2-8中的测试数据,我们可以开展测试用例的设计,得到如表2-9所示的注册操作的功能性用例。

表2-9 注册操作用例设计

用例编号	用例标题	预置条件	测试输入	执行步骤	预期结果
register-001	输入正确用户名,错误的密码(位数大于20),进行用户注册,返回失败信息	网络正常	用户名:test001 密码:@3aqawsxedcrfvgbyhnujm	(1) 打开门户网站页面 (2) 输入测试数据 (3) 单击注册按钮	注册失败,返回设置密码不符合规则
register-002	输入正确用户名,错误的密码(位数小于8),进行用户注册,返回失败信息	网络正常	用户名:test001 密码:#1c	(1) 打开门户网站页面 (2) 输入测试数据 (3) 单击注册按钮	注册失败,返回设置密码不符合规则
register-003	输入正确用户名,错误的密码(不包含数字),进行用户注册,返回失败信息	网络正常	用户名:test001 密码:¥qazwsxedc	(1) 打开门户网站页面 (2) 输入测试数据 (3) 单击注册按钮	注册失败,返回设置密码不符合规则
register-004	输入正确用户名,错误的密码(不包含字母),进行用户注册,返回失败信息	网络正常	用户名:test001 密码:%1234567890	(1) 打开门户网站页面 (2) 输入测试数据 (3) 单击注册按钮	注册失败,返回设置密码不符合规则
register-005	输入正确用户名,错误的密码(不包含特殊字符),进行用户注册,返回失败信息	网络正常	用户名:test001 密码:1a2b3c4d5f	(1) 打开门户网站页面 (2) 输入测试数据 (3) 单击注册按钮	注册失败,返回设置密码不符合规则
register-006	输入已被注册过用户名,符合规则的密码,返回失败信息	网络正常	用户名:test001 密码:¥qq4578903wsxcdfgty	(1) 打开门户网站页面 (2) 输入测试数据 (3) 单击注册按钮	注册失败,返回用户test001已经被注册
register-007	输入符合规则的未注册用户,符合规则的密码,提示注册成功	网络正常	用户名:×××× 密码:从表2-8中遍历有效数据	(1) 打开门户网站页面 (2) 输入测试数据 (3) 单击注册按钮	注册成功,用刚刚注册的用户密码能登录进入主页

3. 测试执行步骤

(1) 结合用户和密码的设置规则,通过等价类划分有效数据和无效数据;

(2) 分别利用有效数据和无效数据进行测试,验证测试结果;

(3) 将测试数据和结果记录到测试用例表格中。

2.3.2 电力门户前端用户登录模块测试

1. 结合实际业务规则划分密码位数等价类区间

在2.3.1节中已经讨论了产品需求描述中,关于用户注册的密码设置的2个必须满足的条件。在接下来的边界值测试中,我们将第一条规则进行边界值测试分析。所以在接下来的内容中,我们假定设置的密码内容完全满足第二条规则(包含数字、字母、特殊字符)。

2. 应用边界值分析设计相关用例

按照边界值的分析思路,我们在下边界附近取值9,然后再到上边界附近取值19,另外两个边界值8、20也是需要作为测试输入数据进行考虑的,还有8~20之间要随机取一个中间正常值,如图2-8所示。

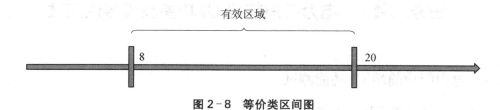

图2-8 等价类区间图

根据上述分析的结论,我们接下来进行测试用例的设计,如表2-10所示。

表2-10 测试用例设计

用例编号	用例标题	预置条件	测试输入	执行步骤	预期结果
login-001	输入正确用户名,错误的密码(位数小于8),登录失败	网络正常	用户名:test001 密码:@d29034	(1)打开门户网站页面 (2)输入测试数据 (3)单击登录按钮	登录失败,返回密码出错提示
login-001	输入正确用户名,错误的密码(位数大于20),登录失败	网络正常	用户名:test002 密码:@d12345678903777373ss	(1)打开门户网站页面 (2)输入测试数据 (3)单击登录按钮	登录失败,返回密码出错提示
login-003	输入正确用户名,正确的密码(位数等于8),登录成功	网络正常	用户名:test003 密码:@d123456	(1)打开门户网站页面 (2)输入测试数据 (3)单击登录按钮	登录成功
login-004	输入正确用户名,正确的密码(位数等于20),登录成功	网络正常	用户名:test004 密码:@d1234567890sd239078	(1)打开门户网站页面 (2)输入测试数据 (3)单击登录按钮	登录成功
login-005	输入正确用户名,正确的密码(位数等于9),登录成功	网络正常	用户名:test005 密码:@d1234567	(1)打开门户网站页面 (2)输入测试数据 (3)单击登录按钮	登录成功
login-006	输入正确用户名,正确的密码(位数等于19),登录成功	网络正常	用户名:test006 密码:@d1234567890w2345tu	(1)打开门户网站页面 (2)输入测试数据 (3)单击登录按钮	登录成功

3. 测试执行步骤

(1) 结合边界值分析方法,确定测试使用的输入数据;

(2) 利用分析得到的基础输入数据,设计测试用例;

(3) 将测试数据和结果记录到测试用例表格中。

任务 2.4　电力门户前端 UI 功能及兼容性测试

2.4.1　电力门户前端 UI 功能测试

1. 电力门户前端页面 Logo 测试

进入门户主页面后,观察浏览器中对应页面的 Tittle 信息是否包含了对应的企业 Logo,同时鼠标移动到对应的 Logo 上时会显示企业的中英文名称,以及当前主页的地址信息,如图 2-9 所示。

图 2-9　前端页面 Logo 测试

2. 电力门户主页轮播图功能测试

单击图 2-10 下方的图片切换图标,轮播图中的图片内容能够进行平滑切换无延迟或者卡滞现象。单击轮播图左边的箭头图标,依次向左切换图片,图片显示正常,箭头的切换功能可循环进行。

图 2-10　轮播图功能测试

3. 电力门户网站 Cookie 测试

在浏览器设置项中,将 Cookie 相关的配置暂时关闭,具体操作如图 2-11 所示。

图 2-11　浏览器 Cookie 设置页面

然后返回主页,浏览相关使用了第三方 Cookie 的页面,会返回相关提示信息,同时包含第三方 Cookie 的页面无法正常显示出来,见图 2-12。

图 2-12　Cookie 禁用测试页

4. 电力门户网站前端语言类型切换测试

国家电力网站的主页的右上角有中文简体、中文繁体、英文三种语言切换的链接。单击"中文繁体"链接,整个页面内容会切换成繁体字,如图 2-13 所示。而且单击任何其他链接进入的页面中的内容都会以繁体字的形式展示出来(包括页面菜单文字和各种页面链接文字)。

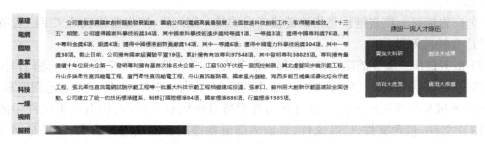

图 2-13　语言类型切换(繁体字)

单击门户网站的英文链接,进入英文主页。整个页面的内容以英文的形式展示出来,如图 2-14 所示。

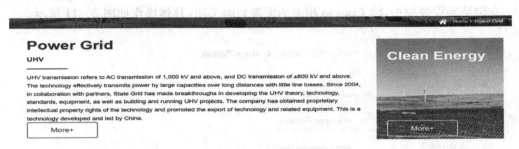

图 2-14 语言类型切换（英语）

2.4.2 电力门户网站链接功能测试

链接是指在系统中的各模块之间传递参数和控制命令，并将其组成一个可执行整体的过程。链接也称超链接，是指从一个网页指向另一个目标的连接关系，所指向的目标可能是另一个网页、相同网页上的不同位置、图片、电子邮件地址、文件、应用程序等。

1. 常见的链接种类

（1）推荐链接。推荐链接是指链接与被链接网页之间并不存在一定的相关性，如某些网站会对网络上经常使用的一些网站给予一个推荐链接。例如，教育类网站会自动增加一个单向的推荐链接。

（2）友情链接。友情链接是指链接与被链接网页之间，在内容和网站主题上存在相关性，通常链接网页与被链接的网页所涉及的主题是同一行业。

（3）引用链接。引用链接是指网页中需要引用一些其他文件时，提供的一个链接，被链接的资源可能是学术文献、声音文件、视频文件等其他多媒体文件，也可以是邮箱地址、个人主页等。

（4）扩展链接。在设计过程中为了给用户提供更广泛的资料，通常会设置一些相关的参考资料链接，这类链接为扩展链接。扩展链接与当前网页的主题并不一定存在相关性。

（5）关系链接。关系链接主要是体现链接与被链接网页之间的关系，两者之间并不一定存在相关性。

（6）广告链接。广告链接是指该链接指向的是一则广告，广告链接包括文字广告链接和图片广告链接两种。

（7）服务链接。服务链接是指该链接以服务为主，并不涉及业务交易。如一些门户网站的相关服务专区，在服务专区中设置一些常用的服务，如火车票查询、天气预报、地图搜索等。

链接测试是从待测网站的根目录开始搜索所有的网页文件，对所有网页文件中的超链接、图片文件、包含文件、CSS 文件、页面内部链接等所有链接进行读取，如果是网站内文件不存在、指定文件链接不存在或者指定页面不存在，则将该链接和在文件中的具体位置记录下来，直到该网站所有页面中的链接都测试完后才结束测试。因为一般大型的商业网站包含的链接数量庞大，采用手工单击链接跳转方式进行测试的效率太低，所以我们一般采用目前比较流行的 HTML Link Validator 这样的专用工具，对网站的链接进行测试。

2. 应用 HTML Link Validator 测试网站链接

1）从官网地址下载安装程序

找到 HTML Link Validator 的官网，并从该页面下载最新版本的安装程序，如图 2-15 所示。

图 2-15　HTML Link Validator 下载页面

2）HTML Link Validator 工具安装步骤详解

运行 HTML Link Validator 的安装程序 hlvsetup.exe，进入安装界面，如图 2-16 所示。

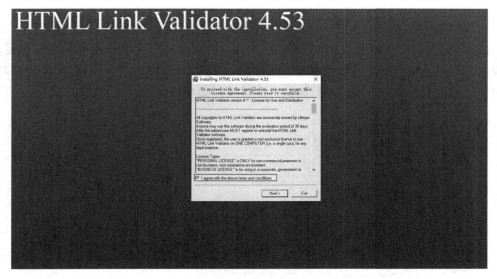

图 2-16　安装界面

勾选软件安装条款,并单击"Next"按钮执行下一步操作,进入选择安装路径的界面,如图 2-17 所示,在 PC 上选择一个合适的目录,将安装目录的全路径填写到标注的地方。然后单击"Start"按钮开始安装,进度条达到 100% 后,弹出安装完成的界面,单击"OK"完成安装操作。

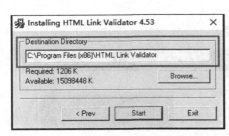
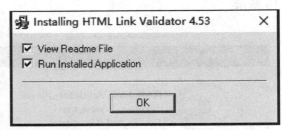

图 2-17　选择安装目录与安装完成界面

3) 运行 HTML Link Validator 进入工具主界面

双击运行 HTML Link Validator,进入工具主界面,如图 2-18 所示。

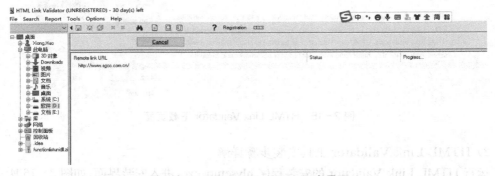

图 2-18　HTML Link Validator 主界面

4) 配置待测试网站地址,并验证全网链接有效性

HTML Link Validator 工具可以检查 Web 中的链接情况,检查是否存在孤立页面。该项工具可以在很短时间内检查数千个文件,不仅可以对本地网站进行测试,还可以对远程网站进行测试。对远程网站进行测试的配置可以参考图 2-19 的设置。

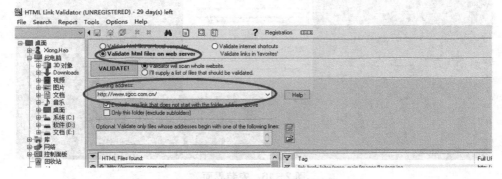

图 2-19　网站链接有效性测试

5）查看并分析

测试完毕后，可以通过 Report 菜单中的 HTML Report 查看测试结果。在被测试结果链接列表中，双击任意链接可直接打开该链接所在文件，并定位在该链接处，可以对链接直接进行修改。该功能能够节约寻找错误链接的时间，加快修改速度，如图 2-20 所示。

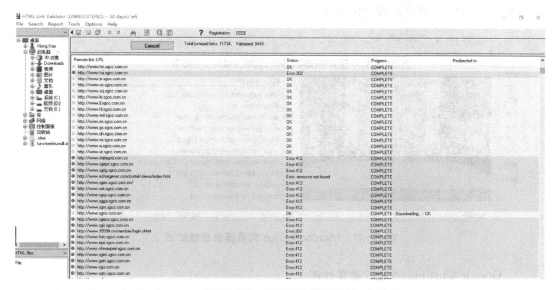

图 2-20　链接测试报告显示

2.4.3　门户网站浏览器兼容性测试

目前主要浏览器厂家的市场份额，相差比较大，所以我们在做浏览器兼容性测试的时候，一般都会选取一些份额大的主流厂商的产品进行测试，表 2-11 是第三方调查机构给出截至 2024 年全球的浏览器产品份额的调查表。

表 2-11　截至 2024 年全球浏览器市场份额调查表

浏览器版本	市场份额
Google Chrome	64.62%
Safari	19.91%
Microsoft Edge	5.45%
Opera	3.31%
Firefox	3.06%
其他厂家	3.65%

对于浏览器兼容性的测试，主要是选择当前主流的浏览器访问门户网站的主页，观察

页面的内容、字体、图片及页面布局是否符合设计要求。我们选取了 Microsoft Edge、Google Chrome、Firefox 这三种浏览器进行兼容性测试。

1. Microsoft Edge 浏览器兼容性测试

图 2-21 是 Microsoft Edge 浏览器上对门户进行兼容性测试的图例，整个布局和内容都能正常显示，达到产品设计的要求。

图 2-21　Microsoft Edge 浏览器兼容性测试

2. Google Chrome 浏览器兼容性测试

在 Google Chrome 浏览器中访问门户地址，同样对相关页面的内容以及页面布局进行检查。如图 2-22 所示。

图 2-22　Google Chrome 浏览器兼容性测试

3. Firefox 浏览器兼容性测试

通过 Firefox 浏览器访问门户主页，对页面内容、页面布局、图片显示、字体信息等进行观察，最终确定通过 Firefox 浏览器访问门户主页，能正常显示。即达到了产品最初的设计要求,Firefox 浏览器兼容性测试效果如图 2-23 所示。

图 2-23 FireFox 浏览器兼容性测试

任务2.5　Web 门户网站安全测试

2.5.1　Web 安全漏洞简介

随着各类 Web 系统、社交软件等的普及应用,基于 Web 环境的互联网应用越来越广泛。企业信息化的过程中,越来越多的应用也都架设在 Web 平台上。Web 业务的迅速发展吸引了黑客们的强烈关注,接踵而至的就是 Web 安全威胁的问题凸显。黑客利用网站操作系统的漏洞和 Web 服务程序的 SQL 注入漏洞等得到 Web 服务器的控制权限,轻则篡改网页内容,重则窃取重要内部数据,或在网页中植入恶意代码,使网站访问者受到侵害。这使得越来越多的用户关注应用层的安全问题,Web 应用安全的重要性也与日俱增。如果在系统开发阶段或使用过程中加强 Web 安全测试与分析,则可比较有效地防患于未然,提高 Web 应用安全。常见的 Web 安全问题主要有以下几个方面。

1. XSS

跨站脚本攻击(Cross Site Scripting,XSS),因为缩写与 CSS(Cascading Style Sheets)相同,所以叫 XSS。XSS 的原理是恶意攻击者往 Web 页面里插入可执行恶意网页脚本代码。当用户浏览该网页之时,嵌入 Web 里面的脚本代码会被执行,从而可以达到攻击者盗取用户信息或其他侵犯用户安全隐私的目的。XSS 的攻击方式千变万化。

2. CSRF

跨站请求伪造攻击(Cross-Site Request Forgery,CSRF),其原理是攻击者可以盗用用户的登录信息,以用户的身份模拟发送各种请求。攻击者只要借助少许的社会工程学诡计，例如通过 QQ 等聊天软件发送的链接（有些还伪装成短域名，用户无法分辨），攻击者就能迫使 Web 应用的用户去执行攻击者预设的操作。例如，当用户登录网络银行去查看其存款余额，在他没有退出网络银行时，就单击了一个 QQ 好友发来的链接，那么该用户银行账户中的资金就有可能被转移到攻击者指定的账户中。所以遇到 CSRF 攻击时，将对终端用户的数据和操作指令构成严重的威胁。当受攻击的终端用户有管理员账户的时候，CSRF 攻击将会危及整个 Web 应用程序。

3. SQL 注入

SQL 注入漏洞（SQL injection vulnerability）是 Web 开发中最常见的一种安全漏洞。可以用它来从数据库获取敏感信息，或者利用数据库的特性执行添加用户、导出文件等一系列恶意操作，甚至有可能获取数据库乃至系统用户最高权限。造成 SQL 注入的原因是因为程序没有有效地转义、过滤用户的输入，使攻击者成功地向服务器提交其所构造的恶意 SQL 查询代码。程序在接收后错误地将攻击者的输入作为查询语句的一部分执行，导致原始的查询逻辑被改变，额外地执行了攻击者精心构造的恶意代码。很多 Web 开发者没有意识到 SQL 查询是可以被篡改的，从而把 SQL 查询当作可信任的命令。殊不知，SQL 查询是可以绕开访问控制而绕过身份验证和权限检查的。更有甚者，有可能通过 SQL 查询去运行主机系统级的命令。

4. OS 命令注入

OS 命令注入与 SQL 注入差不多，只不过 SQL 注入是针对数据库的，而 OS 命令注入是针对操作系统的。OS 命令注入攻击指通过 Web 应用，执行非法的操作系统命令达到攻击的目的。只要在能调用 Shell 函数的地方就有被攻击的风险。倘若调用 Shell 函数时存在疏漏，就可以执行插入的非法命令。OS 命令注入攻击可以向 Shell 发送命令，让 Windows 或 Linux 操作系统的命令行启动程序。也就是说，通过 OS 命令注入攻击可执行操作系统上安装着的各种程序。

5. DDoS 攻击

分布式拒绝服务（Distributed Denial of Service，DDoS）攻击的原理是利用大量的请求造成资源过载，导致服务器的服务不可用，正常的请求无法得到响应。

6. 流量劫持

流量劫持基本分两种：DNS 劫持和 HTTP 劫持。目的都是一样的，就是当用户访问某网站的时候，给用户展示的并不是或者不完全是该网站提供的"内容"。如果当用户通过某一个域名访问一个站点的时候，被篡改的 DNS 服务器返回的是一个恶意的钓鱼站点的 IP，用户就被劫持到了恶意钓鱼站点，继而会被钓鱼站点输入各种账号密码信息，泄漏隐私。HTTP 劫持主要是当用户访问某个站点的时候会经过运营商网络，而不法运营商和黑客勾结能够截获 HTTP 请求返回内容，并且能够篡改内容，然后再返回给用户，从而实现劫持页面，轻则插入小广告，重则直接篡改成钓鱼网站页面盗取用户信息。

7. 服务器漏洞

服务器除了以上提到的这些漏洞和攻击以外，还有很多其他的漏洞，往往也很容易被忽视,下面介绍几种。

(1) 越权操作漏洞。越权操作漏洞可以简单地总结为 A 用户能看到或者操作 B 用户的隐私内容。

(2) 目录遍历漏洞。目录遍历漏洞指通过在 URL 或参数中构造"../"、"./"和类似的跨父目录字符串的 ASCII 编码、unicode 编码等,完成目录跳转,读取操作系统各个目录下的敏感文件,也可以称作"任意文件读取漏洞"。

(3) 物理路径泄露。物理路径泄露属于低风险等级缺陷。它的危害一般被描述为攻击者可以利用此漏洞得到信息,来对系统进一步地攻击,通常都是系统报错 500 的错误信息直接返回到页面可见导致的漏洞。得到物理路径有些时候它能给攻击者带来一些有用的信息,比如说:可以大致了解系统的文件目录结构,可以看出系统所使用的第三方软件,也说不定会得到一个合法的用户名(因为很多人把自己的用户名作为网站的目录名)。防止这种泄露的方法就是做好后端程序的出错处理,定制特殊的 500 报错页面。

(4) 源码暴露漏洞。源码暴露漏洞和物理路径泄露类似,就是攻击者可以通过请求直接获取用户站点的后端源代码,然后就可以对系统进一步研究并攻击。

2.5.2 OWASP ZAP 对 Web 网站进行渗透测试及漏洞扫描

1. OWASP ZAP 及其功能简介

OWASP ZAP 全称是 OWASP Zed Attack Proxy,是一款 Web Application 集成渗透测试和漏洞扫描工具,同样是免费开源跨平台的。相比于商业版的 Burp Suite 和 AppScan 工具,OWASP ZAP 不乏为一款不错的商用版替代工具,也是安全人员入门的极佳体验工具。OWASP ZAP 支持截断代理、主动被动扫描、Fuzzy、暴力破解并且提供 API,是世界上最受欢迎的免费开源安全工具之一。OWASP ZAP 可以帮助我们在开发和测试应用程序过程中,自动发现 Web 应用程序中的安全漏洞。同时 OWASP ZAP 适用于所有的操作系统和 Docker 的版本,而且简单易用,还拥有强大的社区,能够在互联网上找到多种额外的功能插件。OWASP ZAP 工作原理在安全性测试领域,常见的安全性测试类型可以分为以下几种。

(1) 漏洞评估——对系统进行扫描来发现其安全性隐患;

(2) 渗透测试——对系统进行模拟攻击和分析来确定其安全性漏洞;

(3) Runtime 测试——通过终端用户的测试来评估系统安全性(手工安全性测试分析);

(4) 代码审查——通过代码审计分析评估安全性风险(静态测试、评审)。

OWASP ZAP 原理是以攻击代理的形式来实现渗透性测试,类似于 Fiddler 抓包机制,即对系统进行模拟攻击和分析来确定其安全性漏洞,能够以代理的形式来实现渗透性测试。它将自己置于用户浏览器和服务器中间,充当一个中间人的角色,浏览器与服务器的任何交互都将经过 OWASP ZAP 转发,而 OWASP ZAP 则可以通过对其抓包进行分析、扫描,其原理如图 2-24 所示。

图 2-24　OWASP ZAP 工作原理

2. OWASP ZAP 应用讲解

由于 OWASP ZAP 是使用 Java 语言开发，所以在安装之前，首先需要安装 Java8 或者 JDK1.8 及以上版本。OWASP ZAP 的下载地址为 https://www.zaproxy.org/download/，针对不同的系统可以选择相应的安装文件进行下载与安装，具体下载页面请参考图 2-25 所示。

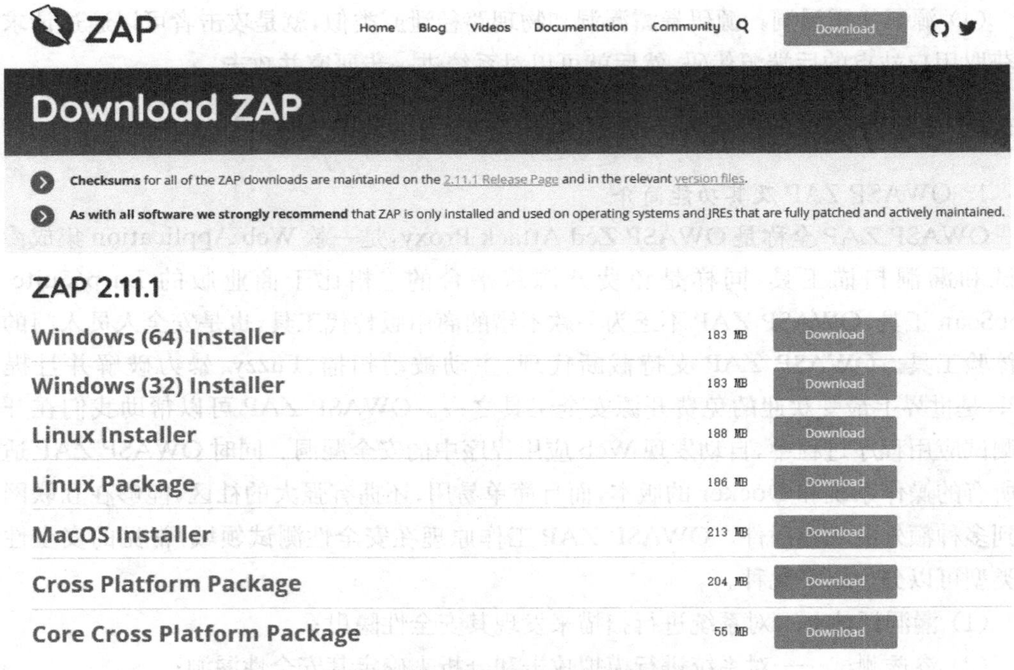

图 2-25　OWASP ZAP 下载页面

下载完安装文件以后，按照安装指引完成 OWASP ZAP 的安装。首次启动 OWASP ZAP 时，系统将询问用户是否要保留 OWASP ZAP 会话。默认情况下，始终使用默认名称和位置将 OWASP ZAP 会话记录到 HSQLDB 数据库中的磁盘上。如果不保留会话，则退出 OWASP ZAP 时将删除这些文件。保存进程则可以让你的操作得到保留，下次只要打开历史进程就可以取得之前扫描过的站点以及测试结果等。一般来说，如果对固定的产品做定期扫描，应该保存一个进程作为长期使用，选第一个或者第二个选项都可以。如果只是想先简单尝试 OWASP ZAP 功能，可以选择第三个选项，那么当前进程暂时不会被保存,具体设置如图 2-26 所示。

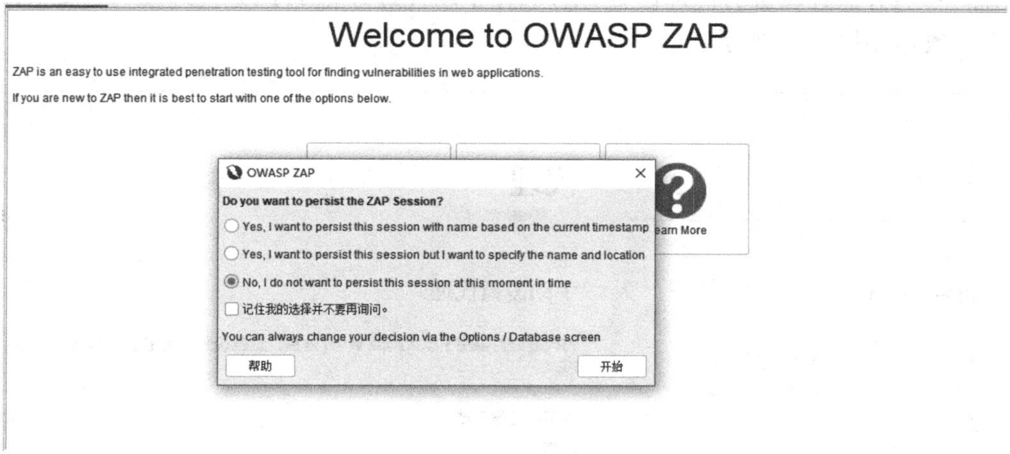

图 2-26 Session 会话配置

在开始使用该工具进行渗透测试之前,如前文所述,首先需要将它设置为我们的浏览器代理。打开"工具"→"选项"→"本地代理"选项,OWASP ZAP 默认地址和端口是标准的 localhost:8080,如图 2-27 所示。

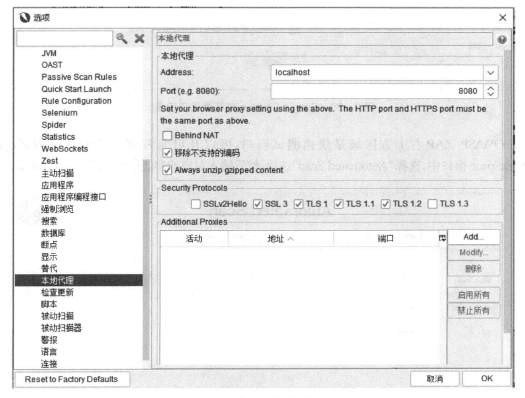

图 2-27 代理设置

接下来我们只需要去修改浏览器代理，以 Google Chrome 浏览器为例：在"设置"→"系统"→"打开您计算机的代理设置"里，选择手动代理并将 HTTP 代理设为与 OWASP ZAP 一致，如图 2-28 所示。

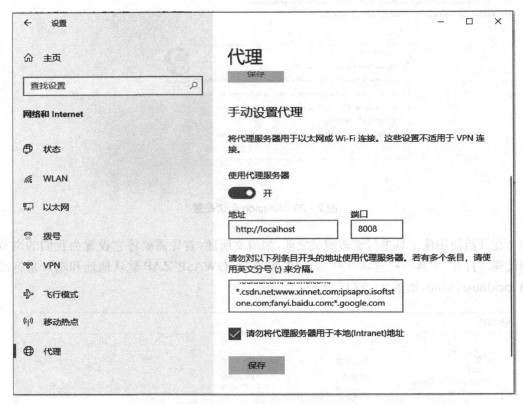

图 2-28　Google Chrome 浏览器代理设置

OWASP ZAP 右上方区域是快速测试窗口，可以开启非常傻瓜式的渗透测试，在 WorkSpace 窗口中，选择"Automated Scan"选项，然后输入对应的参数信息，如图 2-29 所示。

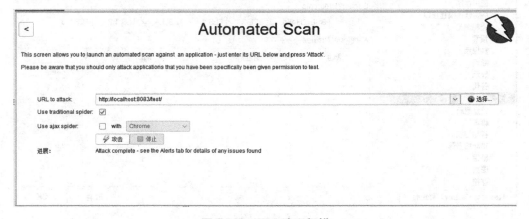

图 2-29　ZAP 渗透扫描

扫描完成以后，可以得到 OWASP ZAP 的扫描结果信息，通过不同的图标将风险项目进行标识，切换到"警报"标签页，就可以看到风险项目的详细信息了，如图 2-30 所示。

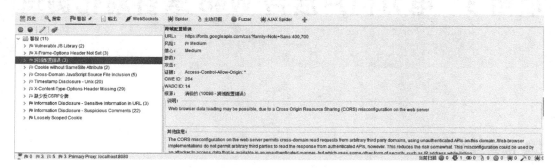

图 2-30 ZAP 漏洞扫描结果

项目小结

本项目以电力门户的前端功能及 UI 界面功能点作为测试对象，运用了多种常用的测试设计方法完成前端用户登录测试、网站 Cookie 测试、网站内部链接测试、浏览器兼容性测试等内容。同时也对 Web 安全漏洞的概念进行了讲解，并列举了目前常见几种安全漏洞，然后通过 OWASP ZAP 工具对本项目的后台管理端进行了渗透测试及安全漏洞扫描的演练。通过对以上测试内容的实施，帮助大家理解测试设计方法如何在实际任务中进行应用，同时对 Web 前端项目的测试工作所涉及的技术点有比较全面清晰的了解。

综合练习

1. 单选题：下列软件属性中，软件产品需要最先满足的是（　　）。
   A. 功能需求　　　　　　　　B. 性能需求
   C. 可扩展性和灵活性　　　　D. 容错纠错能力
2. 单选题：软件开发的几个阶段包括（　　）。
   A. 需求分析、概要设计、详细设计、编码实现、发布及运维
   B. 需求分析、详细设计、编码实现、测试、发布与运维
   C. 需求分析、概要设计、详细设计、编码实现、测试、发布与运维
   D. 需求分析、编码实现、测试、发布与运维
3. 单选题：渗透测试人员在做 Web 渗透测试时，通常不需要对（　　）做测试。
   A. SQL 注入　　　B. 目录遍历　　　C. 文件上传漏洞　　　D. 数据库内部数据
4. 问答题：什么是渗透测试？

项目 3　电力门户后台 Web 端自动化测试

场景导入

项目 2 介绍了对电力门户网站的前端进行功能性测试的一些方法和技巧。接下来我们将围绕后台的管理端学习如何进行自动化测试。电力门户网站是一个大的综合性门户网站。该网站以最新、最快、最全的内容，充分反映电力工业发展与成就的最新动态为主要特点，涵盖了国内外电力概况介绍、电力发展动态、中国水电、政策法规、科技、改革等方面的内容，是电力行业内信息覆盖最为全面的网站之一，具有良好的信息基础。该网站架构采用前后端分离的形式。电力门户网站前端主要面向广大的用户群体，提供新闻中心、党建、电网、科技创新、服务、国内外电力企业等几大综合性板块，帮助用户了解电力企业发展动态、行业趋势，同时还能在网站上开展线上业务办理。电力门户网站后台管理端主要提供了用户权限管理、新闻采编、评论管理、流程审批等几大功能模块。

本项目主要围绕电力门户网站后台管理端的用户管理与新闻列表这两大功能点，开展自动化测试专项任务。从测试需求分析、自动化开发环境搭建、自动化脚本编写、自动化用例调试以及自动化测试执行报告分析等多个维度，全流程展示自动化测试。

知识路径

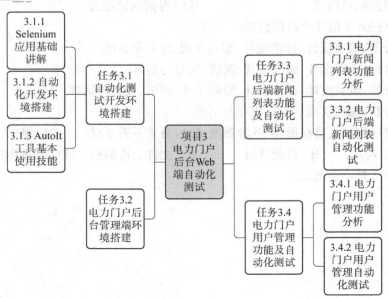

任务3.1 自动化测试开发环境搭建

3.1.1 Selenium 应用基础讲解

1. Selenium 元素定位

Web 应用以及包含超文本标记语言(HTML)、层叠样式表(CSS)、JavaScript 脚本的 Web 页面,基于用户的操作行为诸如:跳转到指定网址,或是点击提交按钮,浏览器向 Web 服务器发送请求,Web 服务器响应请求,返回给浏览器 HTML 以及相关的 JavaScript、CSS、图片等资源。浏览器使用这些资源生成 Web 页面,其中包含 Web 各种视觉元素,例如文本框、按钮、标签、图标、复选框、单选按钮、列表、图片等。上面列举的这些资源,我们普通用户并不用关心,放心交给 HTML 去组织并且最终呈现在浏览器里。这些视觉元素或控件都被 Selenium 称为页面元素(WebElement)。

当我们想让 Selenium 自动地操作浏览器时,就必须告诉 Selenium 如何去定位某个元素或一组元素。每个元素都有着不同的标签名和属性值,Selenium 提供了多种选择与定位元素的方法。

在使用 Selenium 测试之前,我们通常会先去查看页面源代码,借助工具可以帮助我们了解页面结构。值得庆幸的是,目前绝大多数的浏览器都内置有相关插件,能够快速、简洁地展示各类元素的属性定义、DOM 结构、JavaScript 代码块、CSS 样式等属性。接下来我们以 Google Chrome 浏览器为例学习浏览器自带的开发者工具如何进行元素定位。

打开 Google Chrome 浏览器并浏览网址"https://www.baidu.com/",按键盘中的"F12"弹出开发者工具,选择进入"元素"页签。查看元素光标,单击百度页面中的输入框,对应的 HTML 的元素内容会显示蓝色背景,如图 3-1 所示。

图 3-1 元素定位图

Selenium 提供了 8 种 find_element_by 方法用于定位元素。接下来我们将逐一介绍方法细节,如表 3-1 所示。

表 3-1 Selenium 常用定位元素方法

方法	描述	参数	示例
find_element_by_id(id)	通过元素的 ID 属性值来定位元素	id:元素的 ID	driver.find_element_by_id("search")
find_element_by_name(name)	通过元素的 name 属性值来定位元素	name:元素的 name	driver.find_element_by_name("q")
find_element_by_class_name(name)	通过元素的 class 名来定位元素	name:元素的类名	driver.find_element_by_class_name("button")
find_element_by_tag_name(name)	通过元素的 tag name 来定位元素	name:tag name	driver.find_element_by_tag_name("img")
find_element_by_xpath(xpath)	通过 XPath 来定位元素	xpath:元素的 XPath	driver.find_element_by_XPath("//*[@id=\"kw\"]")
find_element_by_css_selector(css_selector)	通过 CSS 选择器来定位元素	css_selector:元素的 CSS 选择器	driver.find_element_by_css_selector("#kw")
find_element_by_link_text(link_text)	通过元素标签对之间的文本信息来定位元素	link_text:文本信息	driver.find_element_by_link_text("account")
find_element_by_partial_link_text(link_text)	通过元素标签对之间的部分文本信息来定位元素	link_text:部分文本信息	driver.find_element_by_partia_link_text("account")

1) 元素定位 find_element_by_id

我们可以使用 ID 属性的值来查找元素。在搜索 DOM 时,浏览器使用 ID 作为识别元素的首选方法,这提供了最快的速度定位策略。让我们看看如何使用 ID 属性在登录表单上查找元素,以下为 HTML 代码。

代码 3-1 HTML 表单代码

```
<form name="loginForm">
    <label for="username">UserName:</label>
    <input type="text" id="username"/><br/>
    <label for="password">Password:</label>
    <input type="password" id="password"/><br/>
    <input name="login" type="submit" value="Login"/>
</form>
```

下面的例子中使用 ID 属性,来定位 username 和 password 两个字段所对应的元素。

代码 3-2 使用 id 定位代码

```
ele_username=driver.find_element_by_id("username")
ele_password=driver.find_element_by_id("password")
```

一般来说,如果 HTML 的 ID 是可用的、唯一的且是可预测的,那么它就是在页面上定位元素的首选方法。它的工作速度非常快,可以避免复杂的 DOM 遍历带来的大量处理。

2) 元素定位 find_element_by_name

在一些比较特殊的场景下,我们无法通过 ID 属性定位一个元素,例如:
(1) 并非页面上所有元素都指定了 ID 属性;
(2) 页面上的关键元素没有指定 ID 属性;
(3) 元素的 ID 属性值是由脚本动态随机生成的。

在以下例子中,在 login 表单中使用 name 属性而不是 ID 属性来定位元素。

代码 3-3 HTML 表单代码

```html
<form name="loginForm">
    <label for="username">UserName:</label>
    <input type="text" name="username"/><br>
    <label for="password">Password:</label>
    <input type="password" name="password"/><br>
    <input name="login" type="submit" value="Login"/>
</form>
```

在下面的例子中我们正是使用了 name 属性来定位元素,具体实现过程如下。

代码 3-4 使用 name 定位代码

```
ele_username=driver.find_element_by_name("username")
ele_password=driver.find_element_by_name("password")
```

3) 元素定位 find_element_by_class_name

除了使用 ID 和 name 属性外,我们还可以使用 class 属性来定位元素。class 属性通常用来关联 CSS 中定义的属性。在本例中,login 表单元素使用 class 属性而不是 id 属性。

代码 3-5 HTML 表单代码

```html
<form name="loginForm">
    <label for="username">UserName:</label>
    <input type="text" class="username"/><br>
```

```html
        <label for="password">Password:</label>
        <input type="password" class="password"/><br/>
        <input name="login" type="submit" value="Login"/>
</form>
```

在下面的例子中我们正是使用了 class 属性来定位元素。

代码 3-6 使用 class 定位代码

```
ele_username=driver.find_element_by_class_name("username")
ele_password=driver.find_element_by_class_name("password")
```

在有些场景下,一个 Web 元素可能包含多个 class,如下例。

代码 3-7 HTML 中 Input 代码

```html
<input type="text" class="st_1 st_2"/>
```

如果我们这时候按照上面方式将"st_1 st_2"作为 class_name 进行定位,Selenium 会抛出"selenium.common.exceptions.InvalidSelectorException"错误。我们需要改成如下方式,将 class_name 中的空格用"."替换,如下所示。

代码 3-8 多个 class 定位方法 1

```
ele_ipt=driver.find_element_by_class_name(."st_1.st_2")
```

或者采用如下的方式进行定位。

代码 3-9 多个 class 定位方法 2

```
ele_ipt=driver.find_element_by_class_name(."[class='st_1 st_2'")
```

4) 元素定位 find_element_by_tag_name

Selenium 提供了一个用 tag_name 方法来通过 HTML 查找元素标记名称。这类似于 JavaScript 中 getElementsByTagName 的 DOM 方法。当用户希望使用元素的标记名来定位元素时,可以使用此选项。

代码 3-10 HTML 中列表元素

```html
<ul class="promos">
    <li>
        <a href="http://demo.magentocommerce.com/home-decor.html">
            <img src="/media/wysiwyg/homepage-three-column-promo-01B.png">
```

```
        </a>
    </li>
</ul>
```

例如我们想要获取 tag_name 为 img 的元素可以采用如下的方式。

代码 3 - 11　使用 tag_name 定位代码

```
Imgs=driver.find_element_by_tag_name("img")
```

5) 元素定位 find_element_by_link_text

Selenium 提供了两种特殊的方法来查找页面上的链接。链接可以按文本或部分文本搜索。当链接包含动态文本时，查找包含部分文本的链接非常方便。首先，我们介绍按照文本查找链接的方法，先看看下面的 Web 页面中的 HTML 片段，这就是一个典型的链接元素。

代码 3 - 12　HTML 中链接元素

```html
<a href="# header-account"class="skip-link skip-account">
    <span class="icon"></span>
    <span class="label">account</span>
</a>
```

接下来的测试代码中，我们将通过 account 文本定位到其对应的链接，具体代码如下。

代码 3 - 13　使用 link_text 定位代码

```python
def test_my_account_link_is_displayed(self):
    # 获得 account 超链接
    account_link=self.driver.find_element_by_link_text("account")
    # 检查 account 超链接是否显示可见
    self.assertTrue(account_link.is_displayed())
```

6) 元素定位 find_element_by_xpath

XML 路径语言（XPath）是一种用于从 XML 中选择节点的查询语言文件。所有主流浏览器都可实现 DOM - Level - 3 - XPath 规范，提供对 DOM 树的访问。XPath 语言基于 XML 文档树模型，同时具备 XML 文档树中导航然后根据一定的规则搜索指定节点的能力。Selenium 支持通过 Xpath 表达式查找相关联节点的能力。接下来的案例中，我们将探索一些基本的 XPath 查询来定位元素，然后检索一些高级 XPath 查询。

代码 3-14 HTML 中包含链接图像的列表元素

```html
<ul class="promos">
    <li>
        <a href="http://demo.magentocommerce.com/vip.html">
            <img src="/media/wysiwyg/promo-02.png" alt="Shop Private Sales">
        </a>
    </li>
    ...
</ul>
```

接下来的测试代码中,我们尝试使用 find_element_by_xpath()方法,用<img>标签下的 alt 属性值来定位我们要找的元素。

代码 3-15 使用 XPath 定位代码

```python
# get vip promo image
vip_promo=self.driver.find_element_by_xpath("//img[@alt='Shop Private Sales']")
# check vip promo logo is displayed on home page
self.assertTrue(vip_promo.is_displayed())
```

XPath 基本定位语法,可以参考表 3-2 中的内容。

表 3-2 XPath 的基本语法组成

表达式	说明
/	绝对定位,从根节点选取
//	相对定位。从匹配选择的当前节点选择文档中节点,而不考虑它们的位置。
.	选取当前节点
..	选取当前节点的父节点
@	选取属性。@class="xxx",@id="xxx",属性放在中括号[]中
*	通配符,匹配所有。//*
@*	通配符,匹配所有属性。//*[@*="hello"]

2. Selenium 常用操作

1)浏览器操作

本小节我们将从初始化浏览器对象、访问页面、设置浏览器大小、刷新页面和前进后退等基础操作。首先看看如何进行浏览器的初始化操作的,参考如下代码。

代码 3-16　浏览器的初始化

```python
from selenium import WebDriver
# 初始化浏览器为 Chrome 浏览器
browser=WebDriver.Chrome()
```

我们还可以对浏览器配置进行更改。比如，禁止使用浏览器的密码保存、禁止提示自动化控制信息、设置人机检查免检模式等。

代码 3-17　浏览器的基本设置

```python
options=WebDriver.ChromeOptions()
# 禁止使用浏览器的密码保存
prefs={"credentials_enable_service":False,
                "profile.password_manager_enabled":False}
options.add_experimental_option("prefs",prefs)
# 设置免检测(开发者模式)
options.add_experimental_option('excludeSwitches',['enable-automation'])
# 禁用浏览器正在被自动化程序控制的提示
options.add_argument("disable-infobars")
browser=WebDriver.Chrome(options=options)
```

还有一些常规的浏览器操作，如最大化浏览器、浏览器前进后退操作、浏览器页面刷新以及关闭浏览器等操作。

代码 3-18　浏览器的基本操作

```python
browser=WebDriver.Chrome()
# 浏览器前进一步
browser.forward()
# 浏览器后退一步
browser.back()
# 刷新当前页面
browser.refresh()
# 设置分辨率 1000 * 800
browser.set_window_size(1000,800)
# 最大化浏览器窗口
browser.maximize_window()
# 关闭浏览器
browser.quit()
```

2) 常见 Web 元素属性及方法

接下来我们以经典的百度页面上的 Web 元素为例,讲解下 WebElement 的属性与典型方法使用,下面我们看看百度网页上选取的两个元素信息,如图 3-2 所示。

图 3-2 百度查询输入框和提交按钮

WebElement 常用的属性,我们将在表 3-3 中列举出来,针对每个属性使用方法也会有相应的实例供大家参考。

表 3-3 WebElement 常用属性

功能/属性	描述	实例
size	获取元素的大小	element.size()
tag_name	获取元素的 HTML 标签名称	element.tag_name()
text	获取元素的文本值	element.text()

对于上面的列表中列举的属性,下面的代码实例给出了详细的说明。

代码 3-19 WebElement 常用属性应用

```
from selenium import WebDriver
# 初始化浏览器为 Chrome 浏览器
driver=WebDriver.Chrome()
# 访问百度的首页
url= "https://www.baidu.com/"
    driver.get(url)
```

```
#通过 id 获得百度的查询输入框
    input_el=driver.find_element_by_id("kw")
#获得输入框的尺寸
size=input_el.size
#获得输入框的标签名称
tagname=input_el.tag_name
#获得输入框的文本值
text=input_el.text
```

接下来我们介绍一下 WebElement 的常用方法,表 3-4 是 WebElement 的常用方法。

表 3-4 WebElement 常用方法

方法	描述	参数	实例
clear()	清除文本框或者文本域中的内容		element.clear()
click()	单击元素		element.click()
get_attribute(name)	获取元素的属性值	name:元素的名称	element.get_attribute("value") 或 element.get_attribute("maxlength")
is_displayed()	检查元素对于用户是否可见		element.is_displayed()
is_enabled()	检查元素是否可用		element.is_enabled()
is_selected()	检查元素是否被选中。该方法应用于复选框和单选按钮		element.is_selected()
send_keys(*value)	模拟输入文本	value:待输入的字符串	element.send_keys("foo")
submit()	用于提交表单。如果对一个元素应用此方法,将会提交该元素所属的表单		element.submit()
value_of_css_property(property_name)	获取 CSS 属性的值	property_name:CSS 属性的名称	element.value_of_css_property("backgroundcolor")

下面的代码实例详细描述了 WebElement 方法列表中每种方法的详细说明。

代码3-20 WebElement 常用方法应用

```
from selenium import WebDriver
#初始化浏览器为 Chrome 浏览器
```

```
driver=WebDriver.Chrome()
# 访问百度的首页
url="https://www.baidu.com/"
    driver.get(url)
# 通过 id 获得百度的查询输入框
    input_el=driver.find_element_by_id("kw")
# 通过 XPath 方式获得"百度一下"提交按钮
    btn_submit=driver.find_element('XPath','//input[@type="submit"]')

# 清除输入框中的内容
    input_el.clear()
# 输入框中输入内容
input_el.send_keys("俄乌冲突")
# 提交表单进行查询
btn_submit

# 清除输入框中的内容
    input_el.clear()
# 获得"百度一下"提交按钮属性 value 值
btn_submit.get_attribute("value")
# 检查"百度一下"提交按钮是否可见
print(btn_submit.is_displayed())
```

3) 元素等待机制

在自动化测试中，我们为什么需要用到等待？我们做功能测试时，有时候会遇到页面需要等待若干时间才能加载出来，如果页面没加载出来之前我们就定位元素，执行元素表达式，是否能找到对应元素呢？答案显然是不能。因为元素定位的基本原理是通过 Web 页面文件的 DOM 树结构上面的信息来检索定位元素的。当页面尚未加载出来时，我们就需要等待元素出现之后，才能对元素进行操作。自动化测试的本质实际上是用机器脚本代替人工去执行相关的操作，所以人为操作的时候需要等待，写自动化脚本代码时我们也一样需要等待元素出现才能操作。相比页面反应速度，程序的代码执行速度是非常快的，所以要执行自动化测试就需要在合适的时间点执行相应的操作，节奏的控制是自动化执行成功与否的关键一环，下面介绍下 Selenium 常用的几种时间等待的方式。

（1）强制性等待。

什么是强制性等待？比如，日常生活中通过川流不息的马路，我们都要停下来，等待交通灯由红灯变成绿灯才能通过，这个等待时间就属于强制性等待。在 Python 脚本语言中已经给我们提供了强制等待方法，这时候我们会用到 Python 的内置 time 库提供的 sleep 方法，具体信息参考如下代码实例。

代码 3-21 强制等待 sleep 方法

```
from selenium import WebDriver
import time
from time import sleep
# 强制等待 5 秒
time.sleep(5)
```

这种等待方式属于硬等待，即不能保证在等待的时间内元素能完成加载，而且元素如果提前完成加载，还是会固定等到时间耗完，因此这种方式并不是一个效率高的等待方式。一般情况下不推荐这种方式。

（2）隐式等待。

Selenium WebDriver 提供了一种隐式等待方式来实现测试与页面效果同步。当一个隐式的 wait 在测试中应用的时候，如果 WebDriver 在网页的 DOM 中找不到对应元素，它将等待一段预定义的时间一直到元素出现在网页的 DOM 树节点中。如果在指定的时间内没有找到该元素，那么每隔 0.5 s 再去找，一旦超过指定的等待时间后，它将抛出 NoSuchElementException 异常。隐式等待对于解决由于网络延迟或利用 Ajax 动态加载元素所导致的程序响应时间不一致，是非常有效的。

代码 3-22 隐式等待 implicitly_wait 方法

```
from selenium import WebDriver
driver=WebDriver.Chrome()
driver.implicitly_wait(30)
driver.maximize_window()
# navigate to the application home page
driver.get("http://demo.magentocommerce.com/")
```

（3）显式等待。

显式等待是 WebDriver 中用于同步测试的另外一种等待机制。显式等待比隐式等待具备更好的操控性。与隐式等待不同，我们可以为脚本设置一些预置或定制化的条件，等待条件满足后再进行下一步测试。显式等待可以只用于仅有同步需求的测试用例。WebDriver 提供了 WebDriverWait 类和 expected_conditions 类来实现显式等待。expected_conditions 类提供了一些预置条件，来作为测试脚本进行下一步测试的判断依据。下面让我们创建一个包含显式等待的简单的测试，条件是等待一个元素可见。

代码 3-23 显式等待实例

```python
from selenium import WebDriver
class SearchProductTest(unittest.TestCase):
    def setUp(self):
        # create a new Chrome session
        self.driver=WebDriver.Chrome()
        self.driver.implicitly_wait(30)
        self.driver.maximize_window()
        # navigate to the application home page
        self.driver.get("http://demo.magentocommerce.com/")
    def test_account_link(self):
        account=WebDriverWait(self.driver,10).until(expected_conditions.
            visibility_of_element_located((by.link_text,"account")))

        account.click()
```

上面的例子中显式等待条件是等到包含 Account 文本的链接在 DOM 中可见，使用 visibility_of_element_located 方法来判断预期条件是否满足。visibility_of_element_located 是 expected_conditions 类提供方法的其中一种，接下来介绍一下 expected_conditions 类中涉及的方法，表 3-5 中详细介绍了通用的等待条件。

表 3-5 expected_conditions 类方法列表

预判条件	描述	实例
element_to_be_clickable(locator)	等待通过定位器查找的元素可见并且可用，以便确定元素是可点击的。此方法返回定位到的元素	WebDriverWait(self.driver,10).until(expected_conditions.element_to_be_clickable(by.name,"is_subscribed"))
element_to_be_selected(element)	等待直到指定的元素被选中	subscription=self.driver.find_element_by_name('is_subscribed') WebDriverWait(self.driver,10).until(expected_conditions.element_to_be_selected(subscription))
invisibility_of_element_located(locator)	等待一个元素在 DOM 是否存在并且可见	WebDriverWait(self.driver,10).until(expected_conditions.invisibility_of_element_located((by.id,"loading_banner")))
presence_of_all_elements_located(locator)	等待直到至少有一个定位器查找匹配到的目标元素出现在网页中。该方法返回定位到的一组 WebElement	WebDriverWait(self.driver,10).until(expected_conditions.presence_of_all_elements_located((by.class_name,"input-text")))

续 表

预判条件	描述	实例
presence_of_element_located(locator)	等待直到定位器查找匹配到的目标元素出现在网页中或可以在 DOM 中找到。该方法返回一个被定位到的元素	WebDriverWait(self.driver,10).until(expected_conditions.presence_of_element_located(by.id,"search")))
text_to_be_present_in_element(locator,text)	等待直到元素能被定位到并且带有相应的文本信息	WebDriverWait(self.driver,10).until(expected_conditions.text_to_be_present_in_element((by.id,"selectlanguage"),"English"))
title_contains(title)	等待网页标题包含指定的大小写敏感的字符串。该方法在匹配成功时返回 True,否则返回 False	WebDriverWait(self.driver,10).until(expected_conditions.title_contains("CreateNewCustomer Account"))
visibility_of(element)	等待直到元素出现在 DOM 中,是可见的,并且宽和高都大于 0。一旦其变成可见的,该方法将返回(同一个)WebElement	first_name=self.driver.find_element_by_id("firstname") WebDriverWait(self.driver,10).until(expected_conditions.visibility_of(firstname))
visibility_of_element_located(locator)	等待直到根据定位器查找的目标元素出现在 DOM 中,是可见的,并且宽和高都大于 0。一旦其变成可见的,该方法将返回 WebElement	WebDriverWait(self.driver,10).until(expected_conditions.visibility_of_element_located((by.id,"firstname")))

4) iframe 内联框架操作

iframe 内联框架是指一个网页里面嵌套了另一个框架或者页面,即在一个 HTML 页面中还内嵌了另外一个 HTML 页面,只不过这个内嵌的 HTML 是放在＜iframe＞＜/iframe＞标签对中。

图 3-3 所示是一个典型的 iframe 内联框架,在 iframe 结构中又内嵌了一个独立的 HTML 页面。

通常一个网页中 iframe 框架一般包含了以下几个属性:

name:表示 iframe 框架的名称。

width:表示 iframe 框架的宽度。

height:表示 iframe 框架的高度。

src:表示在 iframe 框架中显示的文档 URL。

frameborder:表示是否显示 iframe 框架周围的边框(0 为无边框,1 为有边框)。

align:表示如何根据周围的元素来对齐 iframe 框架(left,right,top,middle,bottom)。

scrolling:表示是否在 iframe 框架中显示滚动条(yes,no,auto)。

对应的 Selenium 提供了多种在不同的界面或者层级跳转的方法,下面具体介绍下其

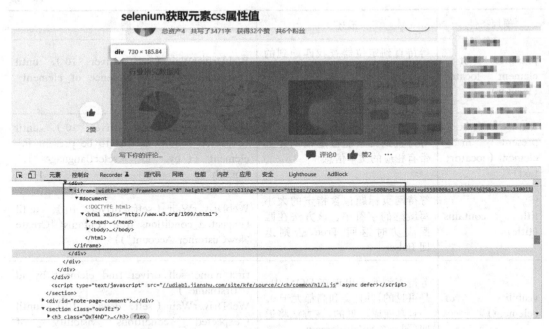

图 3-3 iframe 内联框架

中涉及 iframe 内嵌框架跳转方法。

(1) driver.switch_to.frame(iframe_reference)。

语法:driver.switch_to.frame(iframe 的 name 属性或 WebEelement 对象或下标)。

实例:具体操作见以下代码。

代码 3-24　iframe 切换方法一

```
# 切换到 name 为 login_frame_qq 的 iframe 中
driver.switch_to.frame("login_frame_qq")
# 切换到第一个 iframe 中
driver.switch_to.frame(0)
# 切换到
driver.switch_to.frame((by.xpath,"//div[@class="ptlogin_wrap"]))
```

当页面中 iframe 中还有 iframe 时,假如我们此时想进入二级 iframe,则需要先进入一级 iframe,再进入二级 iframe。

代码 3-25　iframe 嵌套场景切换

```
# iframe1 为一级 iframe 的 id
driver.switch_to_frame("iframe1")
```

```
# iframe2 为二级 iframe 的 id
driver.switch_to_frame("iframe2")
```

(2) frame_to_be_available_and_switch_to_it(frame_reference)。

在前面的 Selenium 常用操作之等待操作中我们有介绍过 expected_conditons 模块中提供的方法。此方法会判断 iframe 是否可用,并且会自动切换到 iframe。frame_reference 的值与方法一保持一致,具体参考以下实例。

代码 3‑26　iframe 切换方法二

```
from selenium import WebDriver
from selenium.WebDriver.support.wait import WebDriverWait
from selenium.WebDriver.support import expected_conditions as EC
from selenium.WebDriver.common.by import By
WebDriverWait(driver,20).until(ec.frame_to_be_available_and_switch_to_it(iframe_name))
```

(3) switch_to.parent_frame()。

Selenium 跳出 iframe 操作分为两种,第一种是从二级 iframe 跳到一级 iframe,即从子级 iframe 跳转到父级 iframe。语法:switch_to.parent_frame()。具体使用方法请参考以下实例。

代码 3‑27　switch_to.parent_frame 方法应用

```
from selenium import WebDriver
driver=WebDriver.Chrome(executable_path="C:\\chromedriver.exe")
# to maximize the browser window
driver.maximize_window()
# get method to launch the URL
driver.get("https://the-internet.herokuapp.com/")
# to refresh the browser
driver.refresh()
driver.find_element_by_link_text("Frames").click()
driver.find_element_by_link_text("Nested Frames").click()
# to switch to frame with parent frame name
driver.switch_to.frame("frame-top")
# to switch to frame with frame inside parent frame with name
driver.switch_to.frame("frame-left")
# to get the text inside the frame and print on console
```

```python
print(driver.find_element_by_xpath("//*[text()='LEFT']").text)
# to move out the current frame to the parent frame
driver.switch_to.parent_frame()
# to close the browser
driver.quit()
```

(4) switch_to.default_content()。

最后介绍下从当前 iframe 跳转到主窗口,语法:switch_to.default_content(),具体使用方法请参考以下实例。

代码 3-28　switch_to.default_content()方法应用

```python
from selenium import WebDriver
driver=WebDriver.Chrome(executable_path="C:\\chromedriver.exe")
# to maximize the browser window
driver.maximize_window()
# get method to launch the URL
driver.get("https://the-internet.herokuapp.com/")
# to refresh the browser
driver.refresh()
driver.find_element_by_link_text("Frames").click()
driver.find_element_by_link_text("Nested Frames").click()
# to switch to frame with frame name
driver.switch_to.frame("frame-bottom")
# to get the text inside the frame and print on console
print(driver.find_element_by_xpath("//*[text()='BOTTOM']").text)
# to move out the current frame to the page level
driver.switch_to.default_content()
# to close the browser
driver.quit()
```

5) 警告与弹出框操作

开发人员使用 JavaScript 警告或者模态对话框来提示校验错误信息、报警信息、执行操作后的返回信息,甚至用来接收输入值等。下面我们将了解如何使用 Selenium 来操控警告和弹出框。

Selenium WebDriver 通过 Alert 类来操控 JavaScript 警告。Alert 包含的方法有接受、驳回、输入和获取警告的文本。下面通过表格方式详细描述 Alert 类常用方法,如表 3-6 所示。

表 3-6 Alert 类方法列表

方法	描述	参数	实例
accept()	接受 JavaScript 警告信息,单击 OK 按钮		alert.accept()
dismiss()	驳回 JavaScript 警告信息,单击取消按钮		alert.dismiss()
send_keys(*value)	模拟给元素输入信息	value:待输入目标字段的字符串	alert.send_keys("foo")

图 3-4 所示为一个典型的 Web 页面的 JavaScript 警告,我们可以通过 Alert 来操控这个警告。调用 WebDirver 的 switch_to_alert()方法可以返回一个 Alert 的实例。

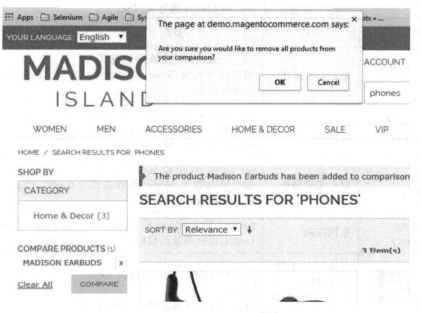

图 3-4 页面 JavaScript 警告图

我们可以利用这个 Alert 实例来获取警告信息,并通过单击"OK"按钮来接受这个警告信息,或者通过单击"Cancel"按钮来拒绝这个警告信息。下面的一段代码用来读取并且校验警告信息是否正确,然后通过方法调用 accept()来接受警告信息。

代码3-29 Alert 方法应用

```
# switch to the alert 获得 Alert 的实例
alert=self.driver.switch_to_alert()
# 获得警告信息内容
alert_text=alert.text
# 检查警告信息
```

```
        self.assertEqual("Are you sure you would like to remove all products from your
comparison?", alert_text)
        # 单击 OK,关闭弹窗
        alert.accept()
```

6) 键盘和鼠标事件

WebDriver 高级应用的 API,允许我们模拟由简单到复杂的键盘和鼠标事件,如拖动操作、快捷键组合操作、长按以及鼠标右键操作。这些都是通过使用 WebDriver 的 Python API 中 ActionChains 类实现的。表 3-7 列出其中的一些重要方法。

表 3-7 ActionChains 类方法列表

方法	描述	参数	实例
click(on_element=None)	单击元素操作	on_element:指被单击的元素。如果该参数为 None,将单击当前鼠标位置	click(main_link)
click_and_hold(on_element=None)	对元素按住鼠标左键	on_element:指被单击且按住鼠标左键的元素。如果该参数为 None,将单击当前鼠标位置	click_and_hold(gmail_link)
double_click(on_element=None)	双击元素操作	on_element:指被双击的元素。如果该参数为 None,将双击当前鼠标位置	double_click(info_box)
drag_and_drop(source, target)	鼠标拖动	source:鼠标拖动的源元素。target:鼠标释放的目标元素	drag_and_drop(img, canvas)
key_down(value, element=None)	仅按下某个键,而不释放。这个方法用于修饰键(如"Ctrl""Alt"与"Shift"键)	key:指修饰键,Key 的值在 Keys 类中定义。element:按键触发的目标元素,如果为 None,则按键在当前鼠标聚焦的元素上触发	key_down(Keys.SHIFT).\send_keys('n').\key_up(Keys.SHIFT)
key_up(value, element=None)	用于释放修饰键	key:指修饰键,Key 的值在 Keys 类中定义。element:按键触发的目标元素,如果为 None,则按键在当前鼠标聚焦的元素上触发	
move_to_element(to_element)	将鼠标移动至指定元素的中央	to_element:指定的元素	move_to_element(gmail_link)
perform()	提交(重放)已保存的动作		perform()

续表

方法	描述	参数	实例
release(on_element=None)	释放鼠标	on_element：被鼠标释放的元素	release(banner_img)
send_keys(keys_to_send)	对当前焦点元素的键盘操作	keys_to_send：键盘的输入值	send_keys("hello")
send_keys_to_element(element, keys_to_send)	对指定元素的键盘操作	element：指定的元素。keys_to_send：键盘的输入值	send_keys_to_element(firstName,"John")

ActionChains 类常用于模拟鼠标的行为，比如单击、双击、拖动等行为，使用下面的方法导入 ActionChains 类。

代码 3-30　ActionChains 类导入

```
from selenium.WebDriver.common.action_chains import ActionChains
```

下面的例子实现了鼠标的拖动操作，首先需要实例化，然后调用其中的方法，完成相应的操作。

代码 3-31　ActionChains 类实现鼠标拖动

```
import time
from selenium import WebDriver
from selenium.WebDriver.common.action_chains import ActionChains
browser=WebDriver.Chrome()
browser.get('http://www.runoob.com/try/try.php?filename=jqueryui-api-droppable')
browser.switch_to.frame('iframeResult') # id='iframeResult'
source=browser.find_element_by_css_selector('# draggable') # 被拖拽的对象
target=browser.find_element_by_css_selector('# droppable') # 目标对象
actions=ActionChains(browser)
actions.drag_and_drop(source,target)
actions.perform()
time.sleep(3)
browser.close()
```

以下的例子是一个经常会使用的组合键的操作例子，使用 ActionChains 类，可以联合 key_down()、send_key() 与 key_up() 三个方法模拟真人操作"Shift＋N"组合键。

代码 3-32　ActionChains 类模拟键盘组合键

```
import time
from selenium import WebDriver
from selenium.WebDriver.common.action_chains import ActionChains
driver=WebDriver.Firefox()
driver.get('http://www.runoob.com/try/try.php?filename=jqueryui-api-droppable')
# 操作 Shift+ N 组合键
ActionChains(driver).key_down(Keys.SHIFT).send_keys('n').key_up(Keys.SHIFT).perform()
```

调用 ActionChains 类中的 double_click() 方法实现鼠标对元素的双击操作，代码如下。

代码 3-33　ActionChains 类模拟鼠标双击

```
import time
from selenium import WebDriver
from selenium.WebDriver.common.action_chains import ActionChains
driver=WebDriver.Chrome()
box=driver.find_element_by_tag_name("div")
ActionChains(driver).double_click(driver.find_element_by_tag_name("span")).perform()
```

7）下拉菜单操作

Selenium WebDriver 提供了特定的 Select 类实现与网页上的列表和下拉菜单的交互。例如图 3-5 所示的样例程序，可以看到一个为 Web 页面进行语言切换的下拉菜单。

图 3-5　Web 页面的下拉菜单

下拉菜单和列表是通过 HTML 的＜select＞元素实现的。选择项是通过＜select＞中的＜option＞元素实现的，以下是实现图 3-5 中语言切换菜单功能的代码。

代码 3-34　HTML 中的下拉菜单

```
<select id="select-language" title="Your Language"
onchange="window.location.href=this.value">
<option value="http://demo.magentocommerce.com/?
    ___store=default&amp;___from_store=default"
    selected="selected">English</option>
<option value="http://demo.magentocommerce.com/?
    ___store=french&amp;___from_store=default">French</option>
<option value="http://demo.magentocommerce.com/?
    ___store=german&amp;___from_store=default">German</option>
</select>
```

每个＜option＞元素都有属性值和文本内容，是用户可见的。例如，在下面的代码中，＜option＞设置的是店铺的 URL，后面参数设置的是语言种类，这里是 French。

代码 3-35　HTML 中的下拉菜单中 option 项

```
<option value="http://demo.magentocommerce.com/?
    ___store=french&amp;___from_store=default">French</option>
```

Select 类属于 Selenium 框架中的一个特殊类（见表 3-8），主要用于网页中下拉菜单交互操作。它提供了丰富的功能和方法来实现与用户交互。

表 3-8　Select 类属性列表

功能/属性	描述	实例
all_selected_options	获取下拉菜单和列表中被选中的所有选项内容	select_element.all_selected_options
first_selected_option	获取下拉菜单和列表的第一个选项/当前选择项	select_element.first_selected_option
options	获取下拉菜单和列表的所有选项	select_element.options

Select 类实现的方法如表 3-9 所示。

表3-9 Select类方法列表

方法	描述	参数	实例
deselect_all()	清除多选下拉菜单和列表的所有选择项		select_element.deselect_all()
deselect_by_index(index)	根据索引清除下拉菜单和列表的选择项	index：要清除的目标选择项的索引	select_element.deselect_by_index()
deselect_by_value(value)	清除所有选项值和给定参数匹配的下拉菜单和列表的选择项	value：要清除的目标选择项的value属性	select_element.deselect_by_value("foo")
deselect_by_visible_text(text)	清除所有展示的文本和给定参数匹配的下拉菜单和列表的选择项	text：要清除的目标选择项的文本值	select_element.deselect_by_visible_text("bar")
select_by_index(index)	根据索引选择下拉菜单和列表的选择项	index：要选择的目标选择项的索引	select_element.select_by_index()
select_by_value(value)	选择所有选项值和给定参数匹配的下拉菜单和列表的选择项	value：要选择的目标选择项的value属性	select_element.select_by_value("foo")
select_by_visible_text(text)	选择所有展示的文本和给定参数匹配的下拉菜单和列表的选择项	text：要选择的目标选择项的文本值	select_element.select_by_visible_text("bar")

下面我们通过代码实例，讲解下Select类的基本使用方法，请参考如下代码。

代码3-36 Select类基本方法的应用

```
#获得下拉菜单的实例对象
select_language=Select(self.driver.find_element_by_id("select-language"))

#检查下拉菜单数量
self.assertEqual(2,len(select_language.options))
act_options=[]

#将菜单项文本内容存入列表
```

```
for option in select_language.options:
    act_options.append(option.text)

# 检查下拉菜单的默认项是否为 ENGLISH
self.assertEqual("ENGLISH", select_language.first_selected_option.text)

# select_by_visible_text 方法选择展示文本为 German 菜单
select_language.select_by_visible_text("German")

# 通过索引选择菜单项
select_language.select_by_index(0)
```

8) 屏幕截图技巧

自动测试执行过程中,在出错时捕获的屏幕截图,是我们在与开发人员探讨错误时的重要依据。WebDriver 内置了一些在测试执行过程中捕获屏幕并保存的方法,如表3-10所示。

表3-10 WebDriver截屏的常用方法

方法	描述	参数	实例
save_screenshot(filename)	获取当前屏幕截图并保存为指定文件	filename:指定保存的路径/图片文件名	driver.save_screenshot("homepage.png")
get_screenshot_as_base64()	获取当前屏幕截图base64编码字符串(用于HTML页面直接嵌入base64编码图片)		driver.get_screenshot_as_base64()
get_screenshot_as_file(filename)	获取当前的屏幕截图,使用完整的路径。如果有任何IOError,返回False,否则返回True	filename:指定保存的路径/图片文件名	driver.get_screenshot_as_file('/results/screenshots/HomePage.png')
get_screenshot_as_png()	获取当前屏幕截图的二进制文件数据		driver.get_screenshot_as_png()

(1) save_screenshot(filename):保存屏幕截图。

代码3-37 WebDriver 类的 save_screenshot 方法的应用

```
from selenium import WebDriver
```

```
from time import sleep, strftime, localtime, time
import os
class TestScreenShot(object):
    def setup(self):
        self.driver=WebDriver.Chrome()
        self.driver.get("http://www.baidu.com")
    def test_screen(self):
        # 保存屏幕截图
        self.driver.save_screenshot("testbaidu.png")
    def teardown(self):
        self.driver.quit()
if __name__=='__main__':
    shot=TestScreenShot()
    shot.test_screen()
```

(2) get_screenshot_as_base64()：获取当前屏幕截图 base64 编码字符串。

代码 3-38　WebDriver 类的 get_screenshot_as_base64 方法的应用

```
from selenium import WebDriver
from time import sleep, strftime, localtime, time
import os
class TestScreenShot(object):
    def _init_(self):
        self.driver=WebDriver.Chrome()
        self.driver.get("http://www.baidu.com")
    def test_screen(self):
        self.driver.save_screenshot("testbaidu.png")
        print(self.driver.get_screenshot_as_base64())
    def teardown(self):
        self.driver.quit()
if __name__=='__main__':
    shot=TestScreenShot()
    shot.test_screen()
```

上面代码运行后结果如图 3-6 所示。

(3) get_screenshot_as_file(filename)：获取当前屏幕截图，使用完整路径。

项目3 电力门户后台Web端自动化测试

图 3-6 get_screenshot_as_base64 方法运行的结果

代码 3-39 WebDriver 类的 get_screenshot_as_file 方法的应用

```
from selenium import WebDriver
from time import sleep, strftime, localtime, time
import os
class TestScreenShot(object):
    def __init__(self):
        self.driver=WebDriver.Chrome()
        self.driver.get("http://www.baidu.com")
    def test_screen(self):
        # 截取当前屏幕,存放到 testbaidu2.png 文件中去
        self.driver.get_screenshot_as_file("testbaidu2.png")
    def teardown(self):
        self.driver.quit()
if __name__=='__main__':
    shot=TestScreenShot()
    shot.test_screen()
```

(4) get_screenshot_as_png():获取当前屏幕截图,使用完整路径。

代码 3-40 WebDriver 类的 get_screenshot_as_png 方法的应用

```
from selenium import WebDriver
from time import sleep, strftime, localtime, time
import os
class TestScreenShot(object):
```

```
    def setup(self):
        self.driver=WebDriver.Chrome()
        self.driver.get("http://www.baidu.com")
    def test_screen(self):
        print(self.driver.get_screenshot_as_png())
    def teardown(self):
        self.driver.quit()
if __name__=='__main__':
    shot=TestScreenShot()
    shot.test_screen()
```

上面代码执行后的输出效果如图3-7所示。

图3-7 get_screenshot_as_png方法执行后的输出效果

9）调用JavaScript脚本

在执行某些特殊操作或测试JavaScript代码时，WebDriver还提供了调用JavaScript的方法。WebDriver类包含的相关方法如表3-11所示。

表3-11 WebDriver调用JavaScript脚本方法

方法	描述	参数	样例
execute_async_script(script, *args)	异步执行JS代码	script：被执行的JS代码。args：JS代码中的任意参数	driver.execute_async_script("window.setTimeout(arguments[arguments.length-1](123),500);")
execute_script(script, *args)	同步执行JS代码	script：被执行的JS代码。args：JS代码中的任意参数	driver.execute_script("return document.title")

表 3-11 中给出了两种调用 JavaScript 脚本的差异,[execute_async_script]在当前选定 Frame 或窗口的上下文中执行一段异步 JavaScript。与执行同步 JavaScript 不同,使用异步方法执行的脚本必须通过调用提供的回调显式地发出它们已完成的信号。这个回调总是作为最后一个参数注入已执行的函数中。

代码 3-41　WebDriver 类异步执行 JavaScipt 脚本例子

```
driver.get(url)
js='''
var callback=arguments[arguments.length - 1];
var video=document.getElementById("myVideo");
video.onplaying=function(){callback ("play");};
setTimeout(function(){callback("notplayed");},2000);'''
video_play=driver.execute_async_script(js)
assert video_play=="play"
```

上面的代码实例就是一段异步执行的例子,这个例子中网页中的播放器开始播放,延时 2s 以后,如果停止播放就返回"notplayed",如果还在继续播放就返回"play"。

3.1.2　自动化开发环境搭建

1. Python 开发环境的安装

1) Window 平台下安装 Python

打开 Wed 浏览器访问 Python 官网中 Windows 安装包下载地址。下载完成后,双击下载包,进入 Python 安装向导,安装非常简单,你只需要使用默认的设置一直单击"下一步"直到安装完成即可。

2) Unix & Linux 平台下安装 Python

打开浏览器访问 Python 官网中源码下载地址,选择适用 Unix/Linux 的源码压缩包,下载并解压压缩包。如果需要自定义一些选项修改 Modules/Setup

执行 ./configure 脚本

make

make install

2. Selenium 测试框架安装

在 Python 开发环境下,可以使用 pip 安装 Python 的 Selenium 库,如图 3-8 所示。

```
pip install selenium
```

图 3-8　Selenium 命令行安装

或者也可以下载 selenium·PyPI 并使用 setup.py 进行安装,如图 3-9 所示。

```
python setup.py install
```

图 3-9 源码安装 Selenium 库

运行上面的安装命令以后,会进入一个下载界面,请耐心等待,后台将会自动下载相关的文件,如图 3-10 所示。

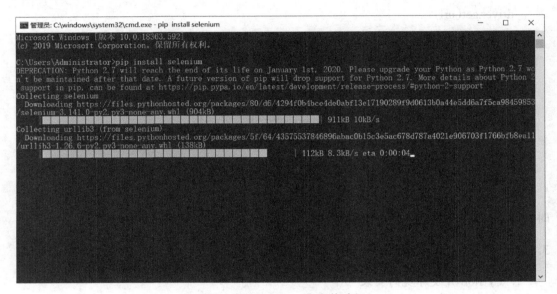

图 3-10 Selenium 库安装过程

出现"Successfully installed selenium"则代表成功安装,如图 3-11 所示。

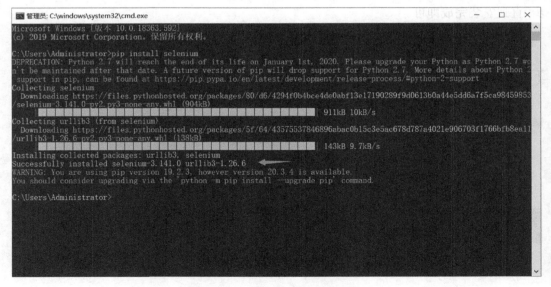

图 3-11 Selenium 库安装成功

接下来进行浏览器安装,下载 Google Chrome 浏览器,先登录 Google 官方提供的官方下载地址,然后下载最新版本的安装包文件,如图 3-12 所示。

图 3-12　Google Chrome 浏览器下载页面

下载完成后,找到 Download 文件夹,双击"ChromeSetup.exe"安装文件,如图 3-13 所示。

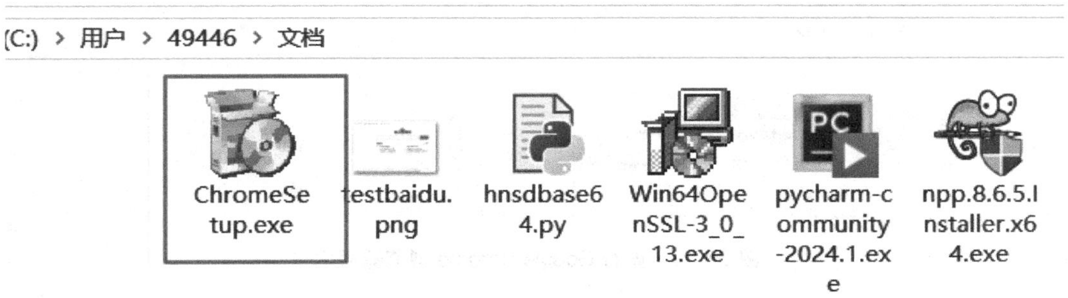

图 3-13　启动"ChromeSetup.exe"安装程序

Google Chrome 浏览器安装成功以后,打开浏览器的主页面,按照图 3-14 的操作进行页面设置。

单击"关于 Chrome",查看刚刚安装好的浏览器版本,版本号为 122.0.6261.95,如图 3-15 所示。

根据查到的 Google Chrome 浏览器的版本信息,我们可以到镜像站去下载浏览器对

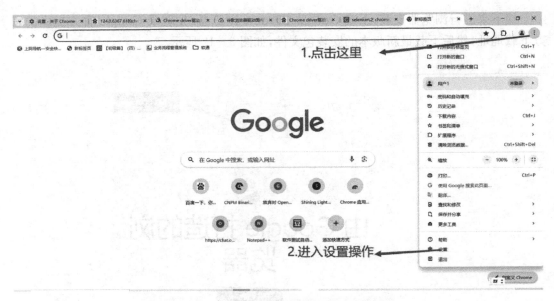

图 3-14　Google Chrome 浏览器设置页面

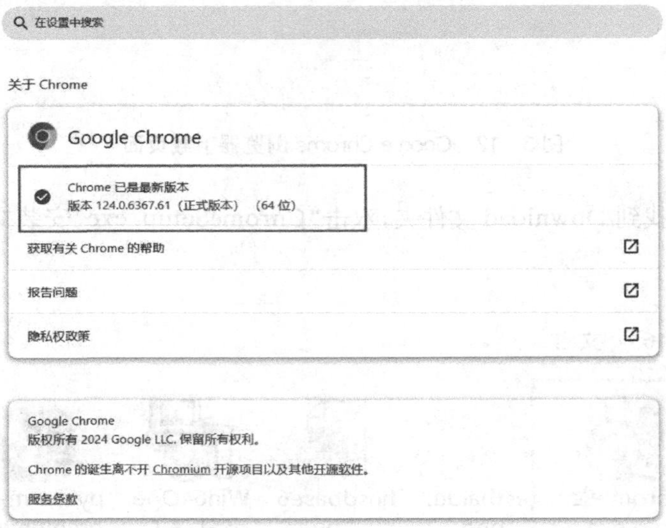

图 3-15　查看 Google Chrome 浏览器版本

应的驱动程序 chromedriver.exe,如图 3-16 所示。

找到与 Google Chrome 版本匹配的。Chrome 版本号为 122.0.6261.95,镜像站点中有多个与当前的 Chrome 相似,我们选择 Win64 的目录,对该目录鼠标单击右键选择转到此链接会自动下载(见图 3-17)。下载到本地,并解压压缩文件,获得 chromedriver.exe 文件。

最后将解压获得的 chromedriver.exe 放到当前 Python27 安装路径下,如图 3-18 所示。

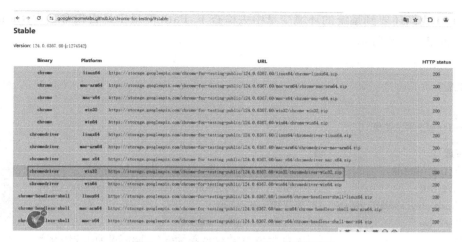

图 3-16　进入 chromedriver 下载页面

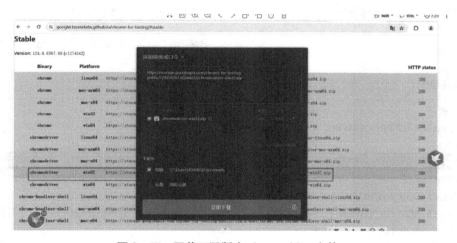

图 3-17　下载匹配版本 chromedrive 文件

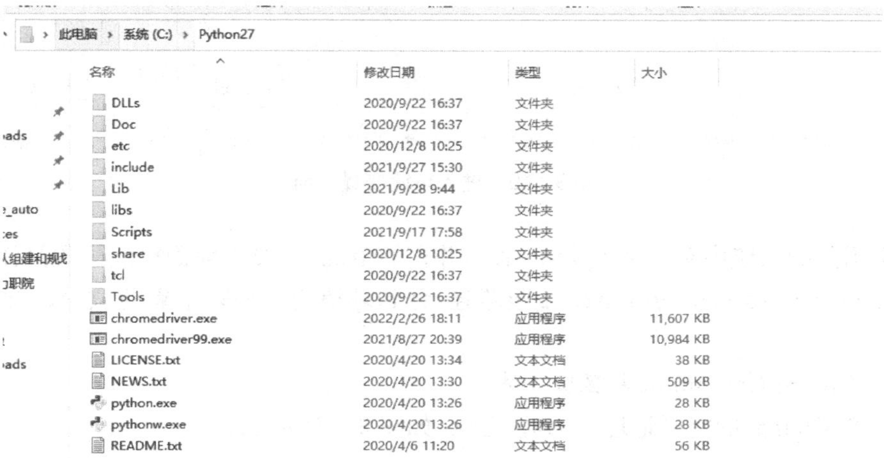

图 3-18　将 chromedrive 文件放到 Python 目录中

接下来我们还要到系统的环境变量中去检查下，Path 变量中是否包含了 Python27 安装路径，如图 3-19 所示。

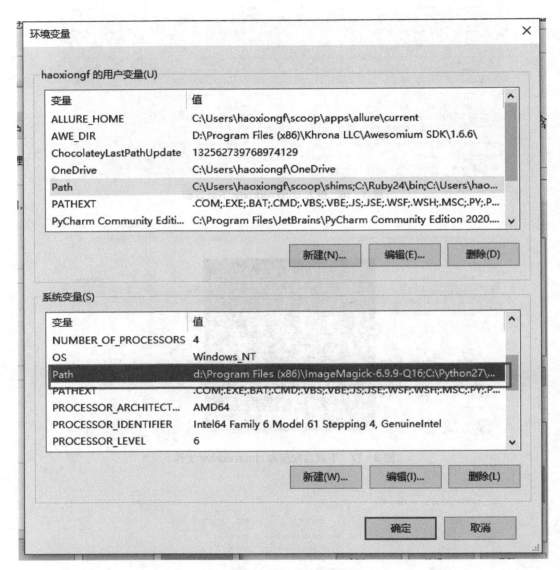

图 3-19　进入环境变量界面

如果当前的系统中有多个 Python 版本并存的情况，需要将前面已经配置过浏览器驱动 chromedriver.exe 的 Python27 安装路径，移到环境变量列表中靠前位置，如图 3-20 所示。

3. PyCharm Communit 社区版安装

进入 PyCharm 的官网地址，下载社区版，如图 3-21 所示。

项目3 电力门户后台 Web 端自动化测试

图 3-20 增加包含 chromedriver 路径的环境变量

图 3-21 PyCharm 社区版本下载页面

双击图 3-22 中 PyCharm 安装文件的图标,开始安装 PyCharm。

图 3-22　PyCharm 社区版安装文件图标

进入到 PyCharm 的安装程序的首页，单击"Next"进入下一环节，如图 3-23 所示。

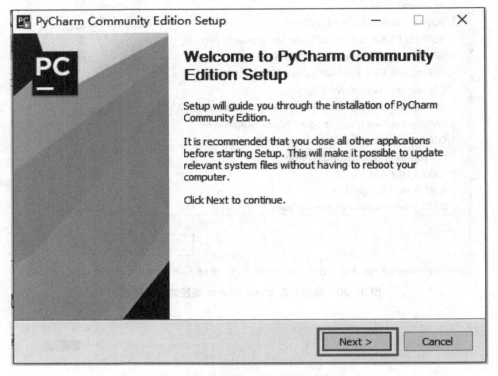

图 3-23　PyCharm 社区版安装首页

接下来需要选择 PyCharm 的安装路径，默认路径为 C:\Program Files\JetBrains\，也可以按照自身需要修改安装路径，单击"Next"进入下一个安装界面，如图 3-24 所示。

然后进入 PyCharm 快捷方式与运行路径配置窗口，会出现以下的配置项目："Create Desktop Shortcut"表示创建桌面图标；"Update Context Menu"表示更新上下文菜单；"Add 'Open Folder as Project'"表示添加"将文件夹作为项目打开"；"Update PATH Variable (restart needed)"表示更新路径变量需要重新启动，将启动器目录添加到路径中；"Create Associations"表示创建关联，关联.py 文件，双击都是以 PyCharm 打开。勾选图中标注项后，单击"Next"，进入下一个安装界面，如图 3-25 所示。

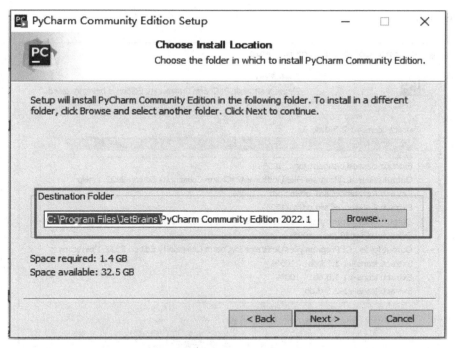

图 3-24　选择 PyCharm 安装路径

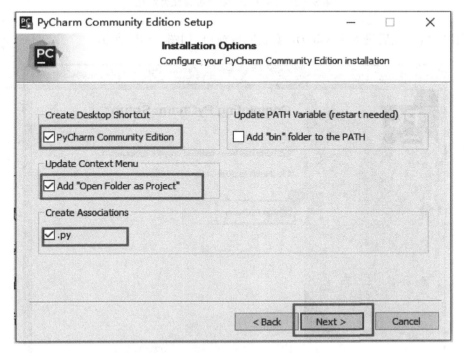

图 3-25　选择 PyCharm 安装配置项

接下来单击"Install"按钮,进入安装界面会显示安装进度百分比及文件解压信息,如

图 3-26 所示。

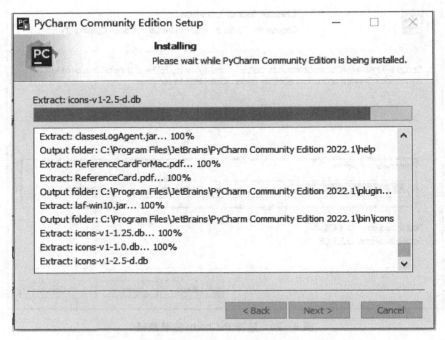

图 3-26 PyCharm 安装过程文件解压

等待安装完成后进入 PyCharm 安装完成窗口,如图 3-27 所示。

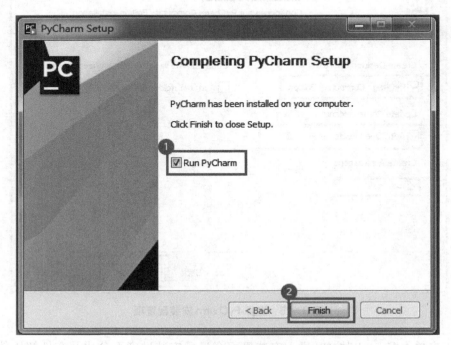

图 3-27 PyCharm 安装结束

4. AutoIt v3 版本安装

AutoIt 是一个使用类似 BASIC 脚本语言的免费软件,它设计用于 Windows GUI 中进行自动化操作。它利用模拟键盘按键,鼠标移动和窗口/控件的组合来实现自动化任务。而这是其他语言不可能做到或无可靠方法实现的。AutoIt 目前最新的版本已经更新到了 v3 版本,所以我们可以从其官网上下载最新版本,如图 3-28 所示。AutoIt 安装程序下载完成后,我们按照安装向导一步步完成相关操作即可。

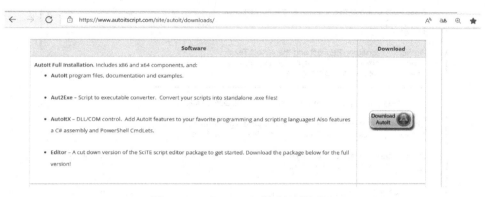

图 3-28　AutoIt v3 版本下载页面

进入到下载页面后,单击下载链接图标将安装程序下载到本地 PC 机上。该文件是一个名称为"autoit-v3-setup"的压缩文件。将压缩文件进行解压,得到名称为"autoit-v3-setup"的安装程序。运行该安装程序,进入 AutoIt 的安装页面,如图 3-29 所示。

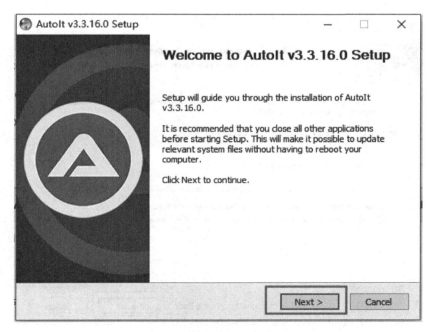

图 3-29　AutoIt v3 安装页面

单击"Next"按钮,进入安装程序的下一步,这一页涉及到了 AutoIt 的安装条款,单击"I Agree"同意相关协议,如图 3-30 所示。

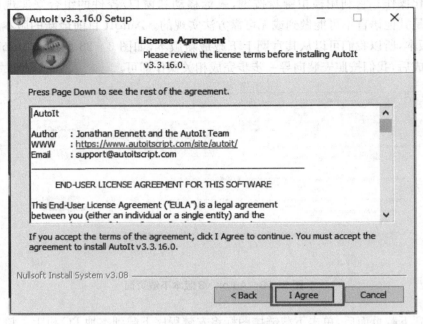

图 3-30　AutoIt v3 安装条款页

然后进入 32 位或者 64 位选择界面。为了兼容性考虑,推荐选择 x86 选项,如图 3-31 所示。

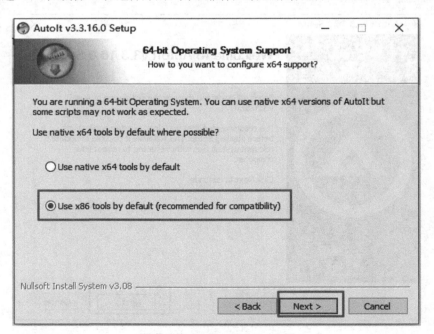

图 3-31　AutoIt v3 系统选择页

在选择默认操作 au3 脚本文件的方式，可以选择编辑方式或者运行方式，我们选择编辑方式（"Edit the script"），如图 3-32 所示。

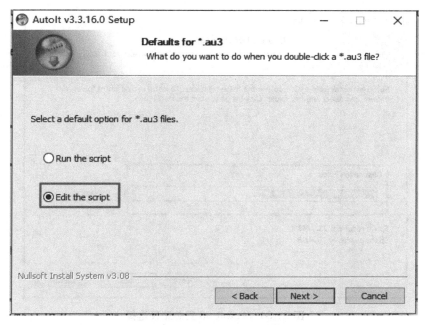

图 3-32　AutoIt v3 配置页

接下来配置步骤是选择安装组件，这里选择安装全部组件（包含系统自带的必选项目），如图 3-33 所示。

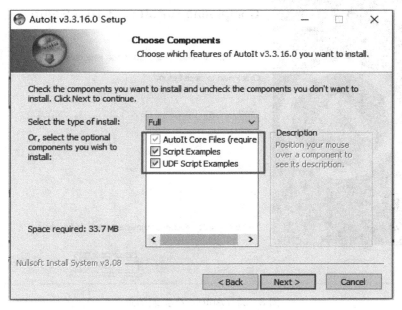

图 3-33　AutoIt v3 组件安装

最后选择一条本地的安装路径,选用默认的即可,也可以根据实际情况进行更改,如图 3-34 所示。

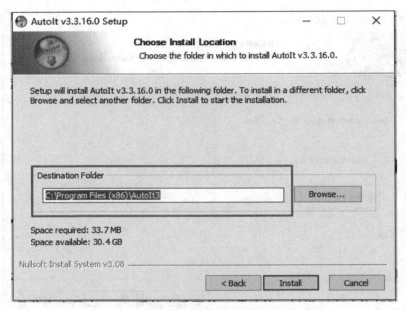

图 3-34　AutoIt v3 安装路径选择

单击"Install"后开始安装进程,最后单击"Finish"完成整个安装,如图 3-35 所示。

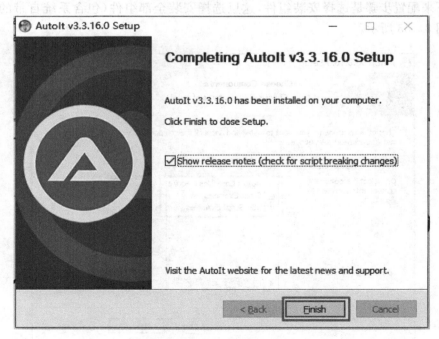

图 3-35　AutoIt v3 安装结束

3.1.3　AutoIt 工具基本使用技能

由于在项目的自动化测试中，有一些地方涉及了 Windows 弹窗的操作，Selenium 框架本身是不支持对 Windows 弹窗的。它主要依靠第三方的插件库或者工具完成这些任务，所以我们选择了 AutoIt v3 来完成这些工作。AutoIt v3 是目前功能相对齐全，并且稳定性更好的一种解决方案。这里我们介绍下 AutoIt v3 的使用方法，方便大家在后面学习自动化测试脚本时，能够更加理解其中的内容。

我们来了解下 AutoIt 工具，先找到 AutoIt 工具在 PC 上的安装目录，再通过 AutoIt 安装生成的文件结构，了解下工具的大概功能。我们首先看一下安装目录的顶级目录下包含的文件信息，如图 3－36 所示。

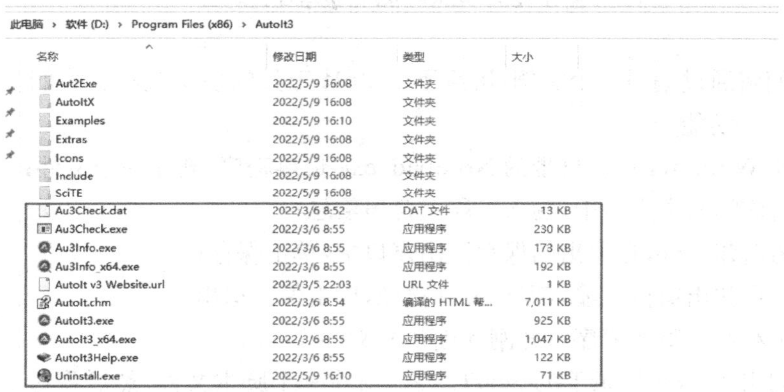

图 3－36　AutoIt v3 目录结构

图 3－37 中详细解释了顶级目录中的各个文件的详细功能描述。其中 AutoIt3. exe 是执行脚本所需要的主程序，Au3info. exe 是获取 Windows 窗体信息的工具，AutoIt. chm 文件是整个应用的帮助文件，帮助初学者更快掌握 AutoIt 的基本使用方法。

文件与目录	详细信息
(顶级文件)	
AutoIt3.exe	AutoIt 主程序,并且 只需要 这个文件就可以运行脚本!
AutoIt3_x64.exe	64 位构架的 AutoIt 版本(如果已经安装).
Au3Info.exe	The AutoIt 窗口信息工具.
Au3Info_x64.exe	64 位构架的 Au3Info (如果已经安装).
Au3Check.exe	AutoIt 表达式检查器.
AutoIt.chm	这个帮助文件会调用 AutoIt3.chm,AutoIt3chs.chm,UDFs3.chm,UDFs3chs.chm
Uninstall.exe	AutoIt 卸载器.
AutoIt v3 Website.url	链接到 http://www.autoitscript.com/autoit3/的快捷方式

图 3－37　AutoIt v3 目录结构说明一

下面逐一介绍下 AutoIt 安装目录中的 7 个二级子目录的文件结构以及文件信息，如图 3－38 所示。

Aut2Exe		
	Icons\	包含资源管理器中用于 .au3 文件类型的图标.(汉化版本中位置已改变)
	Aut2Exe.exe	脚本编译器.
	Aut2Exe_x64.exe	x64 位构架的 Aut2Exe (如果已经安装).
	AutoItSC.bin	32位构架的已编译脚本的可执行根(stub).
	AutoItSC_x64.bin	64位构架的已编译脚本的可执行根(stub).
	UPX.exe	UPX 压缩器 (减小 exe 文件的体积,不是为了加密).
Examples		
	COM\	包含使用AutoIt写的COM例子.
	GUI\	包含使用AutoIt写的GUI例子.
	Helpfile\	包含了帮助文件中引用的例子.
Extras		
	Au3Record\	包含了 Au3Record.exe ,用来捕捉用户操作,并转换为一个脚本.
	AutoUpdateIt\	包含了怎么得到最新版本的方法(一个要断链).
	Editors\	包含了一些流行编辑器的模式式和高亮的语法文件(无法超越SciTE移除于汉化版本)
	SQLite\	包含了 SQLite 命令行可执行文件和帮助文件.
Icons		
	包含了资源管理器中用于 .au3 文件类型的图标.	
Include		
	包含标准包含文件(预先写好的用户自定义函数),参考UDF帮助文档	
AutoItX		
	包含一个 DLL 版本的 AutoIt v3,包含了AutoIt的大部分特性用于和其它程序二次开发(ActiveX/COM 和 DLL 接口).	
SciTE		
	包含一个带有AutoIt语法高亮的轻量级SciTE编辑器.	

图 3-38　AutoIt v3 目录结构说明二

接着我们将通过编写一个实例,讲解下 AutoIt 工具的使用技巧。我们将通过 au3 脚本实现以下几个功能。

(1) 打开 Windows 系统自带的 Notepad.exe 记事程序,新建一个文件;
(2) 在新建的文本文件中,输入一段字符串信息;
(3) 关闭新建文件,在弹出的保存弹出窗口中,单击保存;
(4) 在保存弹出窗口中输入保存文件路径,单击保存退出;
(5) 再次利用记事本程序打开刚才创建的文件。

我们先打开 SciTE 目录下的 SciTE.exe,新建一个脚本文件,然后将这个脚本文件命名为 demo.au3 并存放在一个合适地方。脚本文件创建完成以后,需要对相关配置进行修改,如图 3-39 所示。

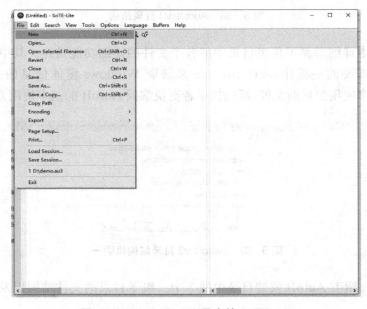

图 3-39　AutoIt v3 目录中的 SciTE.exe

首先需要将文件的编码方式改成 UTF-8 无 BOM 编码方式,通过"File"菜单中的"Encoding"来完成设置,具体的设置方法请参考图 3-40 所示。

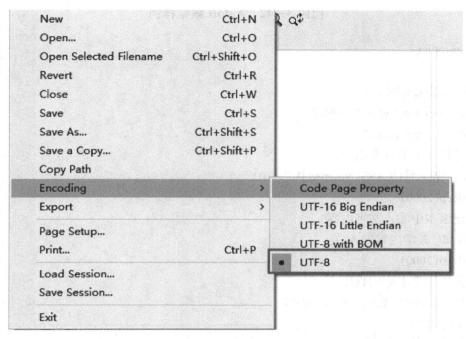

图 3-40　SciTE 编码设置

接下来在 SciTE 界面的菜单栏中找到"Language",选择"AutoIt"项作为文件的语言选项,参考图 3-41 中的设置。

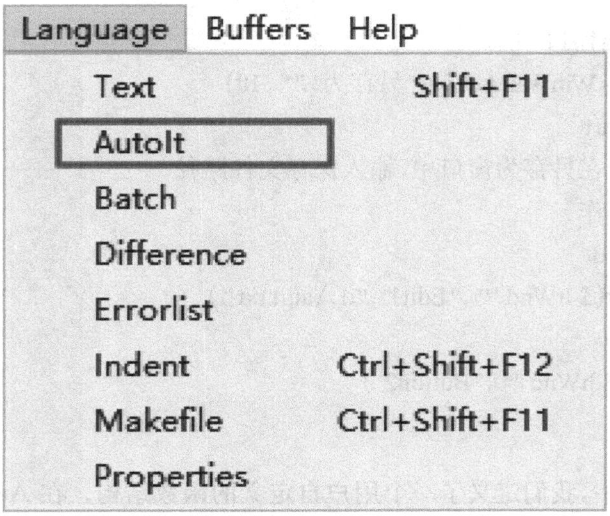

图 3-41　SciTE 编程语言设置

以上设置完成以后,我们开始正式进行代码的编写工作,下面展示下完整的代码内容。

代码 3-42　AutoIt 编程样例

```
Example()

Func Example()
;运行 notepad.exe 执行程序
Run("notepad.exe")
;等待记事本界面出现
WinWait("[CLASS:Notepad]","",10)
Sleep(2000)
;记事本中输入文字内容
Send("教学内容导入")
Sleep(2000)
;关闭记事本应用程序
WinClose("[CLASS:Notepad]")
Sleep(1000)
;等待保存弹出窗口
WinWaitActive("记事本","保存")
;快捷键 Alt+ S,保存文件
Send("!s")
Sleep(1000)
;等待保存弹出窗口
Local $ hWnd=WinWaitActive("另存为","",10)
# comments-start
以下的操作是在另存为窗口中,输入保存文件路径
并单击保存操作
# comments-end
ControlSetText($ hWnd,"","Edit1","d:\auit.txt")
Sleep(1000)
ControlClick($ hWnd,"","Button2")
    EndFunc
```

在上面的代码中,我们定义了一个用户自定义的函数结构。在 AutoIt 中定义自定义的函数结构一般采用 Func…Return…EndFunc 结构定义。可以参考以下的样例,如图 3-42 所示。

```
#include <Math.au3>
#include <MsgBoxConstants.au3>

Example()

Func Example()
        ; Sample script with two user-defined functions.
        ; Notice the use of variables, ByRef and Return.

        Local $iFoo = 2
        Local $iBar = 5
        MsgBox($MB_SYSTEMMODAL, "", "Today is " & Today() & @CRLF & "$iFoo equals " & $iFoo)
        Swap($iFoo, $iBar)
        MsgBox($MB_SYSTEMMODAL, "", "After swapping $iFoo and $iBar:" & @CRLF & "$iFoo now contains " & $iFo
        MsgBox($MB_SYSTEMMODAL, "", "Finally:" & @CRLF & "The larger of 3 and 4 is " & _Max(3, 4))
EndFunc   ;==>Example

Func Swap(ByRef $vVar1, ByRef $vVar2) ; Swap the contents of two variables.
        Local $vTemp = $vVar1
        $vVar1 = $vVar2
        $vVar2 = $vTemp
EndFunc   ;==>Swap

Func Today() ; Return the current date in mm/dd/yyyy form.
        Return @MON & "/" & @MDAY & "/" & @YEAR
EndFunc   ;==>Today
```

图 3-42　AutoIt 自定义函数

函数体可以用 Return 关键字输出返回值，也可以不用输出任何返回值。我们上面的代码中定义的函数体，第一句 Run("notepad.exe")作用是运行 Windows 系统自带的记事本程序。接下来的 WinWait("[CLASS:Notepad]","",10)用到了 Au3Info.exe 工具提供的信息。

我们打开 Notepad.exe 程序，同时根据上面介绍的目录结构在 AutoIt 的顶级目录中找到 Au3Info.exe 工具并打开。现在我们学习下怎么用 Au3Info.exe 工具抓取 Windows 应用程序的关键信息的方法。Au3Info.exe 工具中的"Finder Tool"的光标移到记事本上，然后松开鼠标左键，就能获得记事本界面的主要基本信息，如图 3-43 所示。

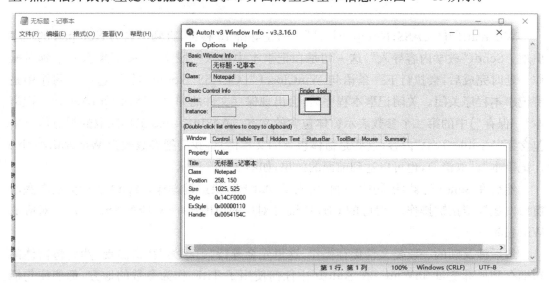

图 3-43　Au3Info.exe 工具界面

图 3-44 中就包含了记事本的基本信息，包括：标题、类名、坐标位置、窗口尺寸、类型以及窗口句柄信息。WinWait("[CLASS:Notepad]","",10)中就用到了其中的类名信息。

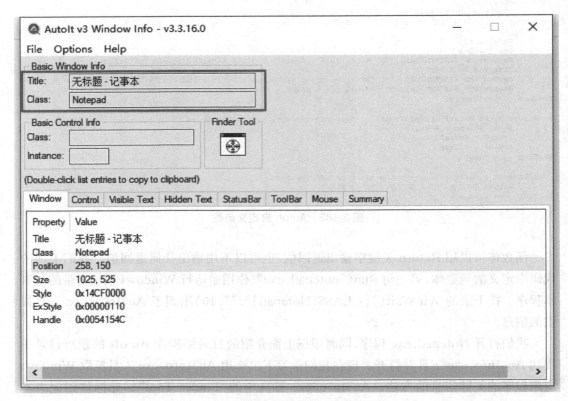

图 3-44 Au3Info.exe 工具抓取记事本程序信息

WinWait("[CLASS:Notepad]","",10)是等待 10 秒钟，直到类名为 Notepad 的程序出现。Send("教学内容导入")这一句是在记事本中输入一段文字，接下来有一个延时操作。延时完成后，会执行下一条语句 WinClose("[CLASS:Notepad]")，这一句的作用是将记事本程序关闭。关闭记事本程序后，会出现保存文件的弹窗。WinWaitActive("记事本","保存")中的第二个参数表示窗体包含的文本。Au3Info.exe 工具抓取的弹窗信息中包含了"Visible Text"内容，这些是窗体包含的文本信息，我们把参数改为 WinWaitActive("记事本","取消")，也可以达到前面的效果，如图 3-45 所示。

然后在 Send("!s")语句中，我们完成了(Alt+S)快捷键操作。Send 的功能是向激活窗口发送模拟按键操作。^对应的 Ctrl 按键，!对应的 Alt 键，+对应的 Shift 键，#对应的 Win 按键。

最后涉及到的一段是文件保存操作，这里先会等待"另存为"弹窗出现，然后将窗体的句柄存到局部变量 $hWnd。在 AutoIt 中任何使用了 Title 作为参数的地方，都能使句柄进行替代。

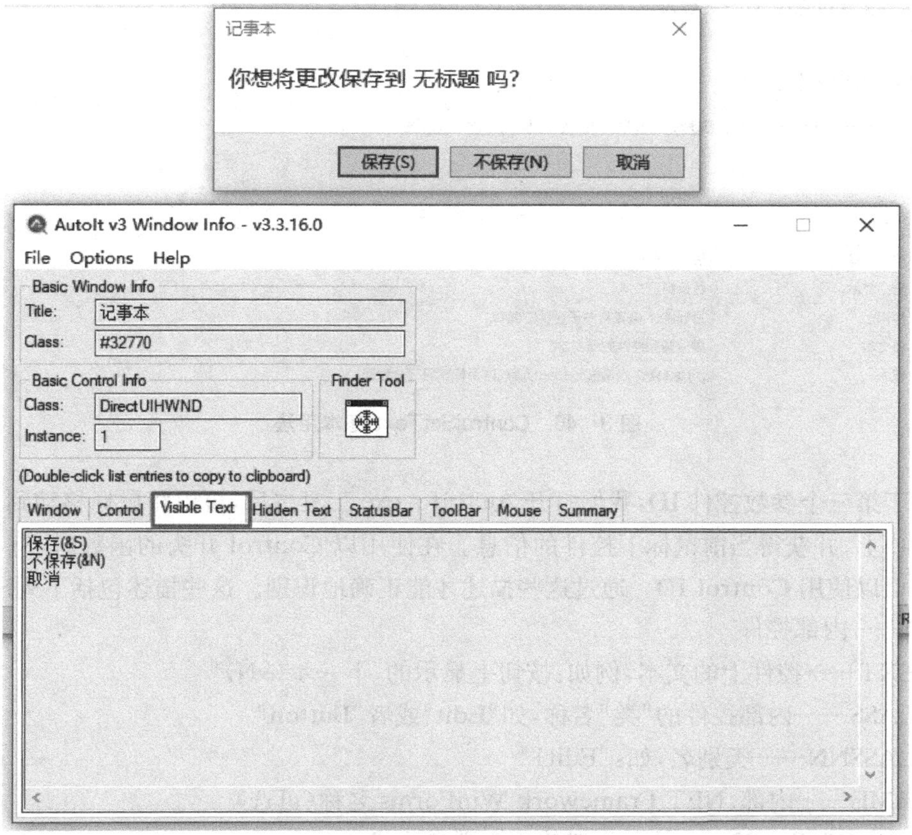

图 3-45 Au3Info.exe 工具抓取记事本弹窗

代码 3-43 AutoIt 保存文件样例

```
;等待保存弹出窗口
Local $ hWnd=WinWaitActive("另存为","",10)
# comments-start
以下的操作是在另存为窗口中,输入保存文件路径
并单击保存操作
# comments-end
ControlSetText($ hWnd,"","Edit1","d:\auit.txt")
Sleep(1000)
ControlClick($ hWnd,"","Button2")
```

ControlSetText($hWnd,"","Edit1","d:\auit.txt")这一句是在"另存为"窗体输入对应的文件保存路径。ControlSetText 方法的参数在 AutoIt 的帮助文档如图 3-46 所示。

ControlSetText

修改指定控件的文本.

```
ControlSetText ( "窗口标题", "窗口文本", 控件ID, "新文本" [,标志] )
```

参数

窗口标题	目标窗口标题.
窗口文本	目标窗口文本.
控件ID	目标控件,请查看关于控件的说明.
新文本	要设置到控件的新文本.
标志	[可选参数] 当设置为非0(0为默认),目标窗口将会重画.

图 3-46 ControlSetText 基本用法

关于第三个参数控件 ID，我们打开 Au3Info.exe 工具之后，可以将鼠标移动到自己关注的窗口上，并获得当前鼠标下控件的信息。在使用以 Control 开头的函数时，有一些控件描述可以使用 Control ID。通过这些描述才能正确地识别。这些描述包括下列属性。

ID——内部控件

TEXT——控件上的文本，例如：按钮上显示的"下一步(&N)"

CLASS——内部控件的"类"名称，如"Edit"或者"Button"

CLASSNN——类别名，如："Edit1"

NAME——内部.NET Framework WinForms 名称（可选）

REGEXPCLASS——控件类名使用正则表达式

X(坐标)\Y(坐标)\W(宽度)\H(高度)——控件坐标与大小

INSTANCE——基于 1 开始的实例(instance)由程序自动分配的唯一标识

所以按照上面 AutoIt 的帮助中提供的信息，我们用 Au3Info.exe 工具对"另存为"窗口中的文件名控件进行抓取，得到控件的类别名信息为"Edit1"。ControlSetText($hWnd,"","Edit1","d:\auit.txt")这句帮我们在文件名窗口中输入了文件保存路径信息，如图 3-47 所示。

图 3-47 Au3Info.exe 工具抓取路径输入框

最后 ControlClick($hWnd,"","Button2")是单击"保存"完成整个操作。脚本编写完成以后,我们可以直接在 SciTE 工具中进行运行,在工具栏"Tools"下拉菜单中选择"Go"可以直接运行我们上面完成的脚本,或直接用快捷键"F5"运行,如图 3-48 所示。

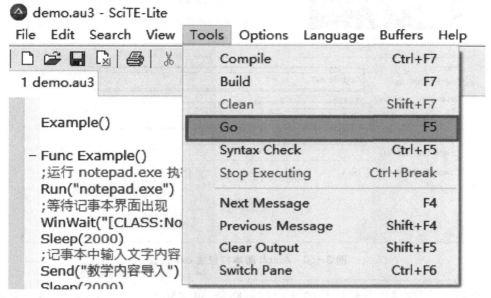

图 3-48　SciTE 工具运行 AutoIt 脚本

整个脚本运行完成后的结果如图 3-49 所示,创建文件已经存在目录中,而且文件内容与脚本保持一致。

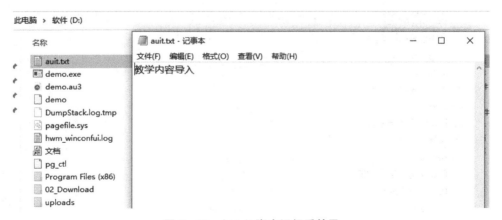

图 3-49　AutoIt 脚本运行后效果

上面的功能性脚本运行通过以后,我们还可以利用 AutoIt 提供的转换工具 Aut2Exe.exe,直接将 au3 脚本文件转换成可以直接执行的 exe 文件,具体操作请参考图 3-50 中的描述信息。

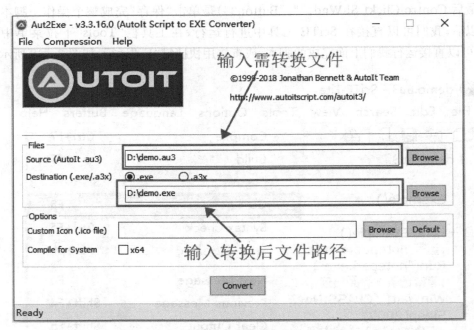

图 3-50 AutoIt 脚本打包成 exe 过程

填好源脚本路径以及转换后的文件存放路径,单击转换按钮"Convert"即可完成操作,等待转换结束后就可以得到一个和 au3 脚本功能一样的可执行程序了,如图 3-51 所示。

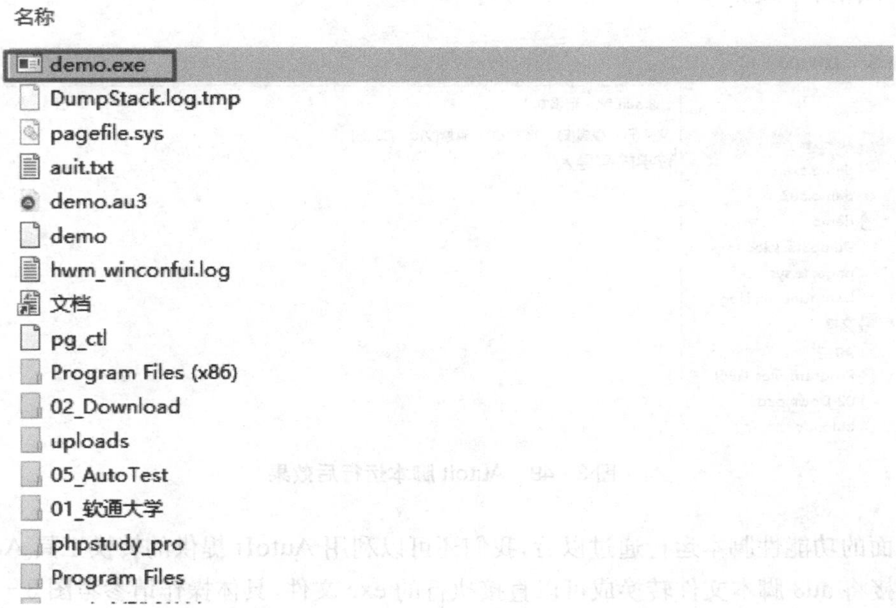

图 3-51 AutoIt 脚本打包后效果

任务3.2　电力门户后台管理端环境搭建

电力门户后台管理端是采用 Java 语言开发的一套 CMS 系统。在开展后面的测试任务前，我们需要提前将电力门户后台管理端部署并运行起来。我们先看下电力门户后台管理端部署安装包，图 3-52 为电力门户后台管理端安装包解压后的目录文件，其中 testproject-0.0.1-SNAPSHOT.jar 是整个后台运行所需的 jar 包，zz.sql 为数据库备份文件，接口文档是电力门户后台管理端提供的接口的调用说明文档。

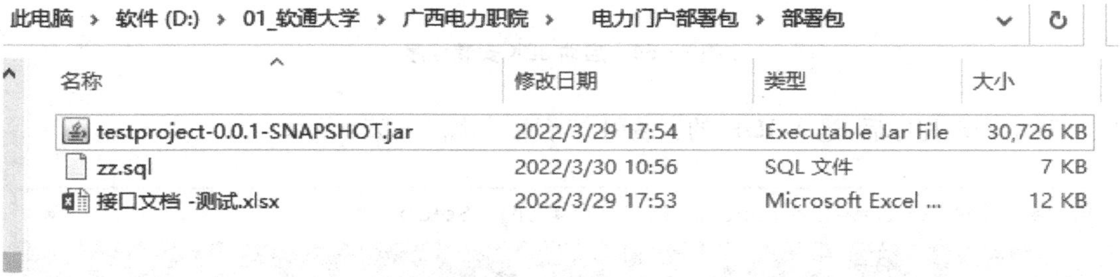

图 3-52　电力门户后台管理端安装包

首先需要确保系统上安装了正确的 Java 版本，并从官方网站下载版本号 11 的 JDK 安装程序，如图 3-53 所示。

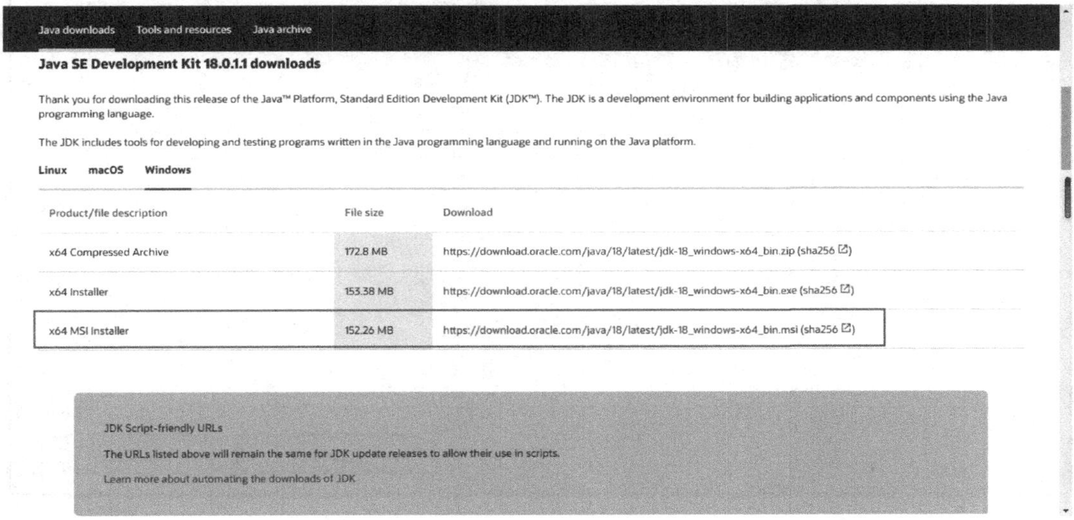

图 3-53　下载 JDK 版本

JDK 的安装程序下载到本地以后,进入安装程序所在的目录中,找到安装程序所在的位置,如图 3-54 所示。

图 3-54 启动 JDK 安装程序

双击安装程序后,进入 JDK 的安装引导界面,如图 3-55 所示。

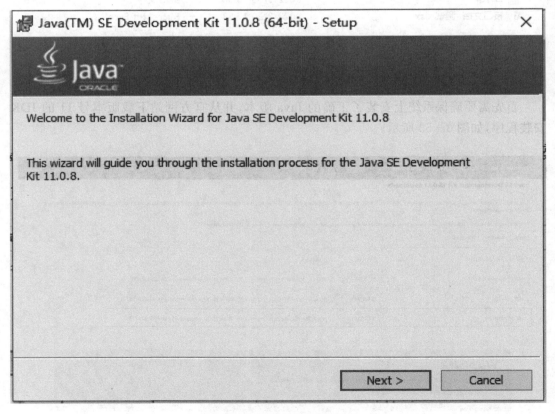

图 3-55 JDK 安装程序首页

单击"Next",选择安装所有的组件,并且根据实际需要更改安装路径,如图 3-56 所示。

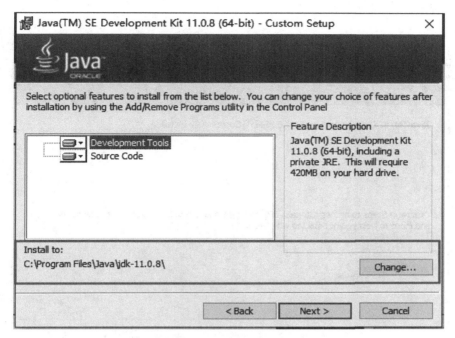

图 3-56　JDK 安装路径配置

上面的用户设置配置完成以后,单击"Next"按钮,进入安装环节,如图 3-57 所示。

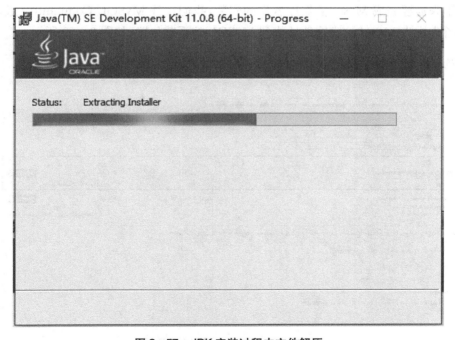

图 3-57　JDK 安装过程中文件解压

安装进度条达到 100% 以后,安装完成的界面就会出现,单击"Close"完成安装,如图 3-58 所示。

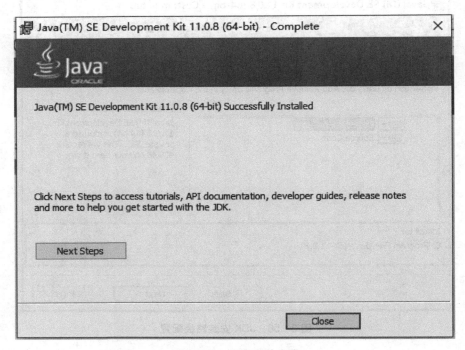

图 3-58 JDK 安装完成

接下来需要完成 Mysql 数据库软件的安装,我们选择 MySQL Community 版本进行安装。首先进入 Mysql 的官网地址找到 MySQL 的下载位置,如图 3-59 所示。

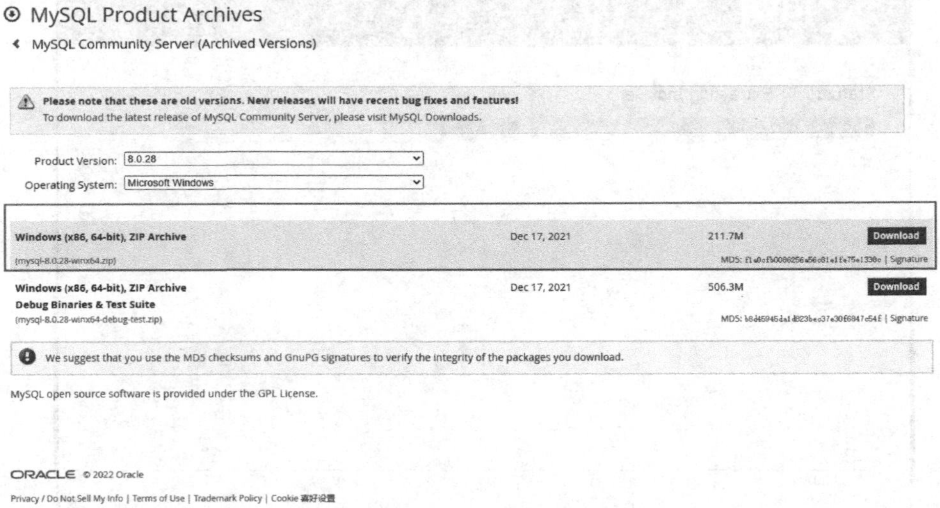

图 3-59 Mysql 数据库文件下载

将图 3-59 中的压缩文件下载到本地，然后解压到本地目录中（注意：解压后文件路径不要包含中文字符），如图 3-60 所示。

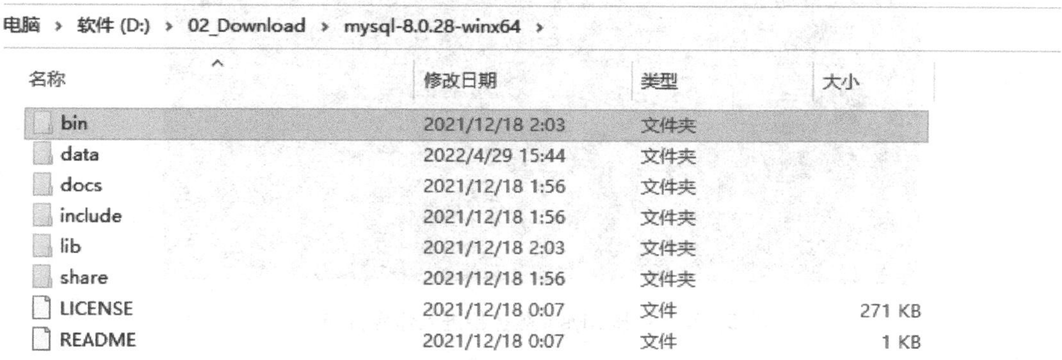

图 3-60 Mysql 数据库解压后目录

然后进入命令行窗口，通过命令行 mysqld -console 启动 Mysql 服务器，如图 3-61 所示。

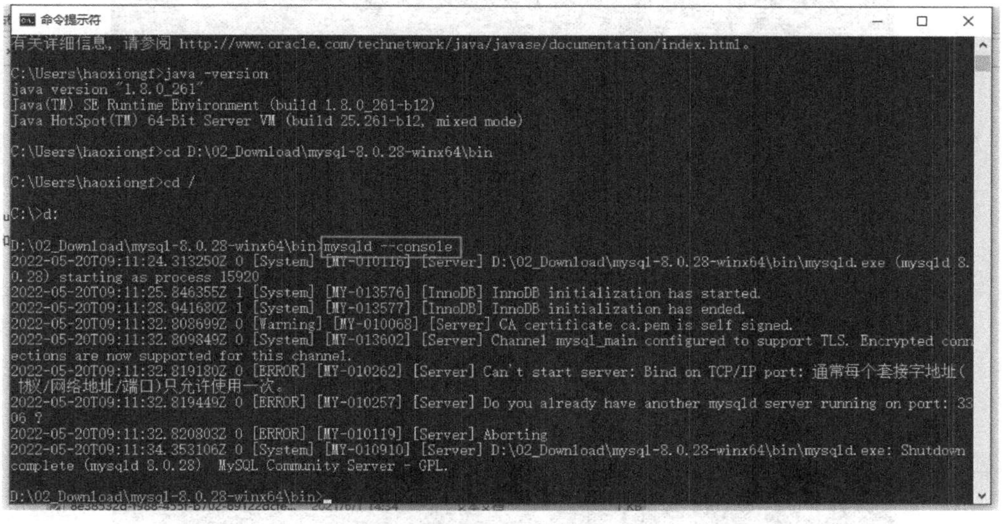

图 3-61 启动 Mysql 服务器

完成 Mysql 服务器的启动后，接下来我们需要进行 Mysql 数据库的连接，下面我们通过 mysql -u root -p 命令来完成数据库连接，然后再输入密码，进入 mysql 命令行提示窗口，如图 3-62 所示。

接着我们需要先在 Mysql 中创建名称为 iss_test 的数据库，在命令行窗口中下发：create DATABASE iss_test,具体操作请参考图 3-63 所示。

创建数据库以后可以通过命令行进行查询，查询命令为 SHOW DATABASES,具体操作如图 3-64 所示。

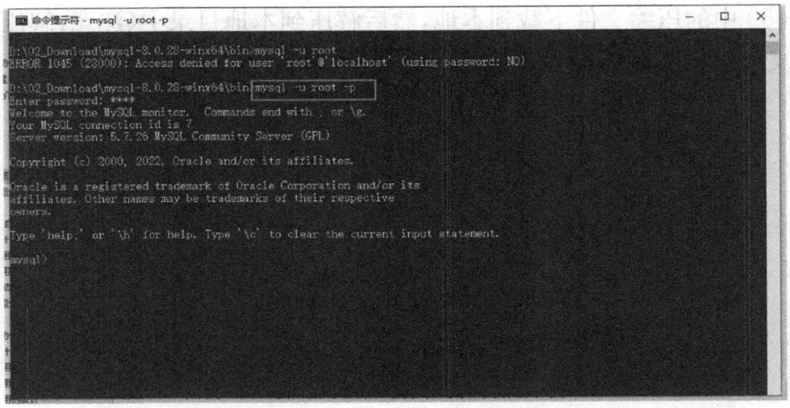

图 3-62　连接 Mysql 服务器进入命令行模式

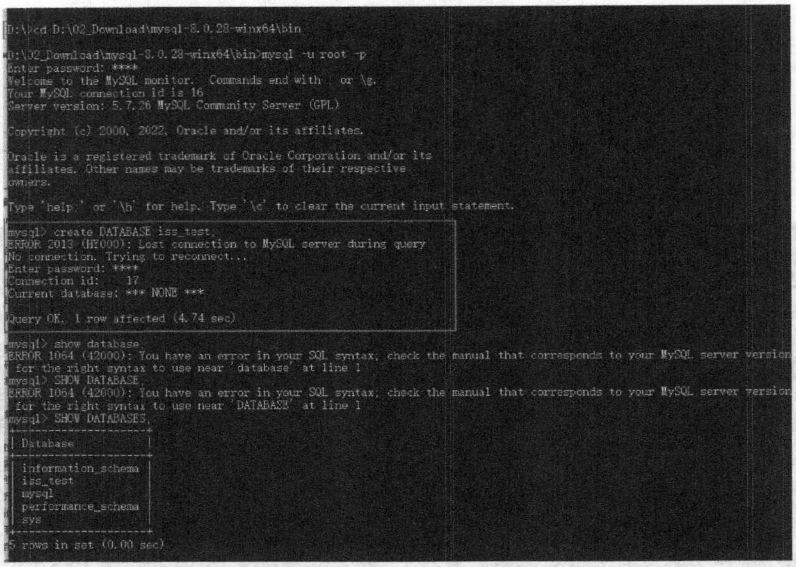

图 3-63　创建数据库 iss_test

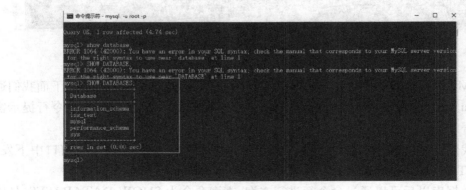

图 3-64　查看数据库创建

数据库 iss_test 创建成功以后，我们可以将安装部署包中的数据库备份文件，导入新建的数据库 iss_test 中去，具体操作如图 3-65 所示。

图 3-65 将安装部署包 sql 脚本导入数据库

接下来我们查询下数据导入是否成功，需要进入 Mysql 的控制台创建进行查询，具体操作如图 3-66 所示。

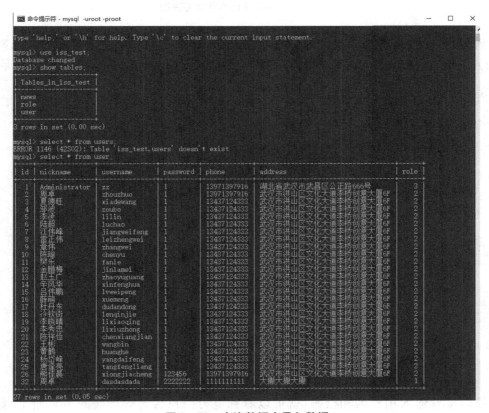

图 3-66 查询数据库导入数据

经过上面的操作以后数据库部分就搭建好了,接下来我们可以启动后台管理端的应用了,可以直接在命令行窗口中下发 java -jar jar 文件路径,具体操作如图 3-67 所示。

图 3-67 命令行启动后台管理端

到此处,环境部署已经完成了,我们将在后端进行验证,即在浏览器中输入网址 http://localhost:8080/test/,就会进入后台管理端的 Log In 页面,如图 3-68 所示。

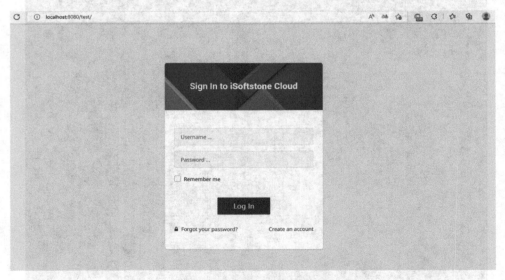

图 3-68 登录后台管理端

我们接着输入用户名和密码,就可以看到电力门户后台管理端的主页面了,如图 3-69 所示。

项目3　电力门户后台 Web 端自动化测试

图 3-69　访问后台管理端页面

到这一步就表示我们整个后台管理端的部署搭建已经完成了。

任务3.3　电力门户后端新闻列表功能及自动化测试

3.3.1　电力门户新闻列表功能分析

本次任务主要对电力门户网站后台管理端的新闻列表功能进行需求分析。新闻列表功能模块是电力门户 CMS 系统中重要的一项功能，新闻列表功能帮助网站管理人员在后端管理系统上轻松完成新闻采编工作，并实时发布到网站前端。新闻列表采用了富文本编辑器，方便采编人员进行图文方面的处理。首先我们从原始需求中将新闻列表的需求信息进行分析，表 3-12 为新闻列表的原始需求描述。

表 3-12　新闻列表功能需求说明

描述要素	描 述 内 容	备注事项
需求名称	新闻列表管理	
需求编号	SHOE-UC018	
需求简述	管理员在当前新闻列表中，进行增、删、改、查等基本操作	
参与者	管理员	

续表

描述要素	描述内容	备注事项
前置条件	管理员必须先登录且有站内信息管理权限	
后置条件	管理员对新闻列表的内容进行修改会影响前端新闻板块内容	
特殊需求	无	

根据表3-12中新闻列表的需求描述信息,进行测试需求的分析,提取需求中关联的测试点以及业务规则。表3-13给出了分析得出的相关测试点以及测试思路,后面我们将根据分析得出的测试需求开展测试用例的设计,以及测试数据的构造。

表3-13 新闻列表需求分析

功能模块	功能	测试点	子测试点	分析思路
新闻列表	新增新闻	正常测试	新闻类别	与预期值一致
			标题	与预期值一致
			新闻内容	与预期值一致
		异常测试	标题超长	操作失败
			新闻内容超长	操作失败
	删除新闻	正常测试	确认删除	删除成功
			取消删除	新闻保留
	查看新闻	正常测试	查看新闻内容	与预期值一致
	修改新闻	正常测试	新闻类别	与预期值一致
			标题	与预期值一致
			新闻内容	与预期值一致
		异常测试	标题超长	操作失败
			内容超长	操作失败

3.3.2 电力门户后端新闻列表自动化测试

1. 新闻列表模块功能性用例设计

在前一个任务中,我们对新闻列表功能的需求进行了分析,分别对新闻列表的功能、测试点、子测试点进行梳理。接下来的章节中,我们将会针对前面分析的结果进行功能测试用例的设计,如表3-14所示。

表 3-14　新闻列表功能性用例

用例编号	用例标题	预置条件	执行步骤	预期结果
news-add-001	添加新的新闻,并依次输入合法的新闻类别、新闻标题,以及文本型内容,提交后,查询结果成功	正常登录后进入新闻列表页面	(1) 单击"新增新闻"按钮 (2) 依次输入类别、标题、内容 (3) 单击"提交"	操作成功,查询列表中存在新增新闻
news-add-002	添加新的新闻,并依次输入合法的新闻类别、新闻标题,以及图片内容,提交后,查询结果成功	正常登录后进入新闻列表页面	(1) 单击"新增新闻"按钮 (2) 依次输入类别、标题、内容 (3) 单击"提交"	操作成功,查询列表中存在新增新闻
news-add-003	添加新的新闻,并依次输入合法的新闻类别、新闻标题,以及纯文本+图片内容,提交后,查询结果成功	正常登录后进入新闻列表页面	(1) 单击"新增新闻"按钮 (2) 依次输入类别、标题、内容 (3) 单击"提交"	操作成功,查询列表中存在新增新闻
news-add-004	添加新的新闻,先选择新闻类别,然后输入长度超长的标题,最后输入合法的新闻内容,提交后,返回失败。	正常登录后进入新闻列表页面	(1) 单击"新增新闻"按钮 (2) 依次输入类别、标题、内容 (3) 单击"提交"	操作失败,返回错误提示信息
news-add-005	添加新的新闻,先选择新闻类别,然后输入正确的标题,最后输入超长的新闻内容,提交后,返回失败	正常登录后进入新闻列表页面	(1) 单击"新增新闻"按钮 (2) 依次输入类别、标题、内容 (3) 单击"提交"	操作失败,返回错误提示信息
news-del-001	删除指定新闻并确认	正常登录后进入新闻列表页面	(1) 选择待删新闻 (2) 单击删除图标 (3) 确认后,删除成功	新闻列表中该新闻被成功删除
news-del-002	删除指定新闻,然后取消删除操作	正常登录后进入新闻列表页面	(1) 选择待删新闻 (2) 单击删除图标 (3) 取消操作,新闻未删除	查询新闻列表中该条新闻还存在
news-check-001	查看新闻内容	正常登录后进入新闻列表页面	(1) 选择指定新闻 (2) 单击查看图标 (3) 显示新闻内容正确	查看的新闻内容与之前创建时候一致

续 表

用例编号	用例标题	预置条件	执行步骤	预期结果
news-modify-001	修改已存在新闻,依次输入合法的新闻类别、新闻标题,以及文本型内容,提交后,查询结果成功	正常登录后进入新闻列表页面	(1) 选择指定新闻 (2) 单击修改图标 (3) 修改并提交	操作成功,查询列表中存在新增新闻
news-modify-002	修改已存在新闻,依次输入合法的新闻类别、新闻标题,以及图片内容,提交后,查询结果成功	正常登录后进入新闻列表页面	(1) 选择指定新闻 (2) 单击修改图标 (3) 修改并提交	操作成功,查询列表中存在新增新闻
news-modify-003	修改已存在新闻,并依次输入合法的新闻类别、新闻标题,以及纯文本+图片内容,提交后,查询结果成功	正常登录后进入新闻列表页面	(1) 选择指定新闻 (2) 单击修改图标 (3) 修改并提交	操作成功,查询列表中存在新增新闻
news-modify-004	修改已存在新闻,先选择新闻类别,然后输入长度超长的标题,最后输入合法的新闻内容,提交后,返回失败	正常登录后进入新闻列表页面	(1) 选择指定新闻 (2) 单击修改图标 (3) 修改并提交	操作失败,返回错误提示信息
news-modify-005	修改已存在新闻,先选择新闻类别,然后输入正确的标题,最后输入超长的新闻内容,提交后,返回失败	正常登录后进入新闻列表页面	(1) 选择指定新闻 (2) 单击修改图标 (3) 修改并提交	操作失败,返回错误提示信息

表 3-14 中的内容是根据前期需求分析的结果,综合完成对新闻列表功能用例的设计。从用例的标题,我们可以看到当前设计的用例和前面的需求分析表格存在着关联关系,如表 3-15 所示。

表 3-15 用例编号与功能对应关系

功能用例标题	需求分析功能大类
news-add-xxx	新增新闻
news-del-xxx	删除新闻
news-check-xxx	查看新闻
news-modify-xxx	修改新闻

表 3-14 中每组用例都会对应着一项功能,这些用例中的单个用例能满足一个测试点以及相应的子测试点的验证需求。这样做的目的是在以后的测试活动中,可以很方便统计测试覆盖的情况,避免测试遗漏。

2. 新闻列表——新增新闻自动化用例设计

在新闻列表中新增新闻的主要操作步骤如下:

(1) 在 PyCharm 上创建一个 Pure Python 的新项目,如图 3-70 所示。

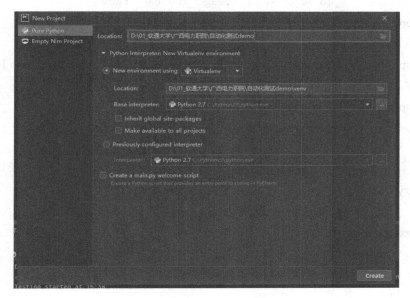

图 3-70 创建 Pure Python 新项目

(2) 创建名称为 test_news 的 Python 文件,如图 3-71 所示。

图 3-71 创建名为 test_news.py 的 Python 代码文件

(3) 创建名为 TestNews 的测试类。

完成 TestNews 类的创建后,需要在 TestNews 测试类的测试固件 setUp 方法中完成 Google Chrome 浏览器的配置以及电力门户前端页面登录操作,具体代码如下。

代码 3-44　测试固件 setUp 方法

```python
def setUp(self):
    options=WebDriver.ChromeOptions()
    #禁止使用浏览器的密码保存
    prefs={"credentials_enable_service":False,
            "profile.password_manager_enabled":False}
    options.add_experimental_option("prefs",prefs)
    #设置免检测(开发者模式)
    options.add_experimental_option('excludeSwitches', ['enable-automation'])
    #禁用浏览器正在被自动化程序控制的提示
    options.add_argument("disable-infobars")
    self.driver=WebDriver.Chrome(chrome_options=options)

    login_obj=cf.CLogin(self.driver)
    try:
        login_obj.navigator(url,username,pwd)
    except Exception,err:
        print(err)
        login_obj.navigator(url,username,pwd)
```

关于浏览器在执行自动化测试的过程中，在浏览器的地址栏下方会出现一个信息提示（见图 3-72），告知用户 Google Chrome 浏览器正受到自动测试软件的控制。这类提示信息会对用户的使用感知存在影响，所以在大多数情况下，我们可以通过对浏览器的配置参数进行设置，消除提示信息。

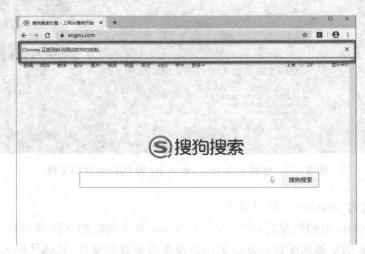

图 3-72　Google Chrome 正受到自动测试软件的控制提示

下面这段代码中的 Google Chrome 浏览器的配置参数的设置,主要完成以下几个操作:①禁用浏览器的密码自动保存服务;②设置免检测模式;③禁用浏览器正受自动测试软件控制的提示。

代码 3 - 45　Google Chrome 浏览器参数设置

```
options=WebDriver.ChromeOptions()
    #禁止使用浏览器的密码保存
    prefs"credentials_enable_service":False,
              "profile.password_manager_enabled":False}
    options.add_experimental_option("prefs",prefs)
    #设置免检测(开发者模式)
    options.add_experimental_option('excludeSwitches', ['enable-automation'])
    #禁用浏览器正在被自动化程序控制的提示
    options.add_argument("disable-infobars")
    self.driver=WebDriver.Chrome(chrome_options=options)
```

通过上面的参数设置,我们就完成了对浏览器的前期的基本配置操作。

(4) 后台管理端登录操作。

由于进入电力网站后台页面后,需要进行登录鉴权的操作,而且这个操作是所有自动化用例开展执行前的必备条件。所以我们将其单独提取出来,放到一个公共的类中,并在当前的工程下面新增了一个共有文件并命名为 common_func.py,如图 3 - 73 所示。

图 3 - 73　common_func.py 文件创建

在该文件中,我们定义了一个公共类 CLogin 来完成登录电力门户后端页面的操作请参考下面的代码。

代码 3-46　公共类 CLogin 的定义

```python
class CLogin:
    def __init__(self, driver):
        self.driver=driver

    # 导航到指定的网页地址
    def navigator(self, url, username, password):
        self.driver.get(url)

        # 页面最大化
        self.driver.maximize_window()
        time.sleep(5)

        try:
            ipt_user=self.driver.find_element_by_css_selector("#username")
        except:
            ipt_user=None
        # 输入用户名信息
        ipt_user.send_keys(username)

        try:
            ipt_pwd=self.driver.find_element_by_css_selector("#password")
        except:
            ipt_pwd=None
        # 输入密码信息
        ipt_pwd.send_keys(password)
        time.sleep(1)

        btn_login=self.driver.find_element_by_css_selector('#loginForm>div.form-group.text-center.m-t-40>div>button')
        WebDriverWait(self.driver, 15).until(
            EC.element_to_be_clickable(
                (By.CSS_SELECTOR,"#loginForm>div.form-group.text-center.m-t-40>div>button")))
```

```
# 鼠标的焦点转移到登录按钮
WebDriver.ActionChains(self.driver).move_to_element(btn_login).perform()

btn_login.click()
self.driver.implicitly_wait(2)
```

CLogin 的构造函数中传入的参数是前面代码 3-45 中实例化后的 WebDriver 对象，CLogin 类中定义的 navigator 方法就是用来完成登录和鉴权操作的主体方法。这个方法中定义了三个参数 url、username、password，分别代表了后台 url 地址、鉴权用户、密码。下面的代码中就用到了 Selenium 框架下的通过 css_selector 定位元素的方法。

代码 3-47　通过 css_selector 定位用户输入框

```
ipt_user=self.driver.find_element_by_css_selector("#username")
```

关于如何确定 css_selector 的路径，下面我们打开一个浏览器实际感受下。打开 Google Chrome 浏览器后，我们在地址栏中输入网址信息，进入到后台管理端登录页面，同时我们通过计算机键盘快捷键 F12 将浏览器的开发者工具打开。单击左下角图标，然后将鼠标移动到输入框上方进行定位，如图 3-74 所示。

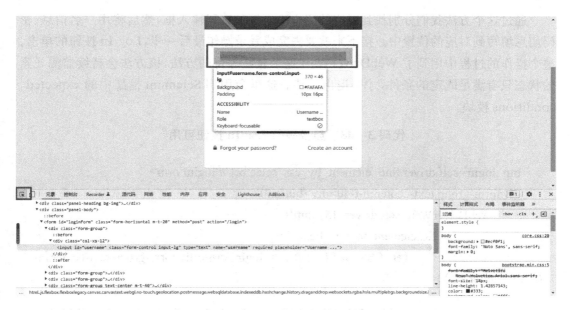

图 3-74　用户名输入框定位

完成元素定位以后，我们接着将把元素的 css selector 路径提取出来，如图 3-75 所示。我们会在元素定位后的 DOM 文档结构中，找到对应的信息，然后通过右键菜单将

selector 路径提取出来。

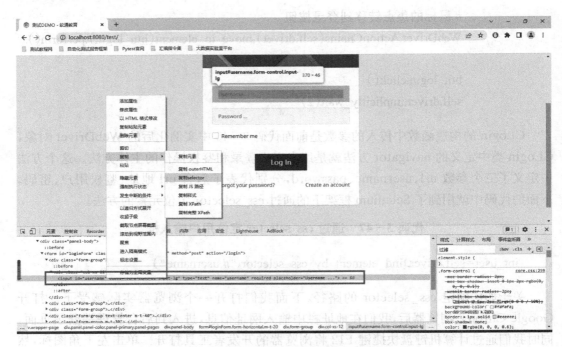

图 3-75　selector 路径提取

通过这个方法我们分别找到对应的用户输入框和密码输入框，然后将用户名信息、密码信息填写到对应的位置中。接下来就要去完成登录操作最后一步，Log In 按钮的单击。整个操作的过程中用到了 WebDriverWait 这个显性等待的方法，该方法会持续监测元素的状态只有满足既定的条件，才会退出等待。这里会用到 Selenium 框架中的 expected_conditions 模块。

代码 3-48　显性等待 Log In 按钮可用

```
btn_login=self.driver.find_element_by_css_selector('#loginForm>
div.form-group.text-center.m-t-40>div>button')
    WebDriverWait(self.driver,15).until(
        EC.element_to_be_clickable(
            (By.CSS_SELECTOR,"#loginForm>div.form-group.text-center.m-t-
40>div>button")))
```

expected_conditions 模块通常是和 WebDriverWait 显性等待一起出现在代码中。

整个后台登录自动化流程中的最后的一个环节，就是单击 Log In 按钮完成提交动作。下面的代码中用到 WebDriver 的 API 中 ActionChains 类，这个类允许我们模拟从简单到复杂的键盘和鼠标事件，如拖拽操作、快捷键组合、长按以及鼠标右键的操作。下面实例中就是通过 ActionChains 类的方法将鼠标的焦点移动到指定元素对象上。

代码 3-49　移动鼠标完成 Log In 登录

```
btn_login=self.driver.find_element_by_css_selector('#loginForm>
div.form-group.text-center.m-t-40>div>button')
#鼠标的焦点转移到登录按钮
WebDriver.ActionChains(self.driver).move_to_element(btn_login).perform()
btn_login.click()
self.driver.implicitly_wait(2)
```

（5）进入新闻列表页面，添加一条新闻。

完成登录操作后进入首页的欢迎页面，在页面左边的功能列表栏中，单击新闻列表后，进入了新闻列表页中。然后我们将单击"新增新闻"进行新闻添加操作，如图 3-76 所示。

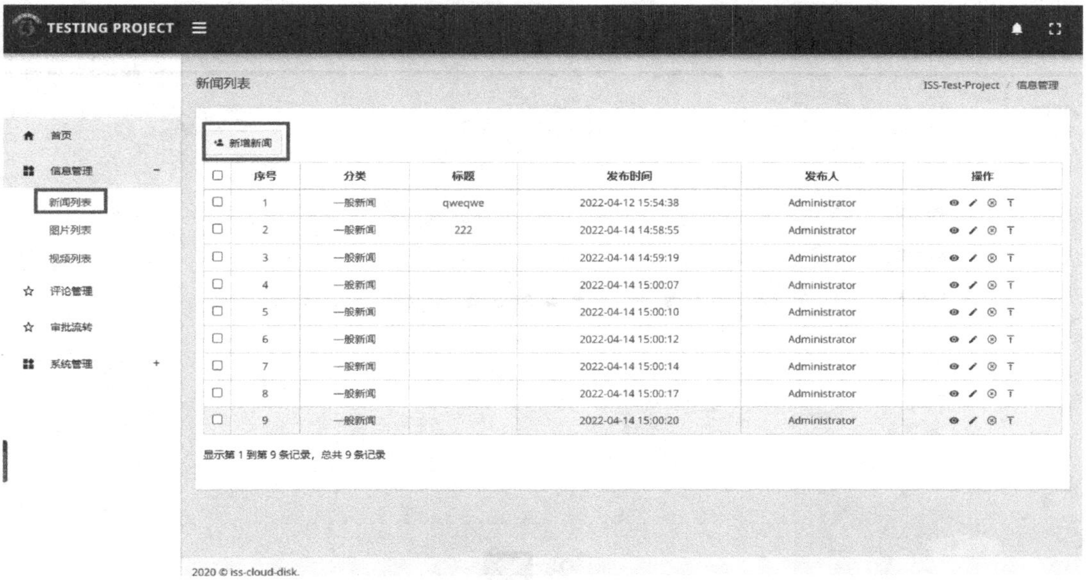

图 3-76　新增新闻操作步骤

接下来我们将通过自动化测试代码实现图 3-76 中所涉及的一系列操作，请参考代码 3-50。

代码 3-50　新增新闻操作实现

```
#等待左边的工具条上"新闻列表"按钮激活
```

```
WebDriverWait(self.driver,15).until(
    EC.element_to_be_clickable(
        (By.CSS_SELECTOR,"# sidebar-menu>ul>li:nth-child(2)>ul>li:nth-child(1)> a")))
lbl_news=self.driver.find_element_by_css_selector(
    "# sidebar-menu>ul>li:nth-child(2)>ul>li:nth-child(1)>a")
lbl_news.click()
WebDriverWait(self.driver,15).until(
    EC.visibility_of_element_located((By.CSS_SELECTOR,"# btn_upload>span")))
btn_add_news=self.driver.find_element_by_css_selector("# btn_upload>span")
btn_add_news.click()
```

(6) 新增新闻内容填写与提交操作。

进入新添加新闻的编辑页面后,我们可以编辑新闻类别、新闻标题,然后填写新闻的内容。其中新闻内容采用了富文本编辑框,可以同时添加文字内容和图片(见图3-77)。

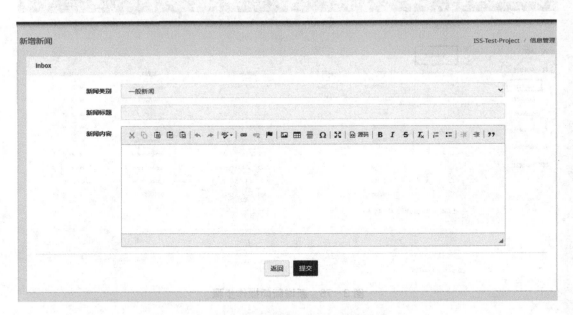

图 3-77 新增新闻的内容编辑页面

新闻内容的编辑所涉及的 Web 自动化的测试点会比较多,总结出来有以下几个点。
① 涉及关于 Selenium 对于内嵌 iframe 的定位与切换操作;
② 特定场景(如元素被遮挡)在 Selenium 中使用 JS 脚本完成对特殊场景操作;
③ 利用 AutoIt v3 完成 Windows 弹出窗体的操作,比如:选择指定目录中的文件;

接下来我们看看,整个新闻内容编辑与提交的 Web 自动化是如何实现的,请参考代码 3-51。

代码 3-51　新闻内容编辑

```
list_type=Select(self.driver.find_element_by_css_selector("#type"))
list_type.select_by_index(1)

ipt_title=self.driver.find_element_by_css_selector("#title")
ipt_title.send_keys(unicode(title_txt))

frame_elm=self.driver.find_element_by_css_selector("#cke_1_contents>iframe")

s_HTML='<p>%s</p>' % news_text
js_script='arguments[0].innerHTML="%s"' % s_HTML
self.driver.switch_to.frame(frame_elm)
rich_text=self.driver.find_element_by_css_selector('body>p')
self.driver.execute_script(js_script,rich_text)
self.driver.switch_to.parent_frame()

#单击图片上传
btn_img=self.driver.find_element_by_css_selector("#cke_25>span.cke_button_icon.cke_button__image_icon")
btn_img.click()

self.driver.switch_to.active_element

#单击上传 tab 页
tab_upload=self.driver.find_element_by_css_selector("#cke_upload_133")
tab_upload.click()
self.driver.implicitly_wait(2)

frame_ipt_file=self.driver.find_element_by_css_selector("iframe.cke_dialog_ui_input_file")
self.driver.switch_to.frame(frame_ipt_file)

js_script="arguments[0].click()"
```

```
btn_file=self.driver.find_element_by_name("upload")
self.driver.execute_script(js_script,btn_file)
self.driver.switch_to.parent_frame()

#需要上传导入的模板文件名称
cur_dir=os.path.dirname(os.path.abspath(__file__))
import_file=os.path.join(os.path.join(cur_dir,"resources"),img_file)

print("上传的文件:%s"% import_file)
#通过键盘录入当前需要输入的文件路径
base_obj=cf.CBase_Func()
base_obj.type_filepath(import_file)
self.driver.switch_to.active_element
self.driver.implicitly_wait(2)

btn_uploadimg=self.driver.find_element_by_link_text("上传到服务器")
btn_uploadimg.click()
self.driver.implicitly_wait(1)

btn_cfm=self.driver.find_element_by_link_text("确定")
btn_cfm.click()
self.driver.implicitly_wait(1)

#整个新闻编辑结束后最终提交按钮
btn_submit=self.driver.find_element_by_css_selector(
    "#wrapper>div.content-page>div>div.container>div>div.panel-body>div>button.btn.btn-primary.waves-effect.waves-light")
btn_submit.click()
```

首先要完成填写新闻类别,由于新闻类别是采用下拉列表的方式进行输入的,如图 3-78 所示。列表中有四个可选项:一般新闻、重点新闻、最新动态、行业热点。

这里需要用到 Selenium 中的 Select 类,Select 类是 Selenium 的一个特定的类,用于与下拉菜单和列表交互。它提供了丰富的功能和方法来实现与用户交互,具体可以参考表 3-16 所示。

项目 3 电力门户后台 Web 端自动化测试

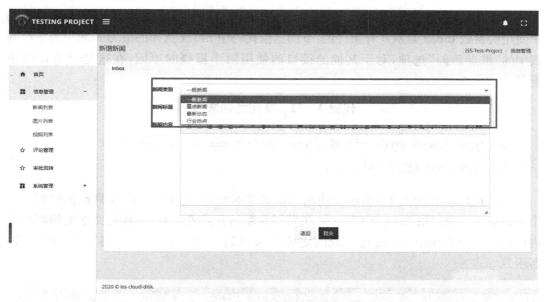

图 3-78 新增类别下拉列表

表 3-16 Select 类常用方法列表

方法	描述	参数	样例
deselect_all()	清除多选下拉菜单和列表的所有选择项		select_list.deselect_all()
deselect_by_index(index)	根据索引清除下拉菜单和列表的选择项	index：要清除的目标选择项的索引	select_list.deselect_by_index1
deselect_by_value(value)	清除所有选项值和给定参数匹配的下拉菜单和列表的选择项	value：要清除的目标选择项的 value 属性	select_list.deselect_by_value("foo")
deselect_by_visible_text(text)	清除所有展示的文本和给定参数匹配的下拉菜单和列表的选择项	text：要清除的目标选择项的文本值	select_list.deselect_by_visible_text("bar")
select_by_index(index)	根据索引选择下拉菜单和列表的选择项	index：要选择的目标选择项的索引	select_list.select_by_index1)
select_by_value(value)	选择所有选项值和给定参数匹配的下拉菜单和列表的选择项	value：要选择的目标选择项的 value 属性	select_list.select_by_value("foo")
select_by_visible_text(text)	选择所有展示的文本和给定参数匹配的下拉菜单和列表的选择项	text：要选择的目标选择项的文本值	select_list.select_by_visible_text("bar")

我们在实际应用中选择 select_by_index 方法来实现下拉框中的文本内容的选择,其中使用的参数 index 是从 0 开始计的,下面这段代码中 index 选择的值为 1,对应着下拉列表中的"重点新闻"选项,对于其他的接口的使用限于篇幅的原因,在这里就不详细举例了。

代码 3－52　新闻类别选择

list_type=Select(self.driver.find_element_by_css_selector("#type"))
list_type.select_by_index(1)

下面我们讲下新闻内容编辑中使用的富文本编辑器,这里就会涉及到前面提到的一个知识点了。我们用 Google Chrome 浏览器自带的开发者工具,发现富文本编辑器刚好内嵌到了一个 iframe 中,通过常规的定位方法找到了 iframe 对应的路径,如图 3－79 所示。

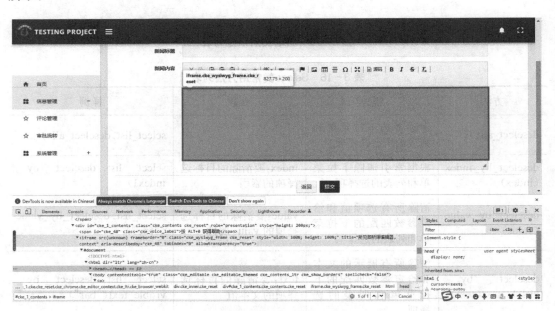

图 3－79　新闻内容编辑器的定位

因此我们要完成新闻内容的编辑就需要由当前的主页面切换到上面提到的内嵌 iframe 中去,然后再执行文本内容的写入,整个操作结束后再次切换回到原来的主页面上。

其中 self.driver.switch_to.frame(frame_elm)完成了从主页面切换到 iframe 的操作,最后 self.driver.switch_to.parent_frame()又重新切回到了主页面。其代码如下。

代码 3－53　新闻编辑器内嵌 iframe 切换

frame_elm=self.driver.find_element_by_css_selector("#cke_1_contents>

```
iframe")
    s_HTML='<p>%s</p>' % news_text
    js_script='arguments[0].innerHTML="%s"' % s_HTML
    self.driver.switch_to.frame(frame_elm)
    rich_text=self.driver.find_element_by_css_selector('body>p')
    self.driver.execute_script(js_script,rich_text)
    self.driver.switch_to.parent_frame()
```

这里还使用到了上面提到的另外一个知识点,在 Selenium 中使用 JS 脚本完成对特殊场景操作。关于 Selenium 中执行 JS 脚本有两种方式,表 3‑17 中具体描述了这两种方式的使用。

表 3‑17 同步与异步执行 JS 代码

方法	描述	参数	样例
execute_async_script(script, *args)	异步执行 JS 代码	script:被执行的 JS 代码。args:JS 代码中的任意参数	driver.execute_async_script("window.setTimeout(arguments[arguments.length-1](123),500);")
execute_script(script, *args)	同步执行 JS 代码	script:被执行的 JS 代码。args:JS 代码中的任意参数	driver.execute_script("return document.title")

两种调用 JavaScript 脚本的差异,execute_async_script 在当前选定 Frame 或窗口的上下文中执行一段异步 JavaScript。与同步方法 execute_script 不同,使用异步方法执行的脚本必须通过调用提供的回调显式地发出它们已完成的信号。另外一个区别是,同步执行 WebDriver 会等待 execute_script 执行的结果再去运行后面的代码,异步执行 WebDriver 不会等待执行结果,而是直接执行后面的代码。

最后讲下新闻内容填写这段中涉及的第三个功能点,关于在 Windows 弹窗中选择图像文件的实现方法。这里用到了 AutoIt v3 来实现这个功能,下面我们看看 AutoIt v3 是怎么完成这些工作的,请参考以下代码部分。

代码 3‑54 AutoIt v3 实现图像文件上传

```
#include <MsgBoxConstants.au3>

UploadFunc()

Func UploadFunc()
```

```
    Local $ hWnd=WinWaitActive("打开","" , 10)
    ControlSetText($ hWnd,"" ,"Edit1",$ CmdLine[1])
    Sleep(1000)
    ControlClick($ hWnd,"" ,"Button1")
EndFunc
```

在这段代码中用到了一个函数 UploadFunc，这个函数的第一行是等待一个标题为"打开"的窗体出现，设置 timeout 的超时时间为 10 秒。第二行是将外部传入的参数 $CmdLine[1]，填写到类名为"Edit1"对应的文本输入框中。第三行延时 1 000 毫秒，第四行单击类名为"Button1"对应的 Button 完成整个操作。关于上面代码中涉及到的 Windows 控件使用的类名可以利用 AutoIt v3 自带的 AutoIt v3 Window Information 进行抓取。以"Button1"对应的 Button 控件为例子，将 AutoIt v3 Window Information 界面中的 Finder Tool 的焦点移到目标对象上面，就可以获得对应的控件的信息，如图 3-80 所示。

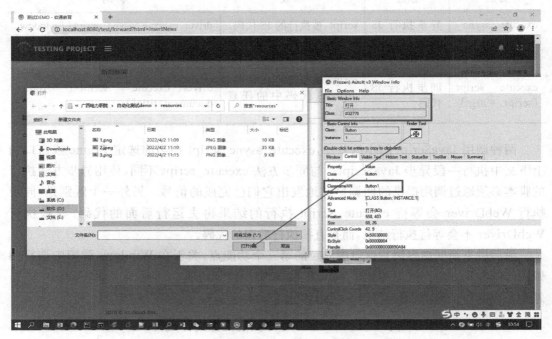

图 3-80　AutoIt v3 Window Information 抓取控件

代码 3-54 中的代码功能完成以后，我们可以利用 AutoIt v3 提供的供给将 au3 格式的脚本文件转换成可以在命令行中调用的 exe 文件，具体操作参考图 3-81 所示。

打包后生成的可执行文件，可以通过命令行传参的方式进行调用。具体请参考代码 3-55。

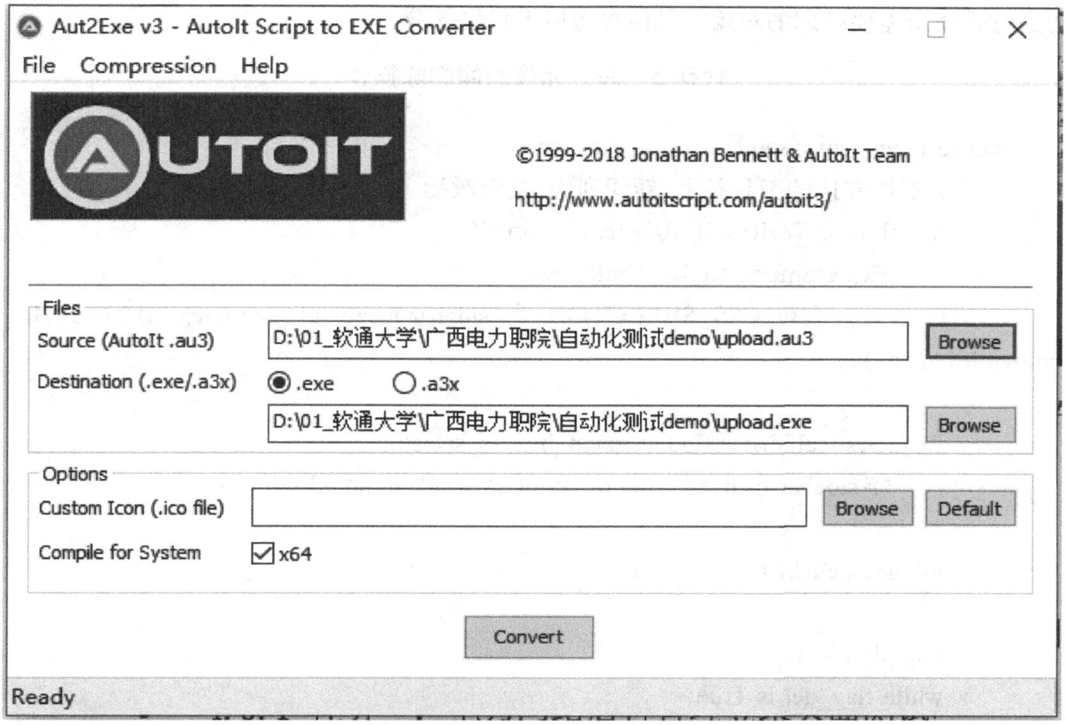

图 3-81　AutoIt v3 脚本打包

代码 3-55　命令行调用 exe 执行上传

```
time.sleep(3)
sys.setdefaultencoding('gb18030')
cur_dir=os.path.dirname(os.path.abspath(__file__))
autoitexe=os.path.join(cur_dir,"upload.exe")
cmdline=u'upload.exe { 0 }'.format(unicode(filepath))
# 调用 AutoIt 打包的 Exe 文件上传图片、视频、文档等相关的附属文件
os.chdir(cur_dir)
os.system(cmdline)
sys.setdefaultencoding('utf-8')
```

完成图片的上传操作以后，剩下的就是一些常规的保存提交的工作，至此新增新闻这一功能整个全流程的操作介绍完了。

3. 新闻列表—删除新闻自动化用例设计

删除新闻的功能是在新闻列表中，找到标题与指定内容一致的新闻，然后执行删除操作。因为执行删除操作后，整个新闻列表的布局会发生变化，所以实现这个功能自动化的难点就是在每完成一次删除操作以后，需要及时重新定位列表中的所有的元素，再通过遍

历的方式找出需要处理的对象。具体参考以下代码部分。

代码 3-56　完成新闻删除操作

```python
def test_del_news(self):
    #等待左边的工具条上"新闻列表"按钮激活
    WebDriverWait(self.driver,15).until(
        EC.element_to_be_clickable(
            (By.CSS_SELECTOR, "#sidebar-menu>ul>li:nth-child(2)>ul>li:nth-child(1)>a")))

    lbl_news=self.driver.find_element_by_css_selector(
        "#sidebar-menu>ul>li:nth-child(2)    >ul>li:nth-child(1)>a")

    lbl_news.click()

    flag_del=True
    while flag_del is True:
        flag_del=self.del_news()
```

这段代码展示了如何进入新闻列表,然后开始循环完成删除新闻的过程。具体完成删除新闻的操作被封装进 del_news 方法中,接下来我们看看具体的实现代码。

代码 3-57　del_news 代码详细清单

```python
def del_news(self):
    flag=False
    WebDriverWait(self.driver,15).until(
        EC.visibility_of_all_elements_located((By.CSS_SELECTOR, 'span.pagination-info')))
    span_summary=self.driver.find_element_by_css_selector('span.pagination-info')
    total_record=span_summary.text
    matchObj=re.match(r'\W+(\d+)\W+(\d+)\W+(\d+)\W+', total_record, re.M|re.I)
    pages=-1
    if matchObj:
        total_users=int(matchObj.group(3))
```

```python
            if total_users % 10==0:
                pages=total_users//10
            else:
                pages=total_users//10+1

        cur_page_lbl=self.driver.find_element_by_css_selector("li.page-item.active>a.page-link")

        a=int(cur_page_lbl.text)
        # a=1
        while a<pages+1:
            WebDriverWait(self.driver,15).until(
                EC.visibility_of_all_elements_located((By.CSS_SELECTOR,'table#newsTable>tbody>tr>td:nth-child(4)')))
            topics=self.driver.find_elements_by_css_selector('table# newsTable>tbody>tr>td:nth-child(4)')
            icon_del=self.driver.find_elements_by_css_selector(
                'table# newsTable>tbody>tr>td:nth-child(7)>a:nth-child(3)')

            for topic in topics:
                if topic.text==taget_title:
                    icon_del[topics.index(topic)].click()
                    self.driver.implicitly_wait(1)
                    btn_cfm=self.driver.find_element_by_css_selector(
                        "body>div.swal-overlay.swal-overlay--show-modal>div>div.swal-footer>div:nth-child(2)>button")
                    btn_cfm.click()
                    flag=True
                    self.driver.implicitly_wait(3)
                    WebDriverWait(self.driver,15).until(
                        EC.visibility_of_all_elements_located(
                            (By.CSS_SELECTOR,'table# newsTable>tbody>tr>td:nth-child(4)')))
                    return flag

            if pages>1 & a<pages:
```

```
            self.page_turning(1)

        self.driver.implicitly_wait(4)
        a+=1
    return flag
```

首先我们需要确定当前新闻列表中共有多少页,可以在新闻列表的左下角找到分页信息,这些信息中涉及总的新闻条数以及每一页的最大显示数量,通过总条数和每页最大显示数量,就很容易算出新闻列表的分页数量了,具体参考如下代码。

代码 3-58　计算新闻列表分页

```
WebDriverWait(self.driver,15).until(
EC.visibility_of_all_elements_located((By.CSS_SELECTOR,'span.pagination-info')))
span_summary=self.driver.find_element_by_css_selector('span.pagination-info')
total_record=span_summary.text
matchObj=re.match(r'\W+(\d+)\W+(\d+)\W+(\d+)\W+ ',total_record,re.M|re.I)
pages=-1

if matchObj:
    total_users=int(matchObj.group(3))
    if total_users % 10==0:
        pages=total_users//10
    else:
        pages=total_users//10+1

# 获得新闻列表的当前页信息
cur_page_lbl=self.driver.find_element_by_css_selector("li.page-item.active>a.page-link")
a=int(cur_page_lbl.text)
```

在获得了新闻列表总页数和当前页信息后,需要遍历每一页中的新闻信息,然后将匹配上的新闻进行删除,删除后整个新闻列表的布局就会发生改变,之前获得的网页元素就会失效,需要重新定位并抓取网页对象。然后再进行循环遍历,一直到所有匹配的新闻被删除,然后进行翻页操作,进入下一页删除匹配的新闻,持续进行删除,一直到遍历完新闻列表中所有的新闻信息。

代码 3-59　遍历分页逐个删除新闻

```python
    while a<pages+1:
        WebDriverWait(self.driver,15).until(
            EC.visibility_of_all_elements_located((By.CSS_SELECTOR,'table# newsTable>tbody>tr>td:nth-child(4)')))
        topics=self.driver.find_elements_by_css_selector('table# newsTable>tbody>tr>td:nth-child(4)')
        icon_del=self.driver.find_elements_by_css_selector(
            'table# newsTable>tbody>tr>td:nth-child(7)>a:nth-child(3)')

        for topic in topics:
            if topic.text==taget_title:
                icon_del[topics.index(topic)].click()
                self.driver.implicitly_wait(1)
                btn_cfm=self.driver.find_element_by_css_selector(
                    "body>div.swal-overlay.swal-overlay--show-modal>div>div.swal-footer>div:nth-child(2)>button")
                btn_cfm.click()
                flag=True
                self.driver.implicitly_wait(3)
                WebDriverWait(self.driver,15).until(
                    EC.visibility_of_all_elements_located(
                        (By.CSS_SELECTOR,'table# newsTable>tbody>tr>td:nth-child(4)4)')))
                return flag
        if pages>1 & a<pages:
            self.page_turning(1)

        self.driver.implicitly_wait(4)
        a+=1
    return flag
```

4. 新闻列表—修改新闻内容自动化用例设计

修改新闻内容是在新闻列表中找到匹配的新闻,然后进入新闻内容中进行修改。修改新闻并保存后,新闻列表的分页会自动返回到第一页。所以在进行新闻内容修改的时候,需要将当前页码信息保存起来,等待修改提交后,再将新闻列表翻到之前保存的页面上。具体的实现细节可以参考如下代码。

代码 3-60　新闻编辑代码清单

```python
    def test_modify_news(self):
        #等待左边的工具条上"新闻列表"按钮激活
        WebDriverWait(self.driver,15).until(
            EC.element_to_be_clickable(
                (By.CSS_SELECTOR,"#sidebar-menu>ul>li:nth-child(2)>ul>li:nth-child(1)>a")))

        lbl_news=self.driver.find_element_by_css_selector(
            "#sidebar-menu>ul>li:nth-child(2)>ul>li:nth-child(1)>a")

        lbl_news.click()
        self.driver.implicitly_wait(2)

        try:
            WebDriverWait(self.driver,15).until(
                EC.visibility_of_element_located(
                    (By.CSS_SELECTOR,"span.pagination-info")))
        except Exception,err:
            print(err)
            lbl_news=self.driver.find_element_by_css_selector(
                "#sidebar-menu>ul>li:nth-child(2)>ul>li:nth-child(1)>a")
            lbl_news.click()
            self.driver.implicitly_wait(2)
            WebDriverWait(self.driver,15).until(
                EC.visibility_of_element_located(
                    (By.CSS_SELECTOR,"span.pagination-info")))

        span_summary= self.driver.find_element_by_css_selector('span.pagination-info')
        flag_mod=self.modify_news()
```

修改新闻内容的详细操作被封装进名为 modify_news 的方法中,里面涉及前面讲解过的内嵌 iframe 的切换、JS 脚本的执行等知识点,在这里就不再赘述了。下面我们一起看看具体的代码实现细节。

代码 3-61　modify_news 代码详细清单

```python
def modify_news(self):
    flag=False
    span_summary=self.driver.find_element_by_css_selector('span.pagination-info')
    total_record=span_summary.text
    matchObj=re.match(r'\W+(\d+)\W+(\d+)\W+(\d+)\W+', total_record, re.M|re.I)
    pages=-1

    if matchObj:
        total_users=int(matchObj.group(3))
        if total_users % 10== 0:
            pages=total_users//10
        else:
            pages=total_users//10+1

    a=1
    while a<pages+1:
        WebDriverWait(self.driver, 15).until(
            EC.visibility_of_all_elements_located((By.CSS_SELECTOR,
            'table# newsTable>tbody>tr>td:nth-child(4)')))
        topics=self.driver.find_elements_by_css_selector('table# newsTable>tbody>tr>td:nth-child(4)')
        icons_modify=self.driver.find_elements_by_css_selector(
            'table# newsTable>tbody>tr>td:nth-child(7)>a:nth-child(2)')

        count=0
        while count<len(topics):
            WebDriverWait(self.driver, 15).until(
                EC.visibility_of_all_elements_located((By.CSS_SELECTOR,
                'table# newsTable>tbody>tr>td:nth-child(4)')))
            topics=self.driver.find_elements_by_css_selector('table# newsTable>tbody>tr>td:nth-child(4)')
            icons_modify=self.driver.find_elements_by_css_selector(
                'table# newsTable>tbody>tr>td:nth-child(7)>a:nth-child
```

```
(2)')
                for topic in topics:
                    temp_str=topic.text
                    if topics.index(topic)<count:
                        continue

                    if topics.index(topic)!=count:
                        count+=1

                    if temp_str== taget_title:
                        icons_modify[topics.index(topic)].click()
                        self.driver.implicitly_wait(1)
                        ipt_title=self.driver.find_element_by_css_selector("#title")
                        ipt_title.clear()
                        self.driver.implicitly_wait(2)
                        ipt_title.send_keys(unicode(temp_str+ "bingo"))

                        frame_elm=self.driver.find_element_by_css_selector("#cke_1_contents>iframe")
                        s_html='<p>%s</p>' % modify_text
                        js_script='arguments[0].innerhtml="%s"' % s_html
                        self.driver.switch_to.frame(frame_elm)
                        rich_text =self.driver.find_element_by_css_selector('body>p')
                        self.driver.execute_script(js_script, rich_text)
                        self.driver.switch_to.parent_frame()

                        # 整个新闻编辑结束后最终提交按钮
                        btn_submit= self.driver.find_element_by_css_selector(
                            "#wrapper>div.content-page>div>div.container>div>>div.panel-body>div>button.btn.btn-primary.waves-effect.waves-light")
                        btn_submit.click()
                        self.driver.implicitly_wait(3)
                        # 新闻修改完成后,需要重新翻页到当前页
                        self.page_turning(a-1)
```

```
                self.driver.implicitly_wait(3)
                break
            if count== len(topics) - 1:
                count= 999

            if pages>1 & a<pages:
                self.page_turning(1)

            self.driver.implicitly_wait(5)
            a+=1

    return flag
```

前面提到过完成新闻的修改后,新闻列表的页面会从当前页面跳转到第一页。为了延续后面的操作,需要在每次修改新闻后,将新闻列表的页码再重新返回到当前页。

代码 3‑62　修改新闻后返回当前页

```
# 整个新闻编辑结束后最终提交按钮
    btn_submit= self.driver.find_element_by_css_selector("# wrapper>div.content-page>div>div.container>div>div.panel-body>div>button.btn.btn-primary.waves-effect.waves-light")
    btn_submit.click()
    self.driver.implicitly_wait(3)
    # 新闻修改完成后,需要重新翻页到当前页
    self.page_turning(a-1)
    self.driver.implicitly_wait(3)
    break
```

这里会涉及一个翻页的操作方法,翻页的具体实现的细节,可以参考以下的代码。

代码 3‑63　page_turning 代码详细清单

```
# 完成翻页的功能
def page_turning(self,times):
    for i in range(0,times):
        WebDriverWait(self.driver,15).until(
            EC.element_to_be_clickable(
```

```
            (By.CSS_SELECTOR,"li.page-item.page-next>a.page-link")))
icon_pagelink= self.driver.find_element_by_css_selector(
    "li.page-item.page-next>a.page-link")
icon_pagelink.click()
self.driver.implicitly_wait(3)
WebDriverWait(self.driver,15).until(
    EC.visibility_of_all_elements_located(
        (By.CSS_SELECTOR,"table# newsTable>tbody>tr>td:nth-child
(4)")))
```

任务3.4　电力门户用户管理功能及自动化测试

3.4.1　电力门户用户管理功能分析

前面的任务从需求分析、用例设计、自动化开发等环节,详细讲解了新闻列表的全流程的自动化设计详细内容。下面我们按照相同的步骤对用户管理这个模块进行需求分析。我们先对用户管理模块的基本功能做下描述,用户管理是所有后台管理端都会涉及的一项功能。按照系统的业务规模以及负责度,用户管理模块的设计分成两大类。

(1) 基础权限管理系统——简单清晰,但无法承载复杂业务需求;

(2) 基于RBAC(Role-Based Access Control:基于角色的权限控制),通过角色关联权限,将抽象的权限具象化,便于业务操作。

我们今天将会介绍采用第二种方式设计的用户管理模块,并且根据用户管理模块的原始需求,完成测试需求分析工作,表3-18是用户管理原始需求说明。

表3-18　用户管理功能需求说明

描述要素	描述内容	备注事项
需求名称	用户管理模块	
需求编号	SHOE-UC020	
需求简述	(1) 新增用户,完成用户基本信息配置,以及用户角色设定 (2) 修改用户基本信息(登录账号除外) (3) 删除用户	
参与者	管理员	

续表

描述要素	描述内容	备注事项
前置条件	管理员必须先登录且有站内信息管理权限	
后置条件	管理员修改用户权限后,需要用户下次登录生效	
特殊需求	无	

根据表 3-18 中用户管理功能的需求描述信息,进行测试需求的分析,提取需求中关联的测试点以及业务规则。表 3-19 给出了分析得出的用户管理需求相关测试点以及测试思路,后面我们将根据分析得出的测试需求开展测试用例的设计,以及测试数据的构造。

表 3-19 用户管理需求分析

功能模块	功能	测试点	子测试点	测试思路
用户管理	新增用户	正常测试	用户姓名	与预期值一致
			登录账号	与预期值一致
			登录密码	与预期值一致
			手机号码	与预期值一致
			详细地址	与预期值一致
			用户角色	与预期值一致
		异常测试	用户姓名、登录账号、登录密码、手机号码、详细地址,进行超长内容测试	操作失败
	删除用户	正常测试	确认删除	删除成功
			取消删除	保留用户
	查看用户	正常测试	查看用户配置	与预期值一致
	修改用户	正常测试	用户姓名	与预期值一致
			登录账号	与预期值一致
			登录密码	与预期值一致
			手机号码	与预期值一致
			详细地址	与预期值一致
			用户角色	与预期值一致
		异常测试	用户姓名、登录密码、手机号码、详细地址,进行超长内容测试	操作失败

3.4.2 电力门户用户管理自动化测试

1. 用户管理模块功能性用例设计

结合前面测试需求分析得到的结果,分别对用户管理功能、测试点、子测试点进行梳理。接下来的章节中,我们将会针对前面分析的结果进行功能测试用例的设计,如表3-20所示。

表3-20 用户管理功能用例

用例编号	用例标题	预置条件	执行步骤	预期结果
user - add - 001	添加新的用户,并依次输入合法的用户姓名、登录账号、登录密码、手机号、详细地址、用户角色,提交后,查询结果成功	正常登录后进入用户列表页面	(1) 单击"新增用户"按钮 (2) 依次输入相关联信息 (3) 单击"提交"	操作成功,查询列表中已存在新增用户
user - add - 002	添加新的用户,先输入合法的用户姓名、登录账号、登录密码、详细地址、用户角色,然后输入长度超长的手机号码,提交后,返回失败	正常登录后进入用户列表页面	(1) 单击"新增用户"按钮 (2) 依次输入相关联信息 (3) 单击"提交"	操作失败,返回错误提示信息
user - add - 003	添加新的用户,先输入合法的登录账号、登录密码、手机号码、详细地址、用户角色,然后输入长度超长的用户姓名,提交后,返回失败	正常登录后进入用户列表页面	(1) 单击"新增用户"按钮; (2) 依次输入相关联信息; (3) 单击"提交"	操作失败,返回错误提示信息
user - add - 004	添加新的用户,先输入合法的用户姓名、登录密码、手机号码、详细地址、用户角色,然后输入长度超长的登录账号,提交后,返回失败	正常登录后进入用户列表页面	(1) 单击"新增用户"按钮 (2) 依次输入相关联信息 (3) 单击"提交"	操作失败,返回错误提示信息
user - add - 005	添加新的用户,先输入合法的用户姓名、登录账号、手机号码、详细地址、用户角色,然后输入长度超长的登录密码,提交后,返回失败	正常登录后进入用户列表页面	(1) 单击"新增用户"按钮 (2) 依次输入相关联信息 (3) 单击"提交"	操作失败,返回错误提示信息
user - add - 006	添加新的用户,先输入合法的用户姓名、登录账号、登录密码、手机号码、用户角色,然后输入长度超长的详细地址,提交后,返回失败	正常登录后进入用户列表页面	(1) 单击"新增用户"按钮 (2) 依次输入相关联信息 (3) 单击"提交"	操作失败,返回错误提示信息

续表

用例编号	用例标题	预置条件	执行步骤	预期结果
user-del-001	删除指定用户并确认	正常登录后进入用户列表页面	(1) 选择待删用户 (2) 单击删除图标 (3) 确认后,删除成功	用户列表中该用户被成功删除
user-del-002	删除指定用户,然后取消删除操作	正常登录后进入用户列表页面	(1) 选择待删用户 (2) 单击删除图标 (3) 取消操作,用户被保留	查询用户列表中该用户还存在
user-check-001	查看用户信息	正常登录后进入用户列表页面	(1) 选择指定用户 (2) 单击查看图标 (3) 显示用户信息正确	查看的用户信息与之前一致
user-modify-001	修改已存在用户,并依次输入合法的用户姓名、登录账号、登录密码、手机号码、详细地址、用户角色,提交后,查询结果成功	正常登录后进入用户列表页面	(1) 选择指定用户 (2) 单击修改图标 (3) 修改并提交	操作成功,查询修改后的用户信息正确
user-modify-002	修改已存在用户,先输入合法的用户姓名、登录账号、登录密码、详细地址、用户角色,然后输入长度超长的手机号码,提交后,返回失败	正常登录后进入用户列表页面	(1) 选择指定用户 (2) 单击修改图标 (3) 修改并提交	操作失败,返回错误提示信息
user-modify-003	修改已存在新闻,先输入合法的登录账号、登录密码、手机号码、详细地址、用户角色,然后输入长度超长的用户姓名,提交后,返回失败	正常登录后进入用户列表页面	(1) 选择指定用户 (2) 单击修改图标 (3) 修改并提交	操作失败,返回错误提示信息
user-modify-004	修改已存在新闻,先输入合法的用户姓名、登录密码、手机号码、详细地址、用户角色,然后输入长度超长的登录账号,提交后,返回失败	正常登录后进入用户列表页面	(1) 选择指定用户 (2) 单击修改图标 (3) 修改并提交	操作失败,返回错误提示信息
user-modify-005	修改已存在新闻,先输入合法的用户姓名、登录账号、手机号码、详细地址、用户角色,然后输入长度超长的登录密码,提交后,返回失败	正常登录后进入用户列表页面	(1) 选择指定用户 (2) 单击修改图标 (3) 修改并提交	操作失败,返回错误提示信息

续　表

用例编号	用例标题	预置条件	执行步骤	预期结果
user - modify - 006	修改已存在用户,先输入合法的用户姓名、登录账号、登录密码、手机号码、用户角色,然后输入长度超长的详细地址,提交后,返回失败	正常登录后进入用户列表页面	(1) 选择指定用户 (2) 单击修改图标 (3) 修改并提交	操作失败,返回错误提示信息

2. 用户管理——新增用户自动化用例设计

接下来我们开始进行新增用户的自动化用例设计,前面的章节中已经创建了自动化脚本工程,接下来我们会在这个工程文件的基础上,创建脚本文件开始自动化的开发工作。

(1) 创建名称为 test_user 的 python 文件,如图 3-82 所示。

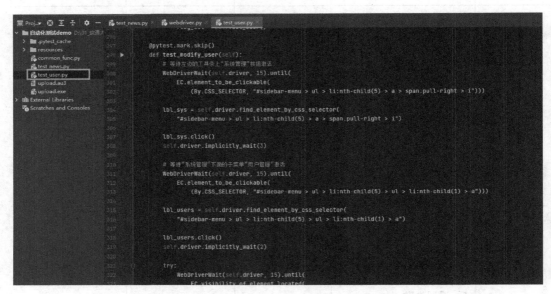

图 3-82　创建名为 test_user.py 的 python 代码文件

(2) 创建名为 TestUsers 的测试类。

代码 3-64　TestUsers 类的创建

```
class TestUsers(unittest.TestCase):
    def setUp(self):
        options= WebDriver.ChromeOptions()
        prefs={"credentials_enable_service":False,
               "profile.password_manager_enabled":False}
        options.add_experimental_option("prefs",prefs)
```

```python
options.add_experimental_option('excludeSwitches', ['enable-automation'])
options.add_argument("disable-infobars")
self.driver= WebDriver.Chrome(chrome_options= options)

login_obj= cf.CLogin(self.driver)
try:
    login_obj.navigator(url, username, pwd)
except Exception, err:
    print(err)
    login_obj.navigator(url, username, pwd)
```

(3) 进入用户列表页面,新增一个用户。

与上一小节关于添加一条新闻的操作方式类似,也是通过左边的功能菜单进入用户列表页面中,然后单击"新增用户"进入用户添加页面,具体实现详情参考代码 3-65。

代码 3-65 新增用户的实现详情

```python
def test_add_user(self):
    # 等待左边的工具条上"系统管理"按钮激活
    WebDriverWait(self.driver, 15).until(
        EC.element_to_be_clickable(
            (By.CSS_SELECTOR,"# sidebar-menu>ul>li:nth-child(5)>a>span.pull-right>i")))

    lbl_sys= self.driver.find_element_by_css_selector(
        "# sidebar-menu>ul>li:nth-child(5)>a>span.pull-right>i")

    lbl_sys.click()
    self.driver.implicitly_wait(1)

    # 等待"系统管理"下面的子菜单"用户管理"激活
    WebDriverWait(self.driver, 15).until(
        EC.element_to_be_clickable(
            (By.CSS_SELECTOR,"# sidebar-menu>ul>li:nth-child(5)>ul>li:nth-child(1)>a")))

    lbl_users= self.driver.find_element_by_css_selector(
```

```
            "#sidebar-menu>ul>li:nth-child(5)>ul>li:nth-child(1)>a")

        lbl_users.click()
        self.driver.implicitly_wait(1)

        WebDriverWait(self.driver,15).until(
            EC.visibility_of_element_located((By.CSS_SELECTOR,"#btn_upload
>span")))

        btn_add_news=self.driver.find_element_by_css_selector("#btn_upload>span")
        btn_add_news.click()

        self.driver.switch_to.active_element

        ipt_username=self.driver.find_element_by_css_selector('#insertUserForm>div:nth-child(1)>div>input')
        ipt_username.send_keys(unicode(user_name))

        ipt_account=self.driver.find_element_by_css_selector('#insertUserForm>div:nth-child(2)>div>input')
        ipt_account.send_keys(unicode(login_account))

        ipt_pwd=self.driver.find_element_by_css_selector('#insertUserForm>div:nth-child(3)>div>input')
        ipt_pwd.send_keys(unicode(login_pwd))

        ipt_mobile=self.driver.find_element_by_css_selector('#insertUserForm>div:nth-child(4)>div>input')
        ipt_mobile.send_keys(unicode(mobile))

        ipt_address=self.driver.find_element_by_css_selector('#insertUserForm>div:nth-child(5)>div>input')
        ipt_address.send_keys(unicode(address))

        lbl_roles=self.driver.find_elements_by_css_selector('#insertUserForm>
```

```
        div:nth-child(6)>div>div>label')
        icon_roles= self.driver.find_elements_by_css_selector(
            '# insertUserForm>div:nth-child(6)>div>div>input[type= radio]')

        for lbl in lbl_roles:
            if lbl.text== user_role:
                icon_roles[lbl_roles.index(lbl)].click()
                break
        btn_submit= self.driver.find_element_by_css_selector(
            '# insertUserModal>div>div>div.modal-footer>button.btn.btn-primary.waves-effect.waves-light')
        btn_submit.click()
```

（4）完成用户信息填写，并保存用户。

新增用户的自动化实现与前面的添加新闻大部分相同，主要用到的知识点还是关于 Selenium 的元素定位、显性等待这些基本操作，这里一个有地方是前面内容没有涉及的关于 HTML 中的单选按钮控件 radio 的使用，新增用户页面中需要使用到的单选按钮控件如图 3-83 所示。

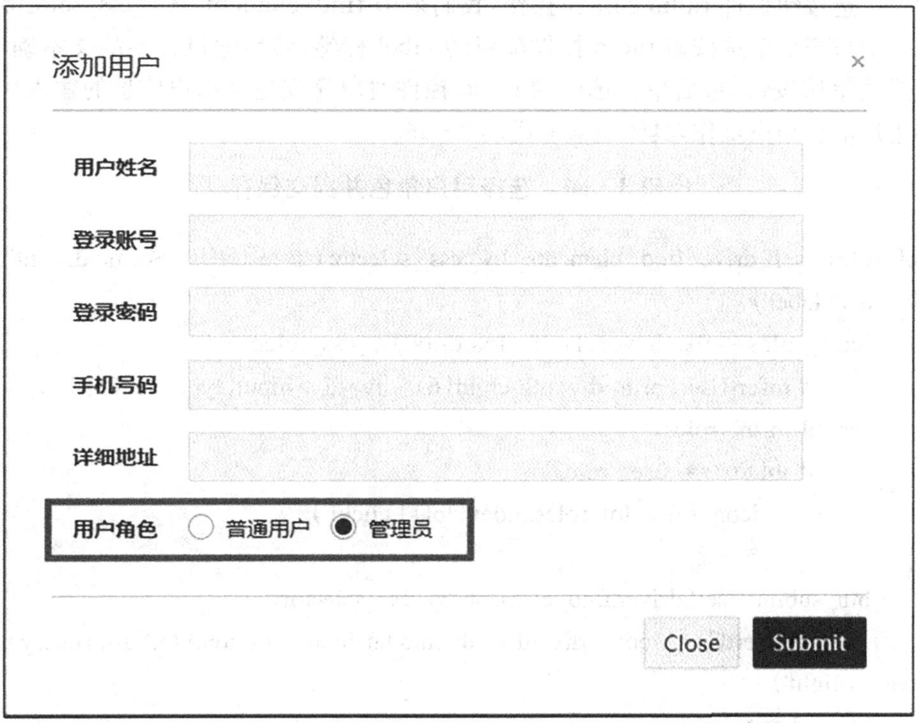

图 3-83 添加用户页面中的 radio 控件

通过打开浏览器上面的开发者工具，对当前的控件进行识别和定位。我们可以看到当前的单选按钮控件 radio 与旁边的 label 标签总是成对出现在页面上面的，如图 3-84 所示。

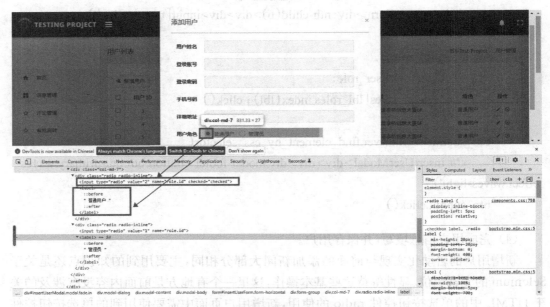

图 3-84　单选按钮 radio 与 label 标签

对于单选按钮控件 radio 的定位操作，我们采用 find_elements_by_css_selector 找到图 3-84 中与两个单选按钮 radio 控件配对的 label 标签，然后通过标签的文本确定我们需要选择的单选按钮，最后单击选中的 radio 控件对象完成整个用户信息的输入环境，然后保存用户信息结束操作，具体请参考代码 3-66。

代码 3-66　选择用户角色并提交保存

```
    lbl_roles= self.driver.find_elements_by_css_selector('# insertUserForm>div: nth-child(6)>div>div>label')
    icon_roles=self.driver.find_elements_by_css_selector(
        '# insertUserForm>div: nth-child(6)>div>div>input[type=radio]')
    for lbl in lbl_roles:
        if lbl.text== user_role:
            icon_roles[lbl_roles.index(lbl)].click()
            break
    btn_submit= self.driver.find_element_by_css_selector(
        '# insertUserModal>div>div>div.modal-footer>button.btn.btn-primary.waves-effect.waves-light')
    btn_submit.click()
```

3. 用户管理——删除用户自动化用例设计

删除用户的操作是在用户列表中,根据提供的用户姓名信息,找到匹配的用户进行删除。这里也涉及了页面刷新的问题,每完成一次删除操作后,用户列表的布局就会发生变化,需要在完成删除后重新定位页面的元素信息,然后继续执行后面的操作,详细的实训细节请参考代码 3-67。

代码 3-67 删除用户代码

```python
def test_del_user(self):
    # 等待左边的工具条上"系统管理"按钮激活
    WebDriverWait(self.driver, 15).until(
        EC.element_to_be_clickable(
            (By.CSS_SELECTOR,"# sidebar-menu>ul>li:nth-child(5)>a>span.pull-right>i")))

    lbl_sys= self.driver.find_element_by_css_selector(
        "# sidebar-menu>ul>li:nth-child(5)>a>span.pull-right>i")

    lbl_sys.click()
    self.driver.implicitly_wait(2)

    # 等待"系统管理"下面的子菜单"用户管理"激活
    WebDriverWait(self.driver, 15).until(
        EC.element_to_be_clickable(
            (By.CSS_SELECTOR,"# sidebar-menu>ul>li:nth-child(5)>ul>li:nth-child(1)>a")))

    lbl_users= self.driver.find_element_by_css_selector(
        "# sidebar-menu>ul>li:nth-child(5)>ul>li:nth-child(1)>a")
    lbl_users.click()
    self.driver.implicitly_wait(1)

    WebDriverWait(self.driver, 15).until(
        EC.visibility_of_element_located(
            (By.CSS_SELECTOR,"span.pagination-info")))

    flag_del= True
```

```
            while flag_del is True:
                flag_del=self.del_user()
```

4. 用户管理—修改用户信息自动化用例设计

　　修改用户信息也是用户管理模块提供的几个主要功能之一。修改用户信息也是先在用户列表中根据给出的姓名找到对应的用户信息,然后进入用户信息修改页面。用户信息中除登录账号无法修改外,其他信息均可进行修改。对于判断登录账号所在的元素无法进行编辑处理的场景,在目前的 Selenium 中暂时没有提供有效的方法进行执行判断。我们通过对修改后的用户信息进行断言判断,其中登录账号的值应该在修改前后保持一致,具体参考代码 3-68。

代码 3-68　修改前后用户信息检查

```
    def user_check(self,name,account_str,pwd,mobile,address,role):
        span_summary=self.driver.find_element_by_css_selector('span.pagination-info')
        matchObj=re.match(r'\W+(\d+)\W+(\d+)\W+(\d+)\W+ ', span_summary.text,re.M| re.I)
        pages=-1

        if matchObj:
            total_users=int(matchObj.group(3))
            if total_users % 10==0:
                pages=total_users//10
            else:
                pages=total_users//10+1

        a=1
        while a<pages+1:
            WebDriverWait(self.driver,15).until(
                    EC.visibility_of_all_elements_located((By.CSS_SELECTOR,'#userTable>tbody>tr>td:nth-child(3)')))

            accounts=self.driver.find_elements_by_css_selector('#userTable>tbody>tr>td:nth-child(3)')
            icon_modify=self.driver.find_elements_by_css_selector(
                    '#userTable>tbody>tr>td:nth-child(8)>a:nth-child(1)>i')
```

```python
for account in accounts:
    if account.text == account_str:
        icon_modify[accounts.index(account)].click()
        self.driver.switch_to.active_element
        self.driver.implicitly_wait(5)

        ipt_username = self.driver.find_element_by_css_selector(
            '#nickname')
        self.driver.implicitly_wait(1)
        assert ipt_username.get_attribute('value') == name

        ele_account = self.driver.find_element_by_css_selector(
            '#username')
        assert ele_account.text == account_str

        ipt_pwd = self.driver.find_element_by_css_selector(
            '#password')
        assert ipt_pwd.get_attribute('value') == pwd

        ipt_mobile = self.driver.find_element_by_css_selector(
            '#phone')
        assert ipt_mobile.get_attribute('value') == mobile

        ipt_address = self.driver.find_element_by_css_selector(
            '#address')
        assert ipt_address.get_attribute('value') == address

        lbl_roles = self.driver.find_elements_by_css_selector(
            '#updateUserForm>div:nth-child(7)>div>div>label')
        icon_roles = self.driver.find_elements_by_css_selector(
            '#updateUserForm>div:nth-child(7)>div>div>input[type=radio]')

        for lbl in lbl_roles:
            if lbl.text == role:
                print(lbl.text)
```

```
                            assert icon_roles[lbl_roles.index(lbl)].is_selected()=
=True
                            break
                    return True
                if pages>1 & a<pages:
                    self.page_turning(1)
                self.driver.implicitly_wait(2)
                a+=1
        return False
```

项目小结

本项目选取了电力门户网站后台的两个功能模块开展自动化测试设计。在项目开发开展前,我们系统介绍了 Web 自动化的开源框架 Selenium 的主要技术特点,并进行了自动化开发环境的搭建与配置,包括 Python 开发环境、Selenium 框架安装、Chrome 驱动安装配置、Pycharm 社区版开发工具安装配置等。接下来我们按照自动化测试设计的流程,从测试需求分析开始,系统性对两个功能模块进行分析梳理出其中的测试点及子测试点。然后依次开展了功能用例及自动化用例的设计。通过本项目,我们对 selenium 的元素定位、iframe 框架切换、expected_conditions 预期条件、WebDriverWait 类以及 javascript 脚本调用特性这些技能有了深刻的印象,也可以初步具备 Web 自动化项目的开发技能。

综合练习

1. 单选题:Selenium WebDriver 通过(　　)协议与各种绑定的编程语言通信。
   A. TCP/IP;　　　　B. JSON;　　　　C. HTTP;　　　　D. HTML
2. 多选题:selenium 支持的语言有(　　)。
   A. VB;　　　　　B. C#;　　　　　C. JAVA;　　　　D. Python
3. 多选题:在 selenium 中关于驱动文件表达正确的是(　　)。
   A. 驱动文件必须和浏览器版本匹配
   B. 驱动文件必须在全局环境变量中
   C. selenium 在使用时需指定驱动文件的路径
   D. 浏览器必须正常注册在系统中才可以被调用
4. 简述 Selenium 框架特点。

项目 4　重构电力门户自动化测试项目

场景导入

前面的章节已经围绕电力门户网站后台管理端的用户管理与新闻列表功能这两大功能点，开展自动化测试专项任务。从测试需求分析、自动化开发环境搭建、自动化脚本编写、自动化用例调试、以及自动化测试执行报告分析多个维度，全流程展示自动化测试的全貌。

前面的章节在开展自动化测试设计时，采用了 Python 原生的 Unittest 测试框架。本章节将采用目前被广泛应用的 Pytest 框架对上一章节的自动化测试项目进行优化重构。在本章节中我们会首先学习使用 Python 世界中被广泛应用的测试框架 Pytest，通过 Pytest 可以灵活构建测试用例结构，实现可伸缩测试框架。我们通过 Pytest 与 Python 原生测试框架 Unittest 作一个详细的对比，直观感受下 Pytest 能给我们带来哪些不一样的体验吧，Pytest 与 Unittest 框架对比请参考下表 4-1 所示。

表 4-1　Pytest 框架与 Unittest 框架对比

	Pytest	Unittest
用例编写规则	(1) 测试文件以"test_"开头或"_test"结尾 (2) 测试用例必须要"test_"开头 (3) 测试类的命名要以"Test"开头，不能有"_init_"方法 (4) 运行不需要 main 方法	(1) 首先需要导入 unittest(import unittest) (2) 测试类必须继承 unittest.TestCase (3) 测试用例必须以"test_"开头 (4) 测试类必须要有 unittest.main()方法
用例的前置和后置	通过设置会话级(session)、模块级(module)、类级(class)、函数级(function)的 fixture 来共享测试用例的前置和后置，灵活构建用例结构	Unittest 提供了 setUp 在每个用例运行前执行一次，tearDown 运行结束后执行一次。SetUpClass 类里面所有用例执行前执行一次，tearDownClass 类里面所有用例执行结束后运行一次
重跑功能	Pytest 通过 Pytest-rerunfailures 插件支持用例执行失败重跑	不支持
断言	支持 Python 原生的 assert 断言	Unittest 提供了很多断言方式 如：assertEqual、assertIn、assertTrue、assertFalse

续表

	Pytest	Unittest
测试报告	Pytest 支持多款，比如：Pytest-HTML、allure 插件	Unittest 使用 HTMLTestRunnerNew 库
参数化	使用@Pytest.mark.parametrize 装饰器实现	需依赖 ddt 库
兼容性	完全兼容 Unittest	不兼容 Pytest
用例执行	可以通过@pytest.mark 标记类和方法。Pytest.main 加入参数（"-m"）可以只运行标记的类和方法	默认执行全部用例，也可以通过加载 testsuit，执行部分用例

在使用 Pytest 框架时，推荐一款热门的测试报告的生成工具 Allure。Allure Framework 是一个灵活的轻量级多语言测试报告工具，不仅可以在 Web 报告表单中非常简洁地展示已完成的测试内容，还可以让参与开发过程的每个人从日常测试执行中提取最大的有用信息。从测试工程师角度，Allure 报告缩短了常见缺陷的生命周期：测试失败可以分为缺陷（Bug）和中断的（Broken）测试，还可以配置日志，测试步骤，测试夹具，附件，时间，历史记录，以及与 TMS 的集成和缺陷跟踪系统，因此负责任的开发人员和测试人员会掌握所有信息。

知识路径

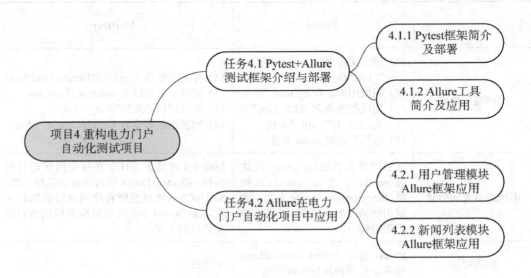

任务 4.1　Pytest + Allure 测试框架介绍与部署

4.1.1　Pytest 框架简介及部署

1. Pytest 框架简介

Pytest 是 Python 的第三方单元测试框架，比自带 Unittest 更简洁和高效，支持非常丰富的插件，同时兼容 Unittest 框架。这就使得我们在 Unittest 框架迁移到 Pytest 框架的时候不需要重写代码。

Pytest 是一个非常成熟的全功能的 Python 测试框架，主要特点有以下几点。

(1) 简单灵活，容易上手，文档丰富；

(2) 支持参数化，可以细粒度地控制要测试的测试用例；

(3) 能够支持简单的单元测试和复杂的功能测试，还可以用来做 Selenium、Appnium 等自动化测试、接口自动化测试（Pytest+requests）；

(4) Pytest 具有很多第三方插件，并且可以自定义扩展，比较好用的如 Pytest-selenium（集成 Selenium）、Pytest-HTML（完美 HTML 测试报告生成）、Pytest-rerunfailures（失败 case 重复执行）、Pytest-xdist（分布式执行）等；

(5) 测试用例的 skip 和 xfail 处理；

(6) 可以很好的和 CI 工具结合，例如 Jenkins。

2. Pytest 框架安装及使用

首先安装 Pytest。然后检查安装程序是否正确，如图 4-1 所示。

代码 4-1　安装 Pytest

```
pip install -U Pytest
```

```
C:\Users\haoxiongf>pytest --version
This is pytest version 4.6.11, imported from c:\python27\lib\site-packages\pytest.pyc
setuptools registered plugins:
  allure-pytest-2.8.0 at c:\python27\lib\site-packages\allure_pytest\plugin.py
  pytest-ordering-0.6 at c:\python27\lib\site-packages\pytest_ordering\__init__.pyc
```

图 4-1　查询 Pytest 安装版本

下面是一个基于 Pytest 框架创建的自动化测试项目，我们将根据这个项目讲解下 Pytest 运行的模式，图 4-2 是该项目的目录结构图。

1) 主函数运行方式

(1) 运行所有：pytest.main()；

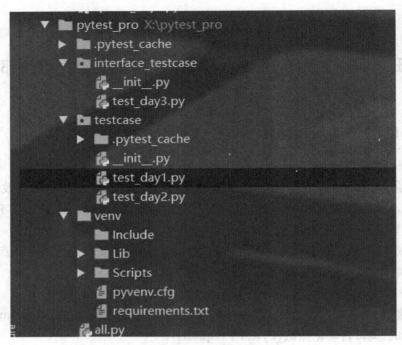

图 4-2 Pytest 项目目录结构

（2）指定模块：pytest.main(['-vs','./testcase/test_day1.py'])；

（3）指定目录：pytest.main(['-vs','./testcase'])；

（4）通过 nodeID 指定用例运行：nodeid 由模块名、分隔符、类名、方法名和函数名组成。

代码 4-2　运行主函数

pytest.main(['-vs','./interface_testcase/test_day3.py::test_demo11'])
pytest.main(['-vs','./interface_testcase/test_day3.py::TestLogin::test_01_qianghong1'])

其中涉及的主要参数包括：

-s：表示输出调试信息，包括 print 打印的信息；

-v：显示更详细的信息；

-vs：上面两项叠加使用；

-n：支持多线程或者分布式运行测试用例。

2）命令行运行方式

（1）运行所有：pytest；

（2）运行指定模块：pytest -vs ./testcase/test_day1.py；

（3）运行指定目录：pytest -vs ./testcase；

（4）通过 nodeID 运行指定用例：nodeid 由模块名、分隔符、类名、方法名和函数名组成。

代码 4-3　运行命令行

```
pytest -vs ./interface_testcase/test_day3.py::test_demo11
pytest -vs ./interface_testcase/test_day3.py::TestLogin::test_01_qianghong1
```

3）通过读取 pytest.ini 配置文件运行

pytest.ini 是 Pytest 单元测试框架中的核心配置文件。

位置：一般是放在项目的根目录；

编码：文件编码无须是 ANSI，可以使用 notepad++ 来修改编码格式；

作用：改变 Pytest 的默认行为；

运行的规则：不管是主函数模式还是命令行模式，都会去读取 Pytest.ini 配置文件。

代码 4-4　读取 pytest.ini 配置文件

```
[pytest]
addopts=-vs          #命令行参数 用空格分离
testpaths=./testcase    # 测试用例的路径 ./testcase/test_day2.py#
python_files=test_*.py   #模块名的规则
python_classes=test*     #类名的规则
python_functions=test    #方法名的规则
```

4）Pytest 使用 mark 标记用例

Pytest 提供了一个非常好用的 mark 功能，可以给测试用例打上各种各样的标签，运行用例时可以指定运行某个标签。mark 功能作用就是灵活的管理和运行测试用例。Pytest 内置了一些标签，可以直接在用例中进行使用，具体如下。

（1）usefixtures：为测试函数或者测试类指明使用那些 fixture；

（2）filterwarnings：为一个测试函数过滤一个指定的告警；

（3）skip：跳过一个测试函数；

（4）skipif：如果满足条件就跳过测试函数；

（5）xfail：将测试用例标记为预期失败；

（6）parametrize：参数化。

skip 标记的功能是在执行的过程中，跳过某个用例就在该用例前面用 skip 进行标记，例如代码 4-5 将 test_one 标记为 skip，脚本运行过程中将会跳过 test_one。

代码 4-5　skip 装饰符样例

```
@pytest.mark.skip(reason="no way of currently testing this")
def test_one():
    print('in test_one()')
```

```
# @pytest.mark.integrate()
def test_two():
    print('in test_two()')
# @pytest.mark.unit()
def test_three():
    print('in test_three()')
if __name__ == '__main__':
    Pytest.main(['-sv',"./demo.py"])
```

这一段代码运行的结果如下,代码4-6展示了skip标记的功能。

代码4-6 skip装饰符运行效果

```
=============== test session starts=============
platform win32--Python 2.7.18, pytest-4.6.11, py-1.9.0, pluggy-0.13.1--
C:\Python27\python.exe
cachedir: .pytest_cache
rootdir: D:\05_AutoTest\Case_Py\icollege_auto\course_automated\add_course_live,
inifile: pytest.ini
plugins: allure-pytest-2.8.0, ordering-0.6
collecting...collected 3 items

demo.py::test_one
SKIPPED
demo.py::test_two
in test_two()
PASSED
demo.py::test_three
in test_three()
PASSED

============ 2 passed, 1 skipped in 0.33 seconds=========

Process finished with exit code 0
```

除了skip可以跳过用例,还有一个skipif也可以实现跳过用例的功能。如果你希望有条件地跳过某些内容,则可以使用skipif。代码4-7是一个标记在系统平台为Win32时要跳过的测试函数的示例。

代码 4-7　skipif 装饰符示例

```python
@pytest.mark.skipif(sys.platform=="win32", reason="does not run on windows")
def test_one():
    print('in test_one()')
# @pytest.mark.integrate()
def test_two():
    print('in test_two()')
# @pytest.mark.unit()
def test_three():
    print('in test_three()')
if __name__ == '__main__':
    Pytest.main(['-sv', './demo.py'])
```

@pytest.mark.skipif(sys.platform=="win32", reason="does not run on windows")这条语句表示如果当前系统平台为 Win32 就跳过 test_one，脚本执行的结果如代码 4-8 所示。

代码 4-8　skipif 装饰符运行效果

```
==============test session starts============
platform win32--Python 2.7.18, pytest-4.6.11, py-1.9.0, pluggy-0.13.1--C:\Python27\python.exe
cachedir: .pytest_cache
rootdir: D:\05_AutoTest\Case_Py\icollege_auto\course_automated\add_course_live, inifile: pytest.ini
plugins: allure-pytest-2.8.0, ordering-0.6
collecting...collected 3 items

demo.py::test_one
SKIPPED
demo.py::test_two
in test_two()
PASSED
demo.py::test_three
in test_three()
PASSED

=========== 2 passed, 1 skipped in 0.33 seconds=========
```

另外@pytest.mark.xfail 也是会被经常使用到的一个标记,带有这个标记的用例,会正常执行,如果失败,不会显示堆栈信息。通常带有 xfail 标记的用例的执行结果分 2 种情况:①用例执行失败显示 XFAIL;②用例执行成功显示 XPASS。具体请参考代码 4-9。

代码 4-9　pytest.mark.xfail 装饰符样例

```python
import sys

@pytest.fixture(scope="function")
def function_fixture(request):
    def teardown_new():
        print("\nIn function_fixture teardown_new..")
    request.addfinalizer(teardown_new)
    print("\nIn function_fixture setup...")
    return 10

@pytest.mark.xfail()
def test_one():
    print('in test_one()')
    assert 1== 0

@pytest.mark.xfail()
def test_two():
    print('in test_two()')
    assert 1== 1

if __name__=='__main__':
    Pytest.main(['-sv',"./demo.py"])
```

上面的代码部分分别将 test_one、test_two 标记为 xfail,不同的是 test_one 会执行失败,test_two 会执行成功。具体的执行结果如代码 4-10 所示。

代码 4-10　Pytest.mark.xfail 样例运行效果

```
=============== test session starts===============
platform win32--Python 2.7.18,pytest-4.6.11,py-1.9.0,pluggy-0.13.1--
C:\Python27\python.exe
cachedir: .pytest_cache
```

```
rootdir: D:\05_AutoTest\Case_Py\icollege_auto\course_automated\add_course_live,
inifile: pytest.ini
    plugins: allure-Pytest-2.8.0, ordering-0.6
    collecting ... collected 2 items

demo.py::test_one
in test_one()
XFAIL
demo.py::test_two
in test_two()
XPASS

=========== 1 xfailed, 1 xpassed in 0.73 seconds=============

Process finished with exit code 0
```

不仅有内置的 mark 标记，还可以注册自定义的标记，在 pytest.ini 中按照如下格式声明即可，冒号之前为注册的 mark 名称，冒号之后为此 mark 的说明，请参考代码 4-11。

代码 4-11　pytest.ini 自定义标记

```
[pytest]
addopts= --alluredir= ./tmp/my_allure_results
markers=
    system: marks test as system
    integrate: marks test as integrate test
    unit: marks test as unit test
```

对于上面自定义的 mark 标记，我们可以像使用内置标记一样来使用，具体使用参考代码 4-12。

代码 4-12　自定义标记应用

```
@pytest.mark.system()
def test_one():
    print('in test_one()')


@pytest.mark.integrate()
def test_two():
```

```
    print('in test_two()')

@pytest.mark.unit()
def test_three():
    print('in test_three()')

if __name__ == '__main__':
    pytest.main(['-s', '-m', 'unit', './demo.py'])
```

执行用例采用了 Pytest.main 函数方式,这里有几个参数需要说明下,参数-s 表示输出打印所有信息,-m 表示仅执行自定义标记的部分用例。-m 后面为需要执行的用例标记。具体的执行结果请参考代码 4-13。

代码 4-13 自定义标记运行效果

```
================== test session starts==============
platform win32--Python 2.7.18, pytest-4.6.11, py-1.9.0, pluggy-0.13.1
rootdir: D:\05_AutoTest\Case_Py\icollege_auto\course_automated\add_course_live, inifile: pytest.ini
plugins: allure-pytest-2.8.0, ordering-0.6
collected 3 items/2 deselected/1 selected

demo.py in test_three()

========== 1 passed, 2 deselected in 0.55 seconds==========

Process finished with exit code 0
```

上面的执行结果显示被标记为@pytest.mark.unit()的用例会被执行,如果我们想执行除了被标记为@pytest.mark.unit()的其他用例,可以将代码做一个简单的修改(见代码 4-14)。

代码 4-14 执行指定标记以外的用例

```
@pytest.mark.system()
def test_one():
    print('in test_one()')

@pytest.mark.integrate()
def test_two():
```

```python
    print('in test_two()')
@pytest.mark.unit()
def test_three():
    print('in test_three()')
def test_four():
    print('in test_four()')
if __name__ == '__main__':
    pytest.main(['-s','-v','-m','not unit','./demo.py'])
```

执行 pytest.main 函数的时候,将标记对应的参数改为 not unit 即执行标记不是 unit 的所有的用例,具体的执行结果请参考代码 4-15。

代码 4-15 执行指定标记以外用例运行效果

```
================= test session starts===============
platform win32--Python 2.7.18, pytest-4.6.11, py-1.9.0, pluggy-0.13.1--C:\Python27\python.exe
cachedir: .pytest_cache
rootdir: D:\05_AutoTest\Case_Py\icollege_auto\course_automated\add_course_live, inifile: pytest.ini
plugins: allure-pytest-2.8.0, ordering-0.6
collecting...collected 4 items/1 deselected/3 selected

demo.py::test_one
in test_one()
PASSED
demo.py::test_two
in test_two()
PASSED
demo.py::test_four
in test_four()
PASSED

=========== 3 passed, 1 deselected in 0.58 seconds===========
Process finished with exit code 0
```

上面的执行结果显示除了 test_three 没有被执行之外,其他的用例全部被执行了,包括没有添加 mark 标注的用例 test_four。

5) Pytest 用例执行顺序控制

有时运行测试用例需要指定它的顺序,有些场景需要先运行完登录,才能执行后续的流程,比如购物流程、下单流程,这时就需要指定测试用例的顺序。通过 pytest-ordering 这个插件可以完成用例顺序的指定。使用 pytest-ordering 插件,指定用例的执行顺序只需要在测试用例的方法前面加上装饰器@pytest.mark.run(order=[num])设置 order 对应的 num 值,它就可以按照 num 的大小顺序来执行。安装 pytest-ordering 插件的操作很简单,只需要在命令行中下发如下命令。

代码 4-16 安装插件代码

```
pip install pytest-ordering
```

安装完成以后在命令行中下发查询命令 pip show pytest-ordering 就可以查看插件是否安装成功,以及安装的版本等信息。

代码 4-17 查询命令代码

```
C:\users\haoxiongf>pip show pytest_ordering
DEPRECATION: Python 2.7 reached the end of its life on January 1st, 2020. Please upgrade your Python as Python 2.7 is no longer maintained. pip 21.0 will drop support for Python 2.7 in January 2021. More details about Python 2 support in pip can be found at https://pip.pypa.io/en/latest/development/release-process/# python-2-support pip 21.0 will remove support for this functionality.
Name: pytest-ordering
Version: 0.6
Summary: pytest plugin to run your tests in a specific order
Home-page: https://github.com/ftobia/pytest-ordering
Author: Frank Tobia
Author-email: frank.tobia@gmail.com
License: UNKNOWN
Location: c:\python27\lib\site-packages
Requires: pytest
Required-by:
```

代码 4-18 为一个没有进行控制执行顺序的自动化案例,这是之前的一个用例,没有人为修改执行顺序,请看具体的代码部分。

代码 4-18 未控制执行顺序代码

```
import pytest
```

```python
import sys
import json

def test_one():
    print('in test_one()')
def test_two():
    print('in test_two()')
def test_three():
    print('in test_three()')
def test_four():
    print('in test_four()')
if __name__ == '__main__':
    pytest.main(['-s','-v','./demo.py'])
```

运行的结果中用例的执行顺序如代码4-19所示,从执行的结果日志中可以看到用例的执行顺序为:test_one>test_two>test_three>test_four。

代码4-19　未控制执行顺序运行效果

```
================ test session starts===============
platform win32--Python 2.7.18, pytest-4.6.11, py-1.9.0, pluggy-0.13.1--C:\Python27\python.exe
cachedir: .pytest_cache
rootdir: D:\05_AutoTest\Case_Py\icollege_auto\course_automated\add_course_live, inifile: pytest.ini
plugins: allure-pytest-2.8.0, ordering-0.6
collecting...collected 4 items


demo.py::test_one
in test_one()
PASSED
demo.py::test_two
in test_two()
PASSED
demo.py::test_three
in test_three()
PASSED
```

```
demo.py::test_four
in test_four()
PASSED


=============== 4 passed in 0.44 seconds===============

Process finished with exit code 0
```

接下来对上面的自动化脚本进行简单的修改,将用例执行顺序打乱,然后再看看具体的效果。可以看到代码中每一个函数前面都多了一个@pytest.mark 语句,其中有一个函数前面添加了@pytest.mark.last,这个函数将被最后执行,其他的按照 order 参数的大小,由小到大的顺序进行执行。

代码 4-20 利用 order 修饰符控制执行顺序

```python
import pytest
import sys
import json

@pytest.mark.run(order=2)
def test_one():
    print('in test_one()')


@pytest.mark.run(order=0)
def test_two():
    print('in test_two()')


@pytest.mark.last
def test_three():
    print('in test_three()')


@pytest.mark.run(order=1)
def test_four():
    print('in test_four()')

if __name__=='__main__':
    pytest.main(['-s','-v','./demo.py'])
```

上面脚本的执行效果，如代码 4-21 所示。

代码 4-21 order 修饰符运行效果

```
================= test session starts==============
platform win32--Python 2.7.18, pytest-4.6.11, py-1.9.0, pluggy-0.13.1--
C:\Python27\python.exe
cachedir：.pytest_cache
rootdir：D:\05_AutoTest\Case_Py\icollege_auto\course_automated\add_course_live,
inifile：pytest.ini
plugins：allure-pytest-2.8.0, ordering-0.6
collecting...collected 4 items
demo.py：：test_two
in test_two( )
PASSED
demo.py：：test_four
in test_four( )
PASSED
demo.py：：test_one
in test_one( )
PASSED
demo.py：：test_three
in test_three( )
PASSED
=============== 4 passed in 0.35 seconds==============
Process finished with exit code 0
```

从执行日志可以看到，用例的执行顺序是按照 order 的大小排序的，而且 last 标记代表的函数 test_three 也是放到执行顺序的最后一个去执行的。

6）Pytest 参数化测试功能

Pytest 使用 pytest.mark.parametrize 装饰器来对测试用例进行参数化。对列表中的对象进行循环，然后一一赋值，这个对象可以是列表、元组和字典。在测试用例的前面加上@pytest.mark.parametrize（"参数名"，列表数据），参数名用来接收每一项数据，并作为测试用例的参数。列表数据即一组测试数据，参数名与后面的实际测试用例的参数也是对应起来的。下面参考代码 4-22 来理解下，pytest.mark.parametrize 装饰器参数化的功能。

代码 4-22 parametrize 参数化样例

```
import pytest
```

```python
import sys

def add(a,b):
    return a+ b


@pytest.mark.parametrize("a,b,expect",[
    [1,1,2],
    [2,3,5],
    [4,5,7]
])
def test_add(a,b,expect):
    assert add(a,b)== expect

if __name__=='__main__':
    pytest.main(['-s','-v','./demo.py'])
```

上面参数名中有"a,b,expect"分别代表参数 a、b、expect。Pytest.mark.parametrize 装饰器将后面数据列表中的值分别传给 a、b、expect,因此会得到一个新的列表[[a=1,b=1,expect=2],[a=2,b=3,expect=5],[a=4,b=5,expect=7]]。执行的过程中对新列表进行迭代,将每一项中包含的 a、b、expect 这 3 个参数的值,传递到 test_add(a,b,expect)中,完成测试内容,具体的执行信息如代码 4-23 所示。

代码 4-23 parametrize 参数化运行效果

```
================= test session starts==============
platform win32--Python 2.7.18, pytest-4.6.11, py-1.9.0, pluggy-0.13.1--C:\Python27\python.exe
cachedir: .pytest_cache
rootdir: D:\05_AutoTest\Case_Py\icollege_auto\course_automated\add_course_live, inifile:
pytest.ini
plugins: allure-pytest-2.8.0, ordering-0.6
collecting...collected 3 items

demo.py::test_add[1-1-2] PASSED
demo.py::test_add[2-3-5] PASSED
demo.py::test_add[4-5-7] FAILED
```

```
================FAILURES================
_____test_add[4-5-7]_____

a=4,b=5,expect=7

    @pytest.mark.parametrize("a,b,expect",[
        [1,1,2],
        [2,3,5],
        [4,5,7]
    ])
    def test_add(a,b,expect):
>       assert add(a,b)== expect
E       AssertionError

demo.py:15:AssertionError
========== 1 failed, 2 passed in 1.35 seconds============

Process finished with exit code 0
```

@pytest.mark.parametrize 可以通过 pytest.param 增加 id 增强用例的可读性,请参考代码 4-24。

代码 4-24　parametrize 参数化增加 id 属性

```
import pytest
import sys

def add(a,b):
    return a+ b


@pytest.mark.parametrize("a,b,expect",[
    pytest.param(1,1,2,id="first case"),
    pytest.param(2,3,5,id="second case"),
    pytest.param(4,5,8,id="third case")
])
```

```
def test_add(a, b, expect):
    assert add(a, b) == expect

if __name__ == '__main__':
    Pytest.main(['-s', '-v', './demo.py'])
```

以上代码执行的结果如代码 4-25 所示，执行结果中原来的执行结果 demo.py::test_add[1-1-2] PASSED 被新的执行结果 demo.py::test_add[first case] PASSED 替代，也就是用现在的 id 值取代了原来的参数值。

代码 4-25　parametrize 参数化增加 id 运行效果

```
================= test session starts=================
platform win32--Python 2.7.18, pytest-4.6.11, py-1.9.0, pluggy-0.13.1--
C:\Python27\python.exe
cachedir: .pytest_cache
rootdir: D:\05_AutoTest\Case_Py\icollege_auto\course_automated\add_course_live, inifile:
pytest.ini
plugins: allure-pytest-2.8.0, ordering-0.6
collecting ... collected 3 items

demo.py::test_add[first case] PASSED
demo.py::test_add[second case] PASSED
demo.py::test_add[third case] FAILED

================= FAILURES=================
_____ test_add[third case] _____

a=4, b=5, expect=8

    @pytest.mark.parametrize("a, b, expect", [
        Pytest.param(1, 1, 2, id="first case"),
        Pytest.param(2, 3, 5, id="second case"),
        Pytest.param(4, 5, 8, id="third case")
    ])
    def test_add(a, b, expect):
>       assert add(a, b) == expect
E       AssertionError
```

```
demo.py:14:AssertionError

========== 2 passed,1 failed in 1.52 seconds==============

Process finished with exit code 0
```

Pytest.param 还可以将前面介绍过的 mark 标记加入参数化中去,下面将 xfail 和 skip 标记添加到用例中,请参考代码 4-26。

代码 4-26 parametrize 参数化增加标记

```python
import pytest
import sys

def add(a,b):
    return a+ b

@pytest.mark.parametrize("a,b,expect",[
    pytest.param(1,1,2,id="first case",marks= pytest.mark.skip),
    pytest.param(2,3,5,id="second case"),
    pytest.param(4,5,8,id="third case",marks= pytest.mark.xfail),
    pytest.param(5,5,10,id="fourth case",marks= pytest.mark.xpass),
])
def test_add(a,b,expect):
    assert add(a,b)== expect

if __name__=='__main__':
    Pytest.main(['-s','-v','./demo.py'])
```

代码 4-26 的代码执行后,其中一个用例会被跳过,一个标记为 xfail,一个标记为 xpass,具体的执行结果请参考代码 4-27。

代码 4-27 parametrize 参数化增加标记运行效果

```
================ test session starts=============
platform win32--Python 2.7.18,pytest-4.6.11,py-1.9.0,pluggy-0.13.1--
C:\Python27\python.exe
```

```
cachedir:.Pytest_cache
rootdir:D:\05_AutoTest\Case_Py\icollege_auto\course_automated\add_course_live,
inifile:
pytest.ini
plugins:allure-pytest-2.8.0, ordering-0.6
collecting...collected 4 items

demo.py::test_add[first case] SKIPPED
demo.py::test_add[second case] PASSED
demo.py::test_add[third case] xfail
demo.py::test_add[fourth case] xpass

===== 2 passed, 1 skipped, 1 xfailed, 1 xpassed in 1.48 seconds=======

Process finished with exit code 0
```

在实际应用场景中,编写自动化用例一般遵循数据分离原则,将测试输入数据和自动化测试用例隔离开来,这样便于对测试数据进行调整,这也是数据驱动测试的理念精髓。

数据驱动测试(Data-Driven Testing,DDT),可简单地理解为改变数据从而驱动自动化测试的执行,最终引起测试结果的改变。使用外部数据源实现对输入输出与期望值的参数化,避免在测试中使用硬编码的数据。下面我们将把之前的测试数据,写入一个json文件中,然后从json文件中读取数据,将测试数据传入函数中完成相关的测试工作,具体的代码如下。

代码 4-28 通过外部文件实现 parametrize 参数化

```python
# -*-coding:utf-8-*-
import pytest
import sys
import json


def read_json():
    with open("param.json","r") as f:
        return json.load(f)["par"]


def add(a,b):
    return a+b
```

```python
@pytest.mark.parametrize("data",read_json())
def test_add(data):
    a=data.get("a")
    b=data.get("b")
    expect=data.get("expect")
    assert add(a,b)==expect

if __name__=='__main__':
    pytest.main(['-s','-v','./demo.py'])
```

其中 param.json 文件是用来存放测试数据的,param.json 文件的内容如下。

代码 4‑29 param.json 文件内容

```json
{
  "par":[
    {"a":1,"b":2,"expect":3},
    {"a":2,"b":4,"expect":6},
    {"a":4,"b":5,"expect":7}
  ]
}
```

测试的执行结果如下。

代码 4‑30 通过外部文件 parametrize 参数化运行效果

```
================= test session starts===============
platform win32--Python 2.7.18, pytest-4.6.11, py-1.9.0, pluggy-0.13.1--
C:\Python27\python.exe
cachedir:.pytest_cache
rootdir:D:\05_AutoTest\Case_Py\icollege_auto\course_automated\add_course_live,
inifile:pytest.ini
plugins:allure-pytest-2.8.0, ordering-0.6
collecting...collected 3 items


demo.py::test_add[data0] PASSED
demo.py::test_add[data1] PASSED
demo.py::test_add[data2] FAILED
```

```
================= FAILURES===============
_____ test_add[data2]
_____

data= { 'a': 4, 'b': 5, 'expect': 7 }

    @pytest.mark.parametrize("data" , read_json())
    def test_add(data):
        a= data.get("a")
        b= data.get("b")
        expect= data.get("expect")
>       assert add(a, b)== expect
E       AssertionError

demo.py:25: AssertionError
========== 2 passed, 1 failed in 1.44 seconds=============

Process finished with exit code 0
```

3. Pytest 测试夹具 fixture

1）fixture 简介

fixture 是 Pytest 的一个闪光点，要精通 Pytest 掌握 fixture 是必须要越过的一道坎。接下来一起深入学习 fixture 吧。其实 Unittest 和 Nose 都支持 fixture，但是 fixture 是 Pytest 的特有功能，可用@pytest.fixture 标识，定义在函数前面。在编写测试函数的时候，可以将此函数名称作为传入参数，Pytest 将会以依赖注入方式，将该函数的返回值作为测试函数的传入参数。所有 fixture 都有明确的名称，在其他函数、模块、类或整个工程调用它时会被激活。fixture 是基于模块来执行的，一个 fixture 的名称就可以触发一个 fixture 的函数，它自身也可以调用其他的 fixture。我们可以把 fixture 看作是资源，在你的测试用例执行之前需要去配置这些资源，执行完后需要去释放资源。比如 module 类型的 fixture，适合于那些许多测试用例都只需要执行一次的操作。fixture 还提供了参数化功能，根据配置和不同组件来选择不同的参数。fixture 主要的目的是提供一种可靠和可重复性的手段去运行那些最基本的测试内容。比如在测试网站的功能时，每个测试用例都要登录和退出，利用 fixture 就可以只做一次，否则每个测试用例都要做这两步也是冗余。

2）fixture 基础实例入门

把一个函数定义为 fixture 很简单，只要在函数声明之前加上"@pytest.fixture"。其他函数要来调用这个fixture,只用把它当作一个输入的参数即可。

代码4-31 fixture测试夹具应用

```python
import pytest

@pytest.fixture()
def before():
    print ('\nbefore each test')

def test_1(before):
    print ('test_1()')

def test_2(before):
    print ('test_2()')
    assert 0
```

下面是运行结果,test_1和test_2运行之前都调用了print('\nbefore each test'),也就是print('\nbefore each test')执行了两次。默认情况下,对于fixture夹具修饰过的函数,如果任何一个用例调用了该fixture,fixture修饰函数就会执行一次,代码运行的结果如下。

代码4-32 fixture测试夹具运行效果

```
C:\Users\yatyang\PycharmProjects\Pytest_example>Pytest -v -s test_fixture_basic.py
=============== test session starts===============
platform win32--Python 2.7.13, pytest-3.0.6, py-1.4.32, pluggy-0.4.0--
C:\Python27\python.exe
cachedir: .cache
metadata:{ 'Python':'2.7.13','Platform':'Windows-7-6.1.7601-SP1','Packages':{ 'py':'1.4.32
','pytest':'3.0.6','pluggy':'0.4.0' } ,'JAVA_HOME':'C:\\Program Files (x86)\\Java\\jdk1.7.0
_01','Plugins':{ 'HTML':'1.14.2','metadata':'1.3.0' } }
rootdir:C:\Users\PycharmProjects\pytest_example, inifile:
plugins: metadata-1.3.0, HTML-1.14.2
collected 2 items

test_fixture_basic.py::test_1
before each test
test_1()
```

```
PASSED
test_fixture_basic.py::test_2
before each test
test_2()
FAILED
================ FAILURES====================
_____ test_2 _____

before= None

    def test_2(before):
        print ('test_2()')
>       assert 0
E       assert 0

test_fixture_basic.py:12:AssertionError
========== 1 failed, 1 passed in 0.23 seconds===============
```

3) fixture 夹具的范围

fixture 一个非常重要的作用是充当类似其他测试框架中的 setUp 和 tearDown。通过上述的介绍可以得出的一个结论是，通过调用 fixture，可以做到 fixture 函数的代码是在测试函数之前执行的。试想，如果 fixture 函数的代码是初始化环境的代码，那么此时 fixture 的作用就完全可以理解为自动化测试用例的 setUp 步骤了。

"setUp 和 tearDown"有测试函数级 setUp 和 tearDown、测试类级 setUp 和 tearDown、测试模块级 setUp 和 tearDown 以及整个测试执行最开始和最后的 setUp 和 tearDown。fixture 也有如下级别。

(1) function：测试函数级，这个是 fixture 默认的范围，如果不设置即为 function 级别 fixture；

(2) class：测试类级的 fixture；

(3) module：测试模块级的 fixture；

(4) package：测试包级别的 fixture；

(5) session：翻译过来叫会话级别的 fixture，一个会话实质上就是执行 Pytest 命令的整个过程，即 session 级实质上就是执行 Pytest 最开始和最后的 setUp 和 tearDown。

session，module，package 级别的 fixture 一般在 conftest.py 中定义，其他级别的 fixture 可以在 conftest.py 中定义，也可以在具体文件中定义，如果是共享给其他文件使用则放在 conftest.py 中定义，如果是自己文件中独有的，则在自己的文件中定义即可。下面是一段 conftest.py 文件中的代码，定义了一个 session 级的 fixture。

代码 4 - 33　session 级 fixture

```
import pytest

@pytest.fixture(autouse=True, scope="session")
def session_fixture():
    print("\nIn session_fixture...")
```

在另外一个 testdemo.py 文件中定义了 function 级别的 fixture，具体代码如下。

代码 4 - 34　function 级 fixture

```
import pytest

@pytest.fixture(autouse=True, scope="function")
def function_fixture():
    print("\nIn function_fixture...")

def test_func1():
    print("in test_func1...")

def test_func2():
    print("in test_func2...")

def test_func3():
    print("in test_func3...")
```

执行结果如下，可以看到 session 即只会在最开始执行一次，而 function 级的则会在每个测试函数之前都会执行，这就做到了 setUp 的功能，执行结果如下。定义范围在 session 内的 fixture 只在整个测试执行过程中被调用了一次，定义范围在 function 内的 fixture，会在每个 test 开头函数之前被调用，执行结果显示被调用三次。

代码 4 - 35　testdemo.py 运行效果

```
===================== test session starts=====================
platform win32--Python 2.7.18, pytest-4.6.11, py-1.9.0, pluggy-0.13.1--C:\python27\python.exe
rootdir: D:\src\blog\tests, configfile: pytest.ini
plugins: allure-pytest-2.8.0, ordering-0.6rerunfailures-10.1, xdist-2.3.0
```

```
collected 3 items

test_demo.py
In session_fixture...

In function_fixture...
in test_func1...
.
In function_fixture...
in test_func2...
.
In function_fixture...
in test_func3...
.
========= 3 passed in 1.23 seconds======
```

4）fixture 夹具中 yield 的使用

前面介绍过 fixture 夹具可以实现不同级别的 setUp 和 tearDown 的功能，比如 class 级、module 级、function 级以及 session 级，这个是怎么做到的呢？这里我们用到了 yield 关键字。在 fixture 中，yield 关键字之前的代码为 setUp 的步骤，yield 之后的代码即为 tearDown 的步骤。yield 后面如果有返回值，会将这个值作为 test_xxx 函数的参数传入进去。具体执行流程如图 4-3 所示。

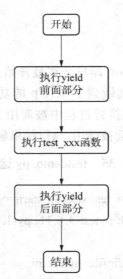

图 4-3 fixture 夹具实现 setUp 和 tearDown 的流程

我们接下来看看conftest.py文件中定义的fixture,这个fixture是定义在session范围内的,命名为session_fixture,具体代码如下。

代码4-36　代码session_fixture

```python
import pytest

@pytest.fixture(autouse=True, scope="session")
def session_fixture():
    print("\nIn session_fixture setup...")
    yield
    print("\nIn session_fixture teardown...")
```

另外在test_demo.py文件中还定义了一个function级别的fixture,命名为function_fixture,两种作用的范围不同。而且function_fixture中yield后面还跟着一个数值10,这个值会作为function_fixture返回值传给下面的test开头的函数,具体代码如下。

代码4-37　代码function_fixture

```python
import pytest

@pytest.fixture(autouse=True, scope="function")
def function_fixture():
    print("\nIn function_fixture setup...")
    yield 10
    print("\nIn function_fixture teardown...")

def test_func1():
    print("in test_func1...")

def test_func2():
    print("in test_func2...")

def test_func3(function_fixture):
    print("in test_func3...")
    assert function_fixture == 11
```

上面代码的执行结果如下,session_fixture setup是最先被执行的,session_fixture teardown是最后被执行的。function_fixture setup在每个test开头函数前被执行,

function_fixture teardown 在每个 test 开头函数执行后被执行。yield 的返回值在 test_func3 中被用到了。

代码 4-38　session_fixture 与 function_fixture 运行效果

```
=========== test session starts===========
platform win32--Python 2.7.18, pytest-4.6.11, py-1.9.0, pluggy-0.13.1--C:\Python27\python.exe
rootdir:D:\src\blog\tests, configfile:pytest.ini
plugins:allure-pytest-2.8.0, ordering-0.6rerunfailures-10.1, xdist-2.3.0
collected 3 items
test_demo.py
In session_fixture setup...

In function_fixture setup...
in test_func1...
.
In function_fixture teardown...

In function_fixture setup...
in test_func2...
.
In function_fixture teardown...

In function_fixture setup...
in test_func3...
F
In function_fixture teardown...

in session_fixture teardown...

======== FAILURES============
_____test_func3_____
function_fixture= 10

    def test_func3(function_fixture):
        print("in test_func3...")
```

```
>           assert function_fixture==11
E           assert 10==11

test_demo.py:17:AssertionError
============ short test summary info============
FAILED test_demo.py::test_func3 - assert 10== 11
=========== 1 failed, 2 passed in 0.10 seconds============
```

5) fixture 夹具中风险规避

在实际应用场景中,用 fixture 中实现 setUp 和 tearDown 的功能。如果 setUp 部分出错后,则 tearDown 部分就不会执行了。这一点对于自动化测试来讲是有一定弊端的,比如在 setUp 部分配置了一些基础数据,然后由于某种原因出错了,因此根本不会执行 tearDown 的操作,导致整体测试环境就有残留了,会直接影响后面的测试任务的开展。这就是 yield 所存在的一个问题,比如下面的代码实例。

代码 4‑39　fixture 中 setUp 部分出错代码

```
import time
import pytest

@pytest.fixture(autouse=True,scope="function")
def function_fixture():
    print("\nIn function_fixture setup...")
    a=1/0
    yield 10
    print("\nIn function_fixture teardown...")

def test_one():
    print('in test_one()')

def test_two():
    print('in test_two()')
```

上面的代码在 yield 之前有一句代码 a=1/0 会执行出错,运行上面的代码的结果如下,整个执行在 a=1/0 就停止退出了。

代码 4‑40　fixture 中 setUp 部分出错运行效果

```
========== test session starts============
```

```
platform win32--Python 2.7.18, pytest-4.6.11, py-1.9.0, pluggy-0.13.1--C:\Python27\
python.exe C:\Python27\python.exe
    cachedir: .pytest_cache
    rootdir: D:\05_AutoTest\Case_Py\icollege_auto\course_automated\add_course_live
    plugins: allure-pytest-2.8.0, ordering-0.6
    collecting ... collected 2 items

    demo.py::test_one ERROR                                                    [ 50%]
    In function_fixture setup...

    test setup failed
    @pytest.fixture(autouse=True, scope="function")
        def function_fixture():
            print("\nIn function_fixture setup...")
    >       a=1/0
    E       ZeroDivisionError: integer division or modulo by zero

    demo.py:7: ZeroDivisionError

    demo.py::test_two ERROR                                                    [100%]
    In function_fixture setup...

    test setup failed
    @pytest.fixture(autouse=True, scope="function")
        def function_fixture():
            print("\nIn function_fixture setup...")
    >       a=1/0
    E       ZeroDivisionError: integer division or modulo by zero

    demo.py:7: ZeroDivisionError

    ================ ERRORS ====================
    _____ ERROR at setup of test_one _____

        @pytest.fixture(autouse=True, scope="function")
        def function_fixture():
```

```
            print("\nIn function_fixture setup...")
>           a= 1/0
E           ZeroDivisionError: integer division or modulo by zero

demo.py:7:ZeroDivisionError
----------------------------Captured stdout setup----------------------------

in function_fixture setup...
_____ ERROR at setup of test_two _____

    @pytest.fixture(autouse= True, scope="function")
    def function_fixture():
        print("\nIn function_fixture setup...")
>       a= 1/0
E       ZeroDivisionError: integer division or modulo by zero

demo.py:7:ZeroDivisionError
----------------------------Captured stdout setup----------------------------

in function_fixture setup...
============= 2 errors in 1.18 seconds===========
```

我们通过 request.addfinalizer() 的方式实现 tearDown。它和 yield 相比不同的是：无论 fixture 中的 setUp 部分是否出现异常或断言失败，tearDown 都会执行，将上面的代码稍微做修改，具体如下。

代码 4-41　request.addfinalizer 应用

```
import time
import pytest

@pytest.fixture(autouse= True, scope="function")
def function_fixture(request):
    def teardown_new():
        print("\nIn function_fixture teardown_new...")
    request.addfinalizer(teardown_new)
    print("\nIn function_fixture setup...")
```

```
            a = 1/0
            return 10


    def test_one():
        print('in test_one()')


    def test_two():
        print('in test_two()')
```

修改后的代码执行的结果如下,在 fixture 的 setUp 部分执行失败后,tearDown 还是能被执行。

代码 4 - 42　request. addfinalizer 运行效果

```
============ test session starts ============
platform win32--Python 2.7.18, pytest-4.6.11, py-1.9.0, pluggy-0.13.1--C:\Python27\python.exe C:\Python27\python.exe
cachedir: .pytest_cache
rootdir: D:\05_AutoTest\Case_Py\icollege_auto\course_automated\add_course_live
plugins: allure-pytest-2.8.0, ordering-0.6
collecting...collected 2 items

demo.py::test_one ERROR                                              [ 50% ]
In function_fixture setup...

test setup failed
request=<SubRequest 'function_fixture' for <Function test_one>>

    @Pytest.fixture(autouse=True, scope="function")
    def function_fixture(request):
        def teardown_new():
            print("\nIn function_fixture teardown_new...")
        request.addfinalizer(teardown_new)
        print("\nIn function_fixture setup...")
>       a = 1/0
E       ZeroDivisionError: integer division or modulo by zero
```

demo.py:10:ZeroDivisionError

In function_fixture teardown_new...

demo.py::test_two ERROR   [100%]
In function_fixture setup...

test setup failed
request= <SubRequest 'function_fixture' for <Function test_two>>

```
    @pytest.fixture(autouse=True, scope="function")
    def function_fixture(request):
        def teardown_new():
            print("\nIn function_fixture teardown_new...")
        request.addfinalizer(teardown_new)
        print("\nIn function_fixture setup...")
>       a=1/0
E       ZeroDivisionError: integer division or modulo by zero
```

demo.py:10:ZeroDivisionError

In function_fixture teardown_new...

====================== ERRORS============
_____ ERROR at setup of test_one _____

request=<SubRequest 'function_fixture' for <Function test_one>>

```
    @pytest.fixture(autouse=True, scope="function")
    def function_fixture(request):
        def teardown_new():
            print("\nIn function_fixture teardown_new...")
        request.addfinalizer(teardown_new)
        print("\nIn function_fixture setup...")
>       a=1/0
```

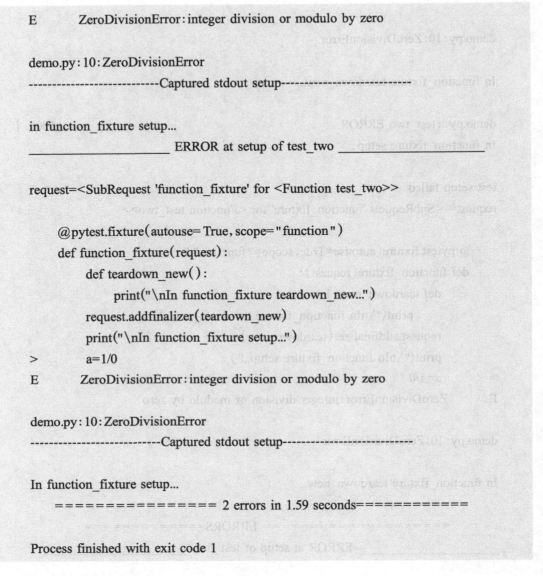

```
E       ZeroDivisionError: integer division or modulo by zero

demo.py:10: ZeroDivisionError
----------------------------Captured stdout setup----------------------------

in function_fixture setup...
_____ERROR at setup of test_two_____

request=<SubRequest 'function_fixture' for <Function test_two>>

    @pytest.fixture(autouse=True, scope="function")
    def function_fixture(request):
        def teardown_new():
            print("\nIn function_fixture teardown_new...")
        request.addfinalizer(teardown_new)
        print("\nIn function_fixture setup...")
>       a=1/0
E       ZeroDivisionError: integer division or modulo by zero

demo.py:10: ZeroDivisionError
----------------------------Captured stdout setup----------------------------

In function_fixture setup...
================= 2 errors in 1.59 seconds=============

Process finished with exit code 1
```

4. Allure-Pytest 安装

1) Scoop 的安装

Scoop 由澳洲程序员 Luke Sampson 于 2015 年创建,其特点之一就是安装管理不依赖"管理员权限",这对使用有权限限制的公共计算机的使用者是一大利好。安装 Scoop 对于计算机的系统环境是有一定的要求的,其必须满足 2 个条件:第一,PowerShell 版本在 5.0 及以上版本;第二,.NET Framework 框架的版本在 4.5 及以上版本。我们可以通过下面的命令行查询当前的环境是否满足需求。通过在 PowerShell 中下发命令(Get-ItemProperty 'HKLM:\SOFTWARE\Microsoft\NET Framework Setup\NDP\v4\Client' -Name Version)。Version 可以查到当前系统的.NET Framework 框架的版本,用

另外一条命令 $PSVersionTable。PSVersion 可以查到当前 PowerShell 版本信息，具体操作如图 4-4 所示。

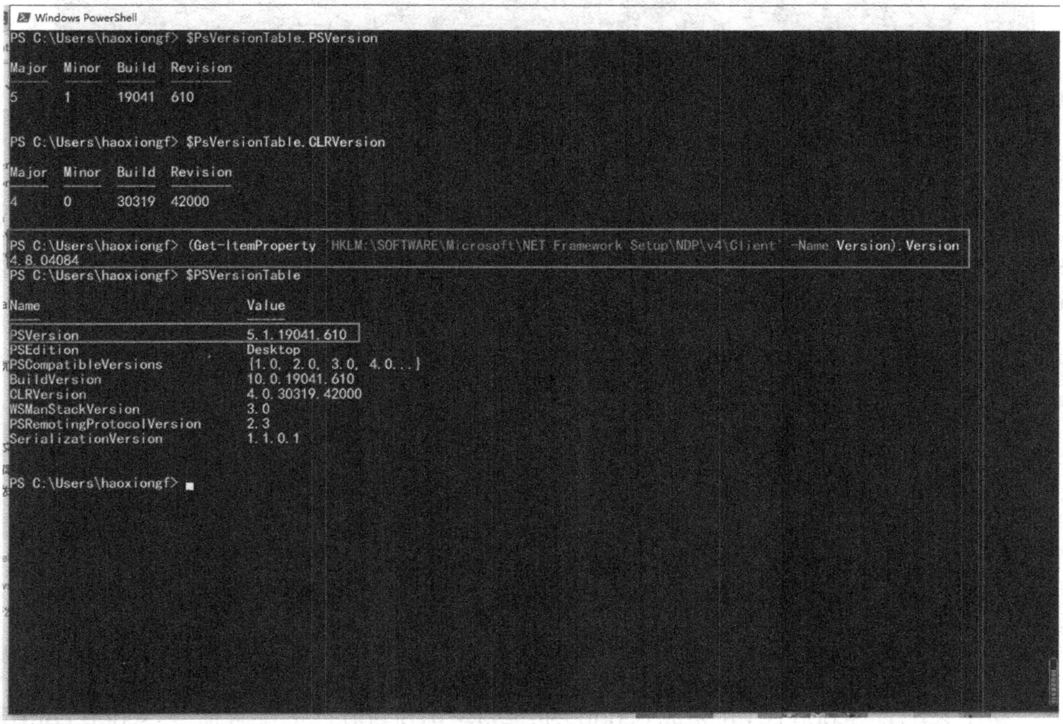

图 4-4 查询 PowerShell 版本

在 PowerShell 中打开远程权限，执行操作如图 4-5 所示。

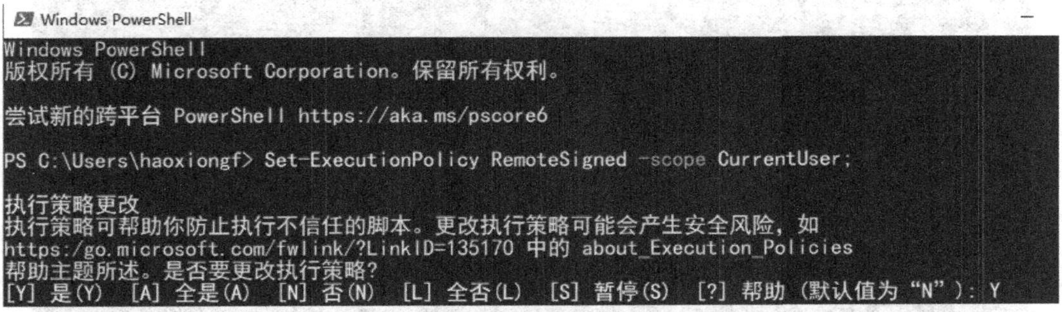

图 4-5 PowerShell 打开远程操作权限

接下来在 PowerShell 中下发命令，自定义 Scoop 的安装目录，具体操作如图 4-6 所示。

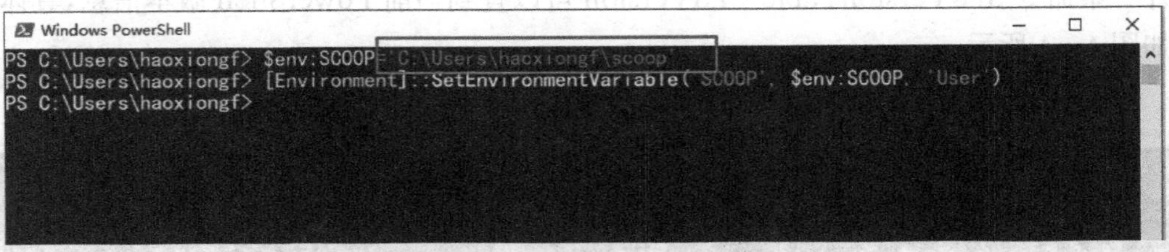

图 4-6　PowerShell 自定义 Scoop 安装目录

如果省略这一步骤，Scoop 将默认把所有用户安装的 App 和 Scoop 本身置于 C:\Users\user_name\scoop。接下来开始使用命令行 iwr -useb https://gitee.com/glsnames/scoop-installer/raw/master/bin/install.ps1|iex 下载并安装 scoop，具体操作参考图 4-7。

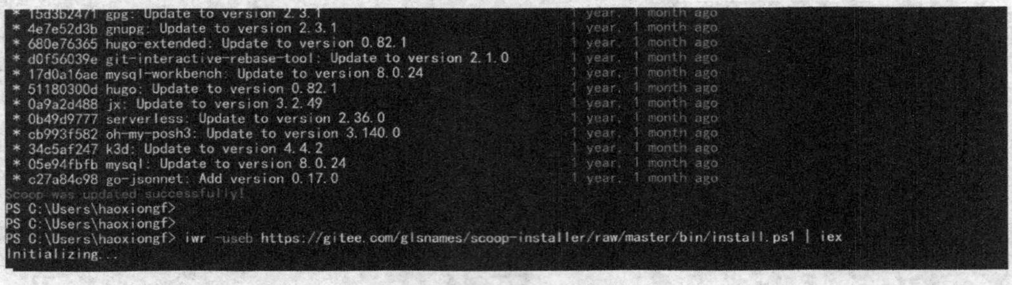

图 4-7　命令行安装 Scoop

接下来配置 Scoop 库，并完成 Scoop 的升级操作，Scoop 库的配置命令：scoop config SCOOP_REPO 'https://gitee.com/glsnames/scoop-installer'，Scoop 升级命令：scoop update。具体操作如图 4-8 所示。

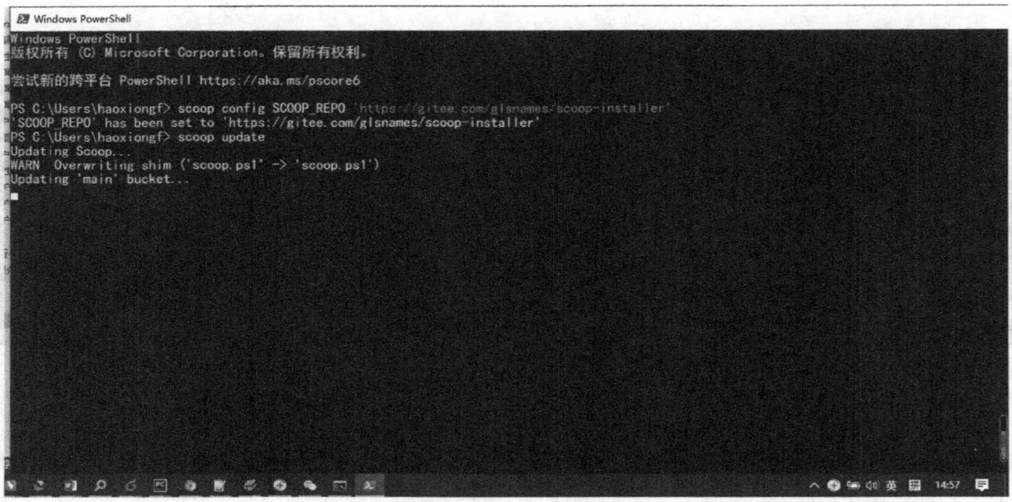

图 4-8　配置 Scoop 库并升级

接下来需要确认下 Scoop 是否安装成功,可以在 PowerShell 中下发 scoop --version 命令查看版本信息,如果能查到相关信息,就表示 Scoop 工具安装成功,具体操作信息如图 4-9 所示。

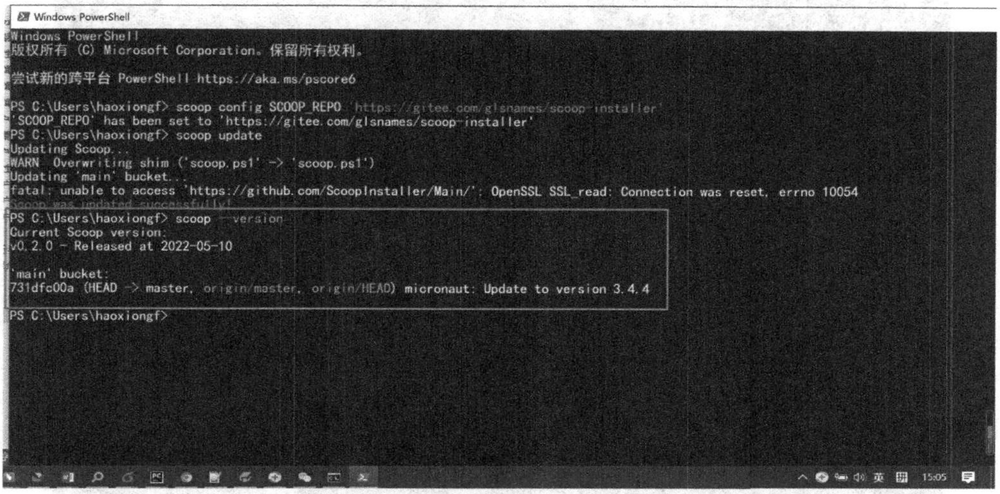

图 4-9 查询 Scoop 版本确认安装完成

由于某些元素 Scoop 官方提供的仓库连接访问的速度很慢,为了不影响工作效率,所以我们一般会将 Scoop 的默认的仓库更换成国内的镜像仓库。先下发以下命令将现有的仓库清除,具体操作如图 4-10 所示。

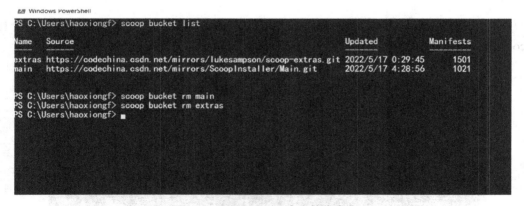

图 4-10 移除 Scoop 官方镜像仓库

清理完成以后,将目前国内的镜像仓库添加上去,如图 4-11 所示。

2) Allure 日志采集框架的安装

按照上面的操作完成 Scoop 工具以后,我们就可以用 Scoop 工具安装 Allure 框架了。安装 Allure 框架的命令行为是 scoop install allure,安装完成以后,再用 scoop 更新升级 Allure,具体命令行为 scoop update allure,具体操作如图 4-12 所示。

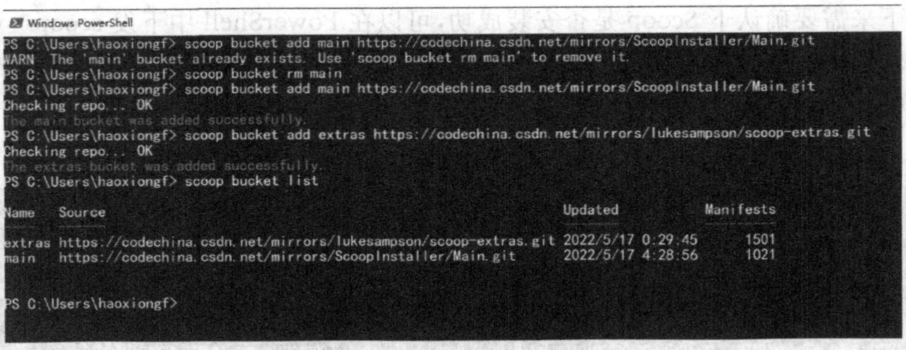

图 4-11 添加国内 Scoop 镜像仓库

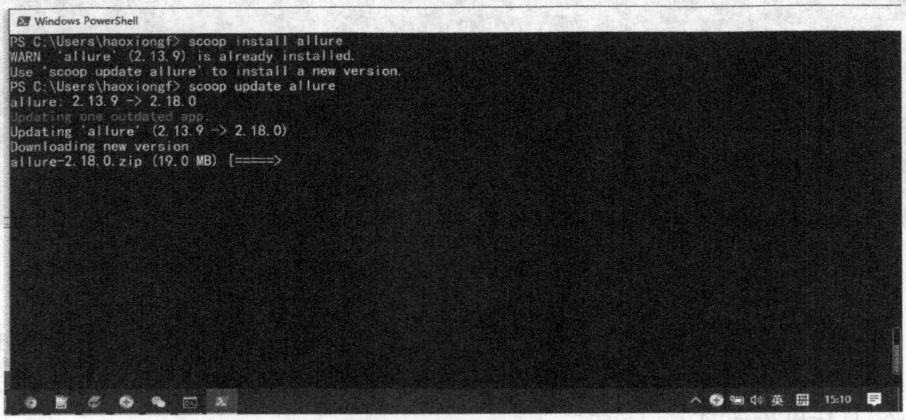

图 4-12 用 Scoop 工具安装 Allure 框架

用 Scoop 工具安装并升级完 Allure 以后，可以同时在 PowerShell 中，通过命令行 scoop info allure 即可查到 Allure 的安装信息，具体操作如图 4-13 所示。

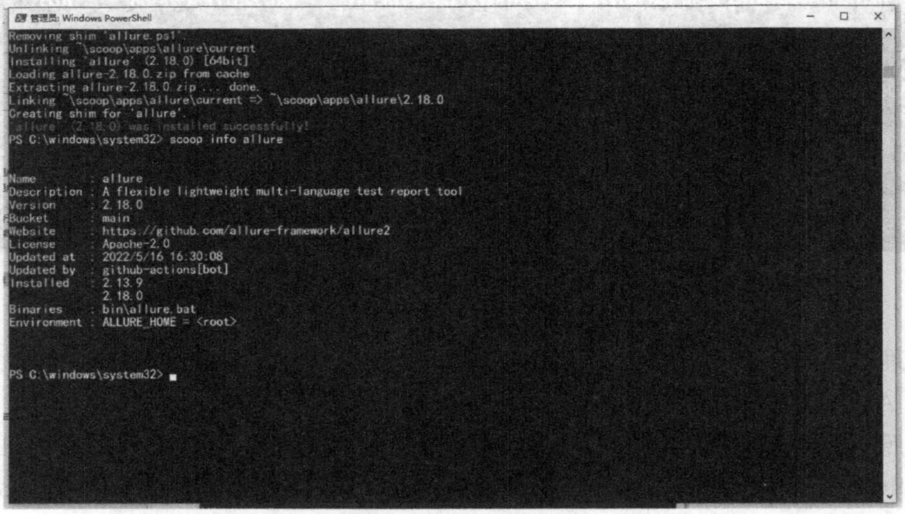

图 4-13 查询 Allure 安装信息

最后可以用 scoop status 查看下 Scoop 库中的软件是否都更新到最新版本，通过命令行 scoop status 可以达到这个目的，具体操作如图 4-14 所示。

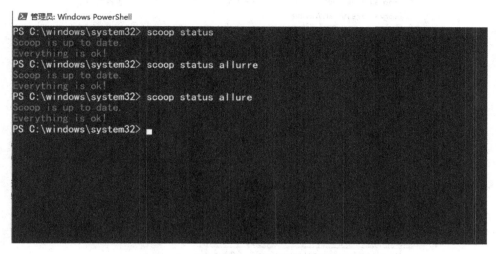

图 4-14　查看 Scoop 库中软件的版本状态

接下来将完成 Allure-pytest 的 Python 库的安装，以管理员的身份打开一个命令行窗口，然后在命令行窗口中输入 pip install allure-pytest，就可以完成。然后用 pip show Allure-pytest 命令查询 Allure-pytest 库的信息，操作截图信息如图 4-15 所示。

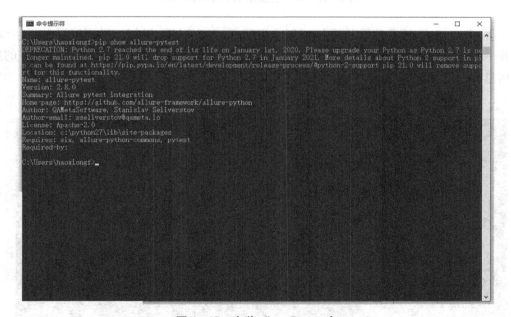

图 4-15　安装 allure-Pytest 库

这些完成以后，还需要将 Allure 安装目录下的 allure.bat 文件所在路径添加到系统的环境变量 path 中，参考图 4-16 完成。

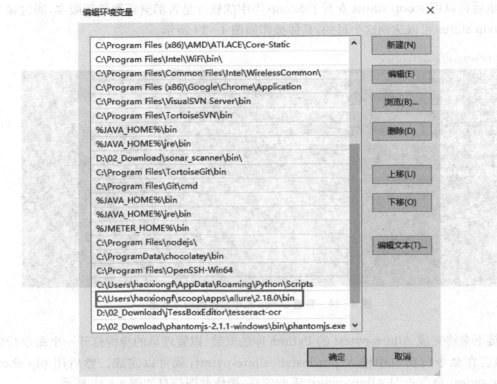

图 4-16 环境变量增加 allure.bat 路径

将 allure.bat 的安装路径添加到环境变量 path 中以后,我们可以测试下是否生效。打开一个命令行窗口,在命令行窗口中输入 allure --version,如果能正常返回 Allure 的版本信息就表示操作生效,如图 4-17 所示。

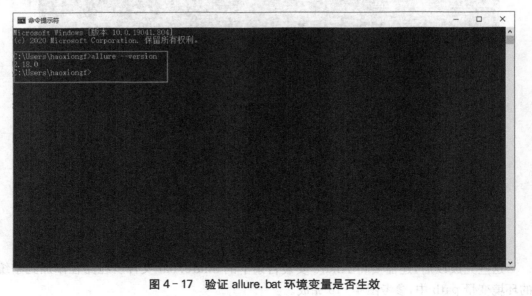

图 4-17 验证 allure.bat 环境变量是否生效

4.1.2 Allure 工具简介及应用

1. Allure 工具

Allure 是一个灵活的轻量级多语言测试报告工具,它不仅以简洁的 Web 报告形式展示测试内容,还允许参与开发过程的每个人从日常测试执行中最大限度地提取有用信息。

从开发和测试的角度来看,Allure 生成的报告缩短了常见缺陷的生命周期。测试失败可以分为 Bug 和测试中断,另外日志、测试步骤、测试夹具、附件、计时、历史记录以及与 TMS 和 Bug 跟踪系统的集成也能在 Allure 中进行配置,因此负责的开发人员和测试人员将随时掌握所有有用的信息。

1) Allure 日志生成全景

利用 Allure 生成自动化测试报告,就需要对现有的自动化的代码部分进行改造,在测试脚本中加入 Allure 特性。这个操作并不会对原有的测试用例逻辑产生任何影响。下面我们对之前的自动化脚本进行简单的修改,看下 Allure 报告的生成效果,代码修改如下。

代码 4-43　生成 Allure 报告代码

```python
import pytest
import allure
@allure.step('用户登录')
def login( user,pwd) :
    print( user,pwd)
@allure.step('用户退出')
def logout( user) :
    print( user)


@pytest.fixture( scope="function")
def function_fixture( request) :
    def teardown_new( ) :
        with allure.step( "测试用例的 setdown") :
            logout( "韩梅梅")

            print( "\nIn function_fixture teardown_new...")
    request.addfinalizer( teardown_new)
    with allure.step( "测试用例的 setup") :
        print( "\nIn function_fixture setup...")
        return 10
```

```python
@allure.story("allure 的 step 应用")
def test_one(function_fixture):
    with allure.step("用户登录"):
        login("韩梅梅","123")
    with allure.step("断言操作"):
        a=function_fixture
        assert a==10
```

代码修改完成以后,我们需要在 pytest.ini 文件中增加一个设置项目,如代码 4-44 所示。

代码 4-44 pytest.ini 文件增加 addopts 配置

```
[pytest]
addopts=-sv --alluredir=./tmp/my_allure_results
markers=
    system:marks test as system
    integrate:marks test as integrate test
    unit:marks test as unit test
    last:marks the last case
```

上面是 pytest.ini 文件的内容,我们在这里增加一个参数 addopts。addopts 可以更改默认命令行选项,在 cmd 应用 Pytest 时,将参数在 addopts 中进行配置,执行时就可以省略该部分参数,方便多次执行。如果没有配置 addopts 参数,那么我们执行 Pytest 命令行如下所示。

代码 4-45 Pytest 命令行执行 demo.py 文件

```
pytest -sv ./demo.py    --alluredir=./tmp/my_allure_results
```

上面 Pytest 命令行参数中--alluredir 选项,是用来指定存放 Pytest 执行的结果数据的目录。如果配置 addopts 参数以后,我们就可以省略这些繁琐的参数,下面就是简化后命令。

```
pytest ./demo.py
```

上面命令执行完成以后的结果如代码 4-46 所示。

代码 4-46 执行 demo.py 运行效果

```
======================== test session starts ========================
platform win32 -- Python 2.7.18, pytest-4.6.11, py-1.9.0, pluggy-0.13.1 -- c:\python27\python.exe
```

```
cachedir: .pytest_cache
rootdir: D:\05_AutoTest\Case_Py\icollege_auto\course_automated\add_course_live, inifile: pytest.ini
plugins: Allure-pytest-2.8.0, ordering-0.6
collected 1 item


demo.py::test_one
in function_fixture setup ...
韩梅梅    123
PASSED 韩梅梅


in function_fixture teardown_new ...



in function_fixture teardown_new ...

==================== 1 passed in 0.47 seconds ====================
```

同时我们看到在 demo.py 同级目录中多了一个名称为 tmp 的目录，tmp 目录中生成了一个名称为 my_allure_results 的子目录，这些说明我们配置的 --alluredir 参数是生效了，具体如图 4-18 所示，my_allure_results 下面的文件就是 Pytest 执行的结果数据。

有了这些结果数据以后，我们可以直接用 Allure 名称生成自动化的报告，具体的命令行如下。通过下面的命令将 ./tmp/my_allure_results 目录下的测试数据生成测试报告页面，并将生成的测试报告文件存放到 D:\05_AutoTest\report 目录中，下面命令行中 -o 选项后面跟着的是测试报告的生成目录。--clean 选项作用是先清空测试报告目录，再生成新的测试报告。上面的命令执行完成以后，我们去查看下 D:\05_AutoTest\report 目录中的内容，如图 4-19 所示。

代码 4-47   命令行生成 Allure 报告

```
allure generate ./tmp/my_allure_results -o D:\05_AutoTest\report --clean
```

可以看到 D:\05_AutoTest\report 目录中确实新生成了很多文件，这些文件就是我们的测试报告，但是我们怎么才能查看这些报告呢？接下来我们用下面的命令就可以查看 D:\05_AutoTest\report 目录中的内容了，具体操作如下。

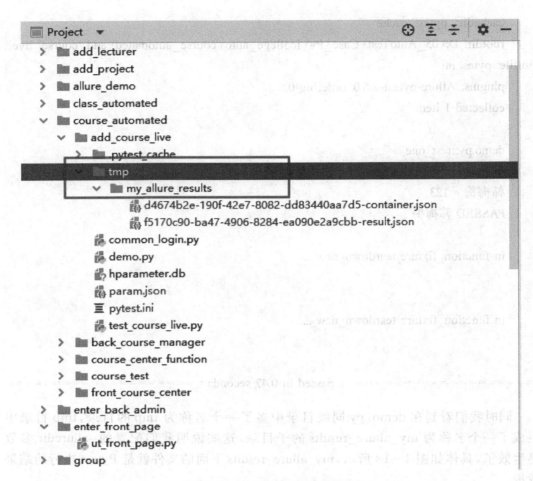

图 4-18 Pytest 执行的结果数据

图 4-19 生成的 report 内容

代码 4 - 48　命令行打开 Allure 报告

allure open D:\05_AutoTest\report

上面的命令行下发执行完后的结果如下。

代码 4 - 49　打开 Allure 报告命令行返回结果

D:\05_AutoTest\Case_Py\icollege_auto\course_automated\add_course_live>allure generate ./tmp/my_allure_results -o D:\05_AutoTest\report --clean

Report successfully generated to D:\05_AutoTest\report

D:\05_AutoTest\Case_Py\icollege_auto\course_automated\add_course_live>allure open

D:\05_AutoTest\report

Starting Web server...

2022-05-18 16:35:02.654:info::main:Logging initialized @1043ms to org.eclipse.jetty.util.log.StdErrLog

Server started at <http://10.189.82.155:52548/>. Press <Ctrl+C>to exit

同时系统默认的浏览器会将报告自动打开,下面就是测试报告的展示页面,如图 4 - 20 所示。

图 4 - 20　Allure 报告展开全景图

2) Allure 的 step 装饰器功能应用

step 装饰器是 Allure 报告中的一个重要的装饰器,step 装饰器允许对每个测试用例进行非常详细的步骤说明。通过 step 装饰器,可以让测试用例在 Allure 报告中显示更详细的测试过程,同时在最后的测试报告中添加带注释的方法或函数以及这些函数和方法所涉及的参数。下面用一段实例讲解下 step 装饰器的使用技巧。

代码 4-50　Allure 的 step 修饰器代码

```
# -*-coding:utf-8-*-
import allure
import pytest

@allure.step
def imported_step():
    print('imported_step')

@allure.step
def passing_step():
    pass

@allure.step
def step_with_nested_steps():
    nested_step()

@allure.step
def nested_step():
    nested_step_with_arguments(1,'abc')

@allure.step
def nested_step_with_arguments(arg1,arg2):
    pass

def test_with_imported_step():
    passing_step()
    imported_step()

def test_with_nested_steps():
    passing_step()
    step_with_nested_steps()
```

接下来分别执行下面的命令行完成用例执行,生成测试报告,具体如下所示。

代码 4-51　命令行执行用例并打开报告

```
pytest ./allure_demo.py
allure generate ./tmp/my_allure_results -o D:\05_AutoTest\report --clean
allure open D:\05_AutoTest\report
```

生成的测试报告首页中显示当前的测试报告共执行了 2 个用例,执行成功率为 100%。整个测试用例只有一个测试套,如图 4-21 所示。

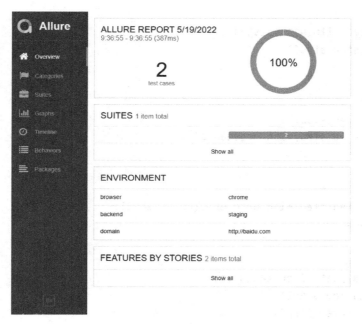

图 4-21　Allure 报告首页

对应的第一个测试用例 test_with_imported_step 中,用到了方法 passing_step 和 imported_step,并没有涉及嵌套调用的情况,所以对应的报告如图 4-22 所示。

图 4-22　test_with_imported_step 用例测试步骤

但是在第二个用例 test_with_nested_steps 中调用了方法 step_with_nested_steps,然后 step_with_nested_steps 又调用了方法 nested_step,紧接着 nested_step 调用了带参数的方法 nested_step_with_arguments,给 nested_step_with_arguments 传递的两个参数分别是 1、'abc',具体代码结构参考代码实例,如图 4-23 所示。

```
11      pass
12
13
14    @allure.step
15    def step_with_nested_steps():
16        nested_step()    2级
17
18
19    @allure.step
20    def nested_step():
21        nested_step_with_arguments(1, 'abc')    3级
22
23
24    @allure.step
25    def nested_step_with_arguments(arg1, arg2):
26        pass
27
28
29    def test_with_imported_step():
30        passing_step()
31        imported_step()
32
33
34    def test_with_nested_steps():
35        passing_step()
36        step_with_nested_steps()    1级
```

图 4-23 test_with_nested_steps 用例嵌套关系

从图 4-23 用例 test_with_nested_steps 一共完成了 3 级调用,最后 Allure 生成报告显示如下。在 Allure 生成的报告中也展示了嵌套调用的层次关系,同时在最后一层中将函数调用涉及的参数也展现出来了,如图 4-24 所示。

项目 4　重构电力门户自动化测试项目

图 4 - 24　test_with_nested_steps 报告嵌套关系展示

图 4 - 24 展示了 allure.step 使用方法，allure.step 装饰器一般直接定义在步骤的函数上面，而且 allure.step 还可以带入函数的传入参数值。另外介绍一种可以在函数内部标记测试步骤或者执行步骤的方法，with allure.step()：，应用如下所示。

代码 4 - 52　with allure.step 应用代码实例

```
import pytest
import allure

@allure.step('用户登录,user 参数:"{0}"pwd 参数:"{pwd}"')
def login(user,pwd):
    print(user,pwd)

@allure.step('用户退出')
def logout(user):
    print(user)

@pytest.fixture(scope="function")
def function_fixture(request):
    def teardown_new():
        with allure.step("测试用例的 setdown"):
```

```python
                    logout("韩梅梅")
                    print("\nIn function_fixture teardown_new ...")
            request.addfinalizer(teardown_new)
            with allure.step("测试用例的 setup"):
                print("\nIn function_fixture setup ...")
                return 10


        @allure.story("allure 的 step 应用")
        def test_one(function_fixture):
            with allure.step("入口操作"):
                login("韩梅梅","123")
            with allure.step("断言操作"):
                allure.attach.file('.\yezi.jpg', attachment_type = allure.attachment_type.png)
                a= function_fixture
                assert a== 10

        if __name__=='__main__':
            pytest.main(['-s','-v','./demo.py'])
```

接下来分别执行下面的命令行完成用例执行,并生成测试报告,具体如下所示。

代码 4-53 命令行运行并打开 Allure 报告

```
pytest  ./demo.py
allure generate ./tmp/my_allure_results -o D:\05_AutoTest\report --clean
allure open D:\05_AutoTest\report
```

用例执行后生成的报告如图 4-25 所示,整体的报告的结构和用例的结构一样,用例中使用了@pytest.fixture 来实现函数级的 setup 和 teardown 的功能。在用例主体函数 test_one 中使用 with allure.step 来描述每个操作步骤。而且在这个例子中还用到了@allure.step 来实现对函数的标记。

这里补充下@allure.step 带参数的应用,请参考如下的代码部分。在下面的代码中使用了{0}和{pwd},前者是位置参数,对应函数 login 中 user 的值,后者表示关键字参数对应的是函数 login 中 pwd 的值。

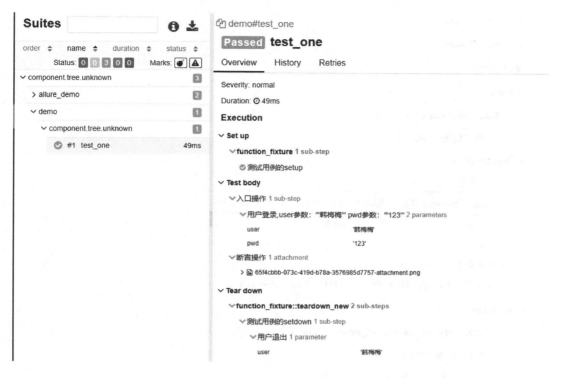

图 4-25　with allure.step 报告内容展示

代码 4-54　allure.step 传入参数代码

```
@allure.step('用户登录,user 参数:"{0}"pwd 参数:"{pwd}"')
def login(user,pwd):
    print(user,pwd)

@allure.step('用户退出')
def logout(user):
    print(user)
```

这段代码在 Allure 生成的报告中具体展示如下,分别将 login 的参数值 user 和 pwd 传入@allure.step 的描述步骤中,如图 4-26 所示。

3) Allure 的 title 装饰器功能应用

allure.title 装饰器是为了便于测试标题更具备可读性,allure.title 可以用参数占位符的方式获取测试用例的参数动态替换标题中的内容,具体的实例请参考如下代码。

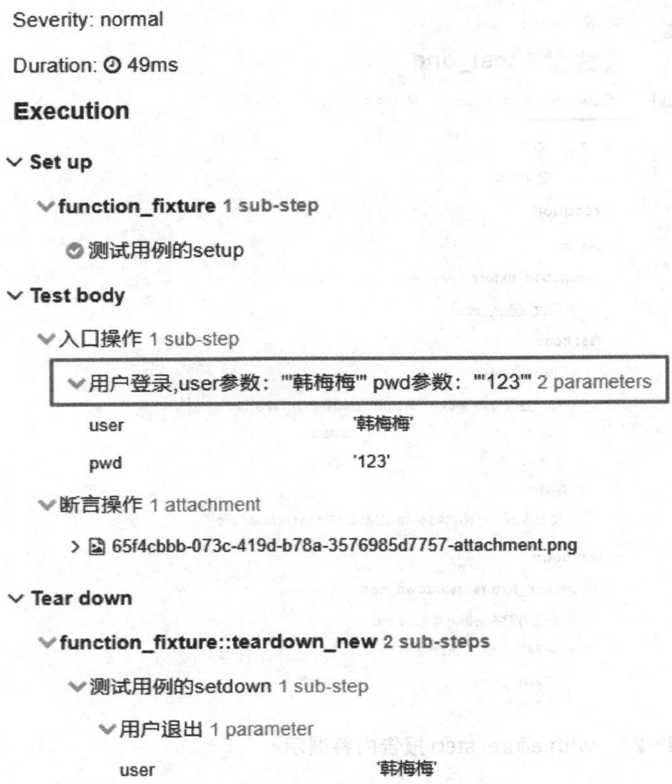

```
Severity: normal
Duration: ⊘ 49ms
Execution
∨ Set up
  ∨ function_fixture 1 sub-step
    ⊘ 测试用例的setup
∨ Test body
  ∨ 入口操作 1 sub-step
    ∨ 用户登录,user参数："'韩梅梅'" pwd参数："'123'" 2 parameters
      user                          '韩梅梅'
      pwd                           '123'
  ∨ 断言操作 1 attachment
    > 🖼 65f4cbbb-073c-419d-b78a-3576985d7757-attachment.png
∨ Tear down
  ∨ function_fixture::teardown_new 2 sub-steps
    ∨ 测试用例的setdown 1 sub-step
      ∨ 用户退出 1 parameter
        user                        '韩梅梅'
```

图 4-26 allure.step 传入参数报告内容展示

代码 4-55 allure.title 装饰器应用

```
# -*-coding:utf-8-*-
import allure
import pytest


@allure.title("This test has a custom title")
def test_with_a_title():
    assert 2+2==4


@allure.title("This test has a custom title with unicode:Привет!")
def test_with_unicode_title():
    assert 3+3==6


@allure.title("Parameterized test title:adding{param1} with{param2}")
```

```python
@pytest.mark.parametrize( 'param1, param2, expected', [
    (2,2,4),
    (1,2,5)
])
def test_with_parameterized_title( param1, param2, expected) :
    assert param1+ param2== expected

@allure.title( "This title will be replaced in a test body")
def test_with_dynamic_title( ):
    assert 2+ 2== 4
    allure.dynamic.title( 'After a successful test finish, the title was replaced with this line.')

if __name__=='__main__':
    pytest.main( ['-s','-v','./allure_demo.py'] )
```

接下来分别执行下面的命令行来完成用例执行,并生成测试报告,具体如下所示。

代码 4-56　命令行执行用例并生成报告

```
pytest     ./allure_demo.py
allure generate ./tmp/my_allure_results -o D:\05_AutoTest\report --clean
allure open D:\05_AutoTest\report
```

生成的测试报告首页中显示当前的测试报告共执行了 5 个用例,各个用例的标题的内容也和前面的代码中的保持一致,重点解释了 allure.title 装饰器结合@pytest.mark.parametrize 参数化使用的效果,如图 4-27 所示。

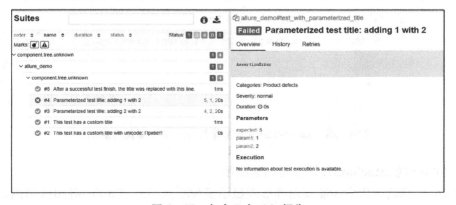

图 4-27　包含 5 个 title 报告

下面的用例 test_with_parameterized_title 用到了@pytest.mark.parameterize 来实现参数化,同时这个用例也使用了 allure.title 装饰器,并且 title 装饰器中也使用了 test_with_parameterized_title 函数的参数。这两者结合会在 Allure 的测试报告中体现出参数化的效果。

代码 4-57　parametrize 参数化与 title 装饰器融合

```
# - * -coding:utf-8- * -
@allure.title("Parameterized test title:adding{param1} with{param2}")
@pytest.mark.parametrize('param1,param2,expected',[
    (2,2,4),
    (1,2,5)
])
def test_with_parameterized_title(param1,param2,expected):
    assert param1+ param2== expected
```

allure.title 装饰器结合@pytest.mark.parameterize 参数化使用的效果展示如图 4-28 所示。

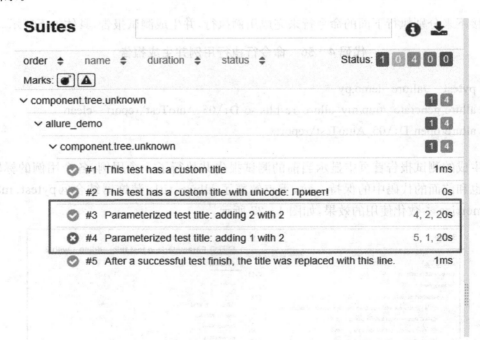

图 4-28　parameterize 参数化与 title 装饰器结合展示

4) Allure 的 attachment 装饰器功能应用

Allure 生成的报告中还能以附件形式显示多种不同类型的文件,对测试用例、测试步骤以及 fixture 的结果加以补充。通过 allure.attach 装饰器来创建一个附件，allure.attach 装饰器包含了以下几个参数：正文、名称、附件类型、扩展名。下面我们可以从 Allure 的源码文件中了解下，allure.attach 装饰器支持的附件类型。

代码 4-58　AttachmentType 源码展示

```
class AttachmentType(Enum):

    def __init__(self, mime_type, extension):
        self.mime_type = mime_type
        self.extension = extension

    TEXT = ("text/plain", "txt")
    CSV = ("text/csv", "csv")
    TSV = ("text/tab-separated-values", "tsv")
    URI_LIST = ("text/uri-list", "uri")

    HTML = ("text/html", "html")
    XML = ("application/xml", "xml")
    JSON = ("application/json", "json")
    YAML = ("application/yaml", "yaml")
    PCAP = ("application/vnd.tcpdump.pcap", "pcap")

    PNG = ("image/png", "png")
    JPG = ("image/jpg", "jpg")
    SVG = ("image/svg-xml", "svg")
    GIF = ("image/gif", "gif")
    BMP = ("image/bmp", "bmp")
    TIFF = ("image/tiff", "tiff")

    MP4 = ("video/mp4", "mp4")
    OGG = ("video/ogg", "ogg")
    WEBM = ("video/webm", "webm")

    PDF = ("application/pdf", "pdf")
```

接下来我们看一段代码来学习了解下，allure.attach 装饰器的具体使用方法，参考以下代码部分。

代码 4-59　allure.attach 装饰器应用

```python
import pytest
import allure

@allure.step('用户登录,user 参数:"{0}"pwd 参数:"{pwd}"')
def login(user,pwd):
    print(user,pwd)

@allure.step('用户退出')
def logout(user):
    print(user)

@pytest.fixture(scope="function")
def function_fixture(request):
    def teardown_new():
        with allure.step("测试用例的 setdown"):
            logout("韩梅梅")
            print("\nIn function_fixture teardown_new...")
    request.addfinalizer(teardown_new)
    with allure.step("测试用例的 setup"):
        print("\nIn function_fixture setup...")
        return 10

@allure.story("allure 的 step 应用")
def test_one(function_fixture):
    login("韩梅梅","123")
    with allure.step("上传文本文件"):
        allure.attach(body='良辰美景奈何天,赏心乐事谁家院', name='牡丹亭', attachment_type= allure.attachment_type.text)
    with allure.step("上传图形文件"):
        allure.attach.file('.\yezi.jpg', attachment_type= allure.attachment_type.png)
        a= function_fixture
        assert a== 10

if __name__=='__main__':
```

```
pytest.main（['-s','-v','./demo.py']）
```

接下来分别执行下面的命令行完成用例执行,并生成测试报告,具体如下所示。

代码4-60　命令行执行用例并生成报告

```
pytest ./demo.py
allure generate ./tmp/my_allure_results -o D:\05_AutoTest\report --clean
allure open D:\05_AutoTest\report
```

上面代码中用到了 allure.attach 和 allure.attach.file,前面一种方法是以文本的形式将内容写入文件,再将文件添加到测试用例中。后面一种方法,是直接以文件形式将本地的图像文件添加到用例中去。具体效果如图4-29所示。

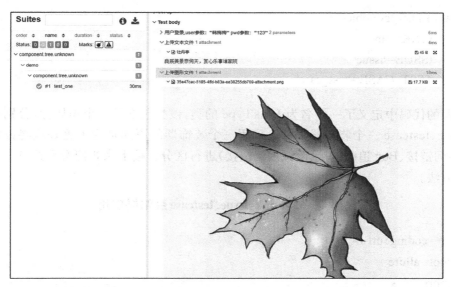

图4-29　allure.attach 与 allure.attach.file 装饰器结合展示

5) Allure 的 link、issue、testcase 装饰器功能应用

Allure 的 link、issue、testcase 装饰器是用来将测试报告与 Bug 管理系统或测试用例管理系统进行关联的一种手段,这也是 Allure 框架比较独特的地方。我们先看看 Allure 中关于这三个装饰器的源码,通过源码我们可以看到这三者的差异。

代码4-61　link、issue、testcase 装饰器源码

```
def link( url, link_type= LinkType.LINK, name= None)：
    return safely( plugin_manager.hook.decorate_as_link( url= url, link_type= link_type, name= name))
```

```python
def issue(url, name=None):
    return link(url, link_type=LinkType.ISSUE, name=name)

def testcase(url, name=None):
    return link(url, link_type=LinkType.TEST_CASE, name=name)
```

通过上面的源码我们可以看到 issue、testcase 其实最终调用的就是 link。所以从 Allure 的源码中我们知道了,link、issue、testcase 这三者的代码实现部分是一样的,唯一的差异是 link_type 参数的差异,接着我们通过 Allure 的源码了解下 link_type 参数。

代码 4-62　LinkType 类源码

```python
class LinkType(object):
    LINK = 'link'
    ISSUE = 'issue'
    TEST_CASE = 'test_case'
```

上面的代码中定义了一个名为 LinkType 的类,该类包含了 3 个类属性,分别对应了 link、issue、testcase 三个装饰器。所以采用三个装饰器的原因是为了更好地将链接类型(普通访问链接、Bug 追踪链接、测试用例链接)进行区分。接下来我们看看这三个装饰器的使用方法。

代码 4-63　link、issue、testcase 装饰器应用

```python
# -*-coding:utf-8-*-
import allure
import pytest

TEST_CASE_LINK = 'https://github.com/qameta/allure-integrations/issues/8#issuecomment-268313637'
BUG_LINK = 'http://114.116.20.243:8001/issues/16795'

@allure.link('https://www.baidu.com')
def test_with_link():
    pass

@allure.link('https://www.sohu.com/', name='搜狐网')
```

```python
def test_with_named_link():
    pass

@allure.issue(BUG_LINK, 'Bug # 16795')
def test_with_issue_link():
    pass

@allure.testcase(TEST_CASE_LINK, 'Test case title')
def test_with_testcase_link():
    pass

if __name__ == '__main__':
    pytest.main(['-s', '-v', './allure_demo.py'])
```

接下来分别执行下面的命令行完成用例执行,并生成测试报告,具体如下所示。

代码 4 - 64　命令行执行用例并生成报告

```
pytest    ./allure_demo.py
allure generate ./tmp/my_allure_results -o D:\05_AutoTest\report --clean
allure open D:\05_AutoTest\report
```

我们分别看看每一个测试用例的执行报告的结果,第一个用例 test_with_link 直接使用了@allure.link('https://www.baidu.com')进行装饰,由于 name 参数为空,所以在报告中直接显示了 url 的链接地址,如图 4 - 30 所示。

图 4 - 30　allure.link 装饰器报告展示

第二个用例 test_with_named_link,加入了 name 参数,所以在测试报告中会显示 name 参数的内容,鼠标单击链接可以进入指定的链接地址,如图 4 - 31 所示。

图4-31 allure.link装饰器加name参数报告展示

第三个用例 test_with_issue_link，在报告中显示的时候会出现一个 Bug 小图标，这个带有 Bug 图案的图标就是 allure.issue 装饰器在报告中的体现，其他的内容与用例 2 表现一致，如图 4-32 所示。

图4-32 allure.issue装饰器报告展示

第四个用例 test_with_testcase_link，在报告中的表现形式与用例 2 完全一样，如图 4-33 所示。

图4-33 allure.testcase装饰器报告展示

6) Allure 的 desciption 装饰器功能应用

Allure 中的 desciption 装饰器添加用例描述的方式有三种。

（1）使用 allure.description 装饰器，传递一个字符串参数来描述测试用例；

（2）使用 allure.description_html 装饰器，传递一段 html 文本，在测试报告中进行渲染；

（3）直接在测试用例的方法中通过添加文档注释的方式来描述用例。

接下来我们通过一段代码展示下这三种方式的使用技巧，请参考如下代码。

代码 4‑65　Allure 中 description 装饰器应用

```python
# -*-coding:utf-8-*-
import allure
import pytest

# @allure.description(str)
@allure.description("采用传参数方式:验证 1= 1")
def test_description1():
    assert 1==1

# 在测试用例函数声明下方添加""" """
def test_description2():
    """
    采用文档注释方式:
    验证 1=1
    """
    assert 1==1

# @allure.description_html(str)
@allure.description_html("""
<h1>这是一段 html 描述</h1>
<img src="https://gimg2.baidu.com/image_search/src=http%3A%2F%2Finews.gtimg.com%2Fnewsapp_bt%2F0%2F12177903264%2F641.jpg&refer=http%3A%2F%2Finews.gtimg.com&app=2002&size=f9999,10000&q=a80&n=0&g=0n&fmt=auto?sec=1655544321&t=4fc391f4de8dc5e54f61f244b7fd0394">
""")
def test_description3():
```

```
        assert 'h' in 'html'

if __name__ == '__main__':
    pytest.main(['-s','-v','./allure_demo.py'])
```

接下来分别执行下面的命令行完成用例执行,并生成测试报告,具体如下所示。

代码 4 - 66 命令行执行用例并生成报告

```
pytest   ./allure_demo.py
allure generate ./tmp/my_allure_results -o D:\05_AutoTest\report --clean
allure open D:\05_AutoTest\report
```

我们分别看看每一个测试用例的执行报告的结果,第一个测试用例 test_description1 采用了传入参数的方式对用例进行了描述,报告中展示内容如图 4 - 34 所示。

图 4 - 34 allure.description 装饰器传参报告展示

第二个用例 test_description2 采用了文档注释的方式,添加用例描述信息,具体如图 4 - 35 所示。

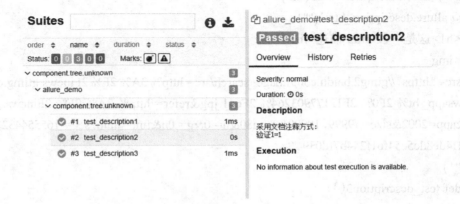

图 4 - 35 allure.description 文档注释报告展示

最后一个用例 test_description3 应用了 allure.description_html 装饰器,并传入一段 html 文本内容,html 中包含了一张图片,具体的展示效果如图 4-36 所示。

图 4-36 allure.description 传递 HTML 报告展示

所以通过上面的例子我们能更好了解 Allure 的 description 装饰器的使用方法与技巧,并在以后的项目中灵活应用。

2. Allure 报告解读

我们理想中的测试报告的形式,一般都希望包含丰富的数据内容、完整的历史数据、清晰的分析报表、层次分明的目录结构等信息。

典型的报告包括"概述"选项卡、导航栏、用于不同类型测试数据表示的多个选项卡以及每个单独测试的测试用例页面。每个 Allure 报告都有一个树状数据结构作为后盾,它表示一个测试执行过程。不同的选项卡允许在原始数据结构的视图之间切换,从而提供不同的视角。特别是包括 Behaviors、Categories、xUnit 和 Packages 在内的所有树状结构表现形式都支持筛选,并且可以对内容进行排序。

1) Allure 报告 Overview 页解读

每一份 Allure 报告的入口都是 Overview 页,Overview 页面通过仪表板的形式展示了整个测试的执行的完整数据。图 4-37 就是一个典型的 Allure 报告上的 Overview 页面。

上面的 Overview 页面包含了一些描述整个测试项目和测试环境的信息模块。

(1) 信息统计代表了总体报告的统计信息,包括执行用例数、Pass 比率等信息;

(2) Executors 代表了运行测试的测试执行程序的信息,比如 Jenkins 的调用页面;

(3) Trend 代表了执行的历史测试数据的总体趋势;

(4) Enviroment 展示了当前测试执行的环境信息,包括系统信息、浏览器、网站 url 等;

(5) Suites 代表了所有执行过的测试套信息;

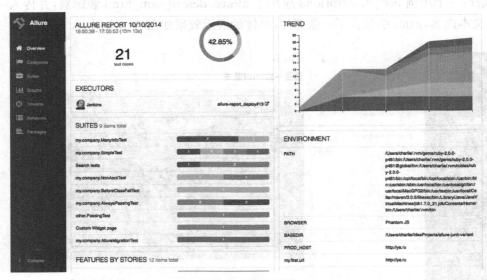

图 4-37 Allure 报告 Overview 页

(6) Overview 页面左边的导航栏菜单可以进行折叠,导航栏菜单从几个不同的维度进行分类,可以根据需要切换到不同的数据页面进行纵览。右边的仪表板中的部件可以随意拖拽进行位置调整。

2) Allure 报告 Categories 页解读

Categories 页默认包含了两种错误:一是产品缺陷;二是测试失败。产品缺陷就是测试的成果,属于正常测试的结果。测试失败是因为外部原因或者本身的测试用例的问题导致测试被打断,属于测试活动失败的产物。除了这两类错误,还可以通过配置文件自定义缺陷分类,在 categories.json 文件中配置相关的缺陷,并在生成 Allure 报告之前将该文件添加到测试报告 allure-results 目录。categories.json 文件的配置样例如下所示。

代码 4-67　categories.json 文件配置

```
[
  {
    "name":"Ignored tests",
    "matchedStatuses":["skipped"]
  },
  {
    "name":"Infrastructure problems",
    "matchedStatuses":["broken","failed"],
    "messageRegex":".* bye-bye.*"
```

```
    },
    {
      "name":"Outdated tests",
      "matchedStatuses":["broken"],
      "traceRegex":".*FileNotFoundException.*"
    },
    {
      "name":"Product defects",
      "matchedStatuses":["failed"]
    },
    {
      "name":"Test defects",
      "matchedStatuses":["broken"]
    }
  ]
```

接下来在测试用例中配置几条不同类型的错误,具体代码如下。

代码 4-68 构造不同错误类型代码

```
#-*-coding:utf-8-*-
import allure
import pytest
import random
import time


# @allure.description(str)
@allure.description("采用传参数方式:验证 1=1")
def test_description1():
    assert 1==1


# 在测试用例函数声明下方添加""" """
def test_description2():
    """
    采用文档注释方式:
    验证 1=1
    """
```

```python
        assert 1==1

    # @allure.description_html(str)
    @allure.description_html("""
    <h1>这是一段 html 描述</h1>
    <img
    src="https://gimg2.baidu.com/image_search/src=http%3A%2F%2Fnews.gtimg.com%2Fnewsapp_bt%2F0%2F12177903264%2F641.jpg&refer=http%3A%2F%2Fnews.gtimg.com&app=2002&size=f9999,10000&q=a80&n=0&g=0n&fmt=auto?sec=1655544321&t=4fc391f4de8dc5e54f61f244b7fd0394">
    """)
    def test_description3():
        assert 'h' in 'html'

    @pytest.mark.xfail(condition=lambda: True, reason='this test is expecting failure')
    def test_xfail_expected_failure():
        """ this test is an xfail that will be marked as expected failure """
        assert False

    @pytest.mark.xfail(condition=lambda: True, reason='this test is expecting failure')
    def test_xfail_unexpected_pass():
        """ this test is an xfail that will be marked as unexpected success """
        assert True

    @allure.step
    def test_Infrastructure_problems():
            raise Exception('bye-bye!')

    @allure.title("Parameterized test title: adding {param1} with {param2}")
    @pytest.mark.parametrize('param1,param2,expected', [
        (1,2,5),
        (1,2,6)
    ])
    def test_with_parameterized_title(param1, param2, expected):
        assert param1+param2==expected
    @allure.title("This title will be replaced in a test body")
```

```python
def test_with_dynamic_title():
    assert 2+2==4
    allure.dynamic.title('After a successful test finish, the title was replaced with this line.')


@allure.step
def passing_step():
    pass


@allure.step
def flaky_broken_step():
    if random.randint(1,5) != 1:
        raise Exception('Broken!')


def test_broken_with_randomized_time():
    passing_step()
    time.sleep(random.randint(1,3))
    flaky_broken_step()


if __name__=='__main__':
    pytest.main(['-s','-v','./allure_demo.py'])
```

打开命令行窗口分别执行下面的命令行完成用例执行,并生成测试报告,具体如下所示。

代码 4-69　命令行执行用例并生成报告

```
pytest    ./allure_demo.py
allure generate ./tmp/my_allure_results -o D:\05_AutoTest\report --clean
allure open D:\05_AutoTest\report
```

接下来生成的 Allure 报告 Categories 页中的内容,如图 4-38 所示。图 4-38 中测试用例 test_infrastructure_problems 同时出现在了"Infrastructure problems"与"Test detects"两个分类中,因为这个用例的状态和上报错误的信息同时满足上面两个分类中的条件。

通过这个例子,我们了解到 Categories 页的自定义的错误分类功能,在实际的测试场景中会有很多的应用场景,方便测试人员在分析执行报告时,更加方便确定错误类型,提升工作效率。

3) Allure 报告 Suites 页解读

图 4-38 Allure 报告 Categories 页

Allure 报告中的 Suites 页，每一个被执行过的测试项目，按照套件和类分组进行分组形式展现在页面中，如图 4-39 所示。

图 4-39 Allure 报告 Suites 页

4）Allure 报告 Graphs 页解读

Graphs 页可以让你查看从测试数据采集到的不同统计信息，包括状态分布图、严重性分布图、执行时间分布图等，详情如图 4-40 所示。

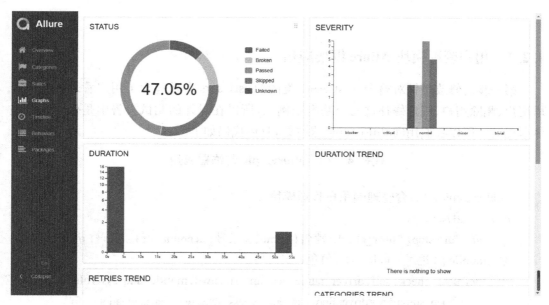

图 4-40　Allure 报告 Graphs 页

5）Allure 报告 Behaviors 页解读

对于行为驱动方法，Behaviors 页根据 Epic、Feature 和 Story 标记对测试结果进行分组，如图 4-41 所示。

图 4-41　Allure 报告 Behaviors 页

任务 4.2　Allure 在电力门户自动化项目中应用

4.2.1　用户管理模块 Allure 框架应用

第一步的修改是针对整个 TestUsers 类的,TestUsers 类是包含了用户管理模块的新增用户、删除用户、用户修补这三个基本用例的,所以在对外的测试报告中是作为一个整体呈现的。所以我们用@allure.epic 来修饰,具体代码如下。

代码 4-70　allure.epic 装饰器应用

```
@allure.epic("后台管理端用户管理模块")
class TestUsers():
    @allure.step("user_check:姓名{name},账号{account_str},密码{pwd},手机号{mobile},地址{address},角色{role}")
    def user_check(self,driver,name,account_str,pwd,mobile,address,role):
        span_summary= driver.find_element_by_css_selector('span.pagination-info')
        matchObj= re.match(r'\W+(\d+)\W+(\d+)\W+(\d+)\W+ ', span_summary.text, re.M|re.I)
        pages= -1
```

@allure.epic 修饰器在 Allure 报告中的展示效果,类似于一个文档的根节点,被在@allure.epic 修饰的类 TestUsers 在 Overview 页的 FEATURES BY STORIES 版块可以独立显示,如图 4-42 所示。

图 4-42　allure.epic 装饰器报告展示

通过 FEATURES BY STORIES 版块图标单击进入 Behaviors 页面,可以看到整个 TestUsers 类的所有用例的执行情况,如图 4-43 所示。

图 4-43　TestUsers 类用例执行全貌

完成上面的 TestUsers 类修饰符改造后,我们将对 TestUsers 类中的 setUp 和 tearDown 的函数进行改造,改造前代码如下。

代码 4-71　TestUsers 类 setUp 和 tearDown 函数

```python
class TestUsers(unittest.TestCase):
    def setUp(self):
        options= webdriver.ChromeOptions()
        prefs= {"credentials_enable_service":False,
                "profile.password_manager_enabled":False}
        options.add_experimental_option("prefs",prefs)
        options.add_experimental_option('excludeSwitches',['enable-automat-ion'])
        options.add_argument("disable-infobars")
        self.driver= webdriver.Chrome(chrome_options= options)

        login_obj= cf.CLogin(self.driver)
        try:
            login_obj.navigator(url,username,pwd)
        except Exception,err:
```

```
                print(err)
                login_obj.navigator(url,username,pwd)

        def tearDown(self):
            self.driver.quit()
```

通过上面的代码可以很清楚 TestUsers 的 setUp 主要完成 Google Chrome 浏览器的基础参数配置,然后登录到指定的 URL 链接地址,完成鉴权登录操作,tearDown 的功能相对更加简单,仅仅完成了浏览器退出的操作。

通过前面的内容我们了解到 Pytest 中的 fixture 可以完全替代现有的 setUp 和 tearDown 函数,接下来我们将会用 fixture 完成替换掉 setUp 和 tearDown 函数操作,具体代码如下所示。

代码 4-72 fixture 装饰器改造 setUp 和 tearDown 函数

```
@pytest.fixture
def active_sys(self,request):
    def teardown_new():
        with allure.step("测试用例的 setdown"):
            with allure.step("1.用例操作结束截图保存"):
                driver.save_screenshot("./tmp/case_end.png")
                allure.attach.file("./tmp/case_end.png")
            with allure.step("2.浏览器退出"):
                driver.quit()

    request.addfinalizer(teardown_new)

    with allure.step("1.初始化浏览器并登录管理后台"):
        options= webdriver.ChromeOptions()
        prefs= {"credentials_enable_service":False,
                "profile.password_manager_enabled":False}
        options.add_experimental_option("prefs",prefs)
        options.add_experimental_option('excludeSwitches',['enable-autom-ation'])
        options.add_argument("disable-infobars")
        driver= webdriver.Chrome(options= options)

        login_obj= cf.CLogin(driver)
```

```
            try:
                login_obj.navigator(url,username,pwd)
            except Exception as err:
                print(err)
                login_obj.navigator(url,username,pwd)

        with allure.step("2.将导航栏中的'系统管理'菜单展开"):
            #等待左边的工具条上"系统管理"按钮激活
            WebDriverWait(driver,15).until(
                EC.element_to_be_clickable(
                    (By.CSS_SELECTOR,"#sidebar-menu>ul>li:nth-child(5) >a>span.pull-right>i")))

            lbl_sys= driver.find_element_by_css_selector(
                "#sidebar-menu>ul>li:nth-child(5) >a>span.pull-right>i")

            lbl_sys.click()
            driver.implicitly_wait(2)

        yield driver
```

上面的方法中将原来的 tearDown 中的代码单独提取出来,放到 teardown_new 函数中,同时追加了一句 request.addfinalizer(teardown_new),request.addfinalizer 会将 teardown_new 注册成终结器,不论前面的 fixture 部分是否抛出异常,终结器中的代码都会被执行,所以采用终结器可以避免执行过程中由于突发问题,导致测试环境无法清理干净。

修改完成以后,我们可以执行任意一个测试用例,看看 Allure 报告中呈现的效果,执行命令行如下所示。

代码 4-73　执行用例并生成 Allure 报告

```
pytest -vs ./test_user.py::TestUsers::test_modify_user
allure generate ./tmp/my_allure_results -o D:\05_AutoTest\report --clean
allure open D:\05_AutoTest\report
```

执行完报告中可以看到整个测试用例的完成结构,包含 setUp 部分和 tearDown 部分,报告中 Set up 和 Tear down 测试步骤也是和上面的代码实现一一对应起来的,如图 4-44 所示。

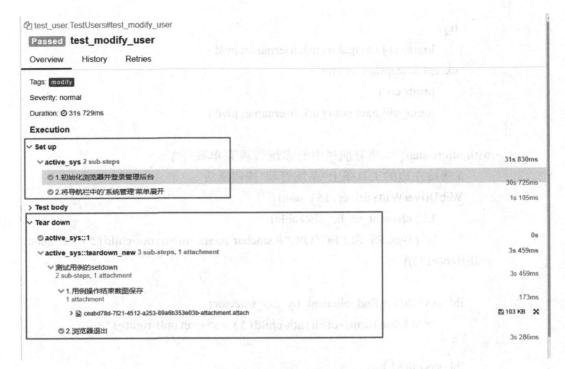

图 4-44 fixture 装饰器改造后执行效果

接下来我们将逐一讲解新增用户、删除用户、修改用户这三个用例的改造过程。

1. Allure 框架在新增用户用例中的应用

前面的内容中提到过 fixture 可以作为函数的参数传递，我们前面定义的 active_sys 作为一个 fixture，被用来替代原来的 setUp 和 tearDown 部分，所以在新增用户函数 test_add_user 上引入 active_sys 作为函数后，就实现了一个完整的用例结构，具体代码如下。

代码 4-74 fixture 在用例 test_add_user 中应用

```
@allure.feature("test_add_user 用例")
@pytest.mark.add()
def test_add_user(self, active_sys):
    driver= active_sys
    with allure.step("单击导航栏'用户管理'按钮"):
        # 等待"系统管理"下面的子菜单"用户管理"激活
        WebDriverWait(driver, 15).until(
            EC.element_to_be_clickable(
                (By.CSS_SELECTOR,"# sidebar-menu>ul>li:nth-child(5) >ul>li:nth-child(1) >a"))))
```

```python
lbl_users=driver.find_element_by_css_selector(
    "#sidebar-menu>ul>li:nth-child(5)>ul>li:nth-child(1)>a")
lbl_users.click()
driver.implicitly_wait(1)

with allure.step("1.单击'新增用户'按钮"):
    WebDriverWait(driver,15).until(
        EC.visibility_of_element_located((By.CSS_SELECTOR,"#btn_upload>span")))

    btn_add_news=driver.find_element_by_css_selector("#btn_upload>span")
    btn_add_news.click()

driver.switch_to.active_element
with allure.step("2.填写用户基本信息"):
    ipt_username=driver.find_element_by_css_selector('#insertUserForm>div:nth-child(1)>div>input')
    ipt_username.send_keys(unicode(user_name))
    time.sleep(0.5)

    ipt_account=driver.find_element_by_css_selector('#insertUserForm>div:nth-child(2)>div>input')
    ipt_account.send_keys(unicode(login_account))
    time.sleep(0.5)

    ipt_pwd=driver.find_element_by_css_selector('#insertUserForm>div:nth-child(3)>div>input')
    ipt_pwd.send_keys(unicode(login_pwd))
    time.sleep(0.5)

    ipt_mobile=driver.find_element_by_css_selector('#insertUserForm>div:nth-child(4)>div>input')
```

```python
            ipt_mobile.send_keys(unicode(mobile))
            time.sleep(0.5)

            ipt_address= driver.find_element_by_css_selector('#insertUserForm>div:nth-child(5)>div>input')
            ipt_address.send_keys(unicode(address))
            time.sleep(0.5)

            lbl_roles= driver.find_elements_by_css_selector('#insertUserForm>div:nth-child(6)>div>div>label')
            icon_roles= driver.find_elements_by_css_selector('#insertUserForm>div:nth-child(6)>div>div>input[type=radio]')

            for lbl in lbl_roles:
                print(lbl.text)
                if lbl.text== user_role:
                    icon_roles[lbl_roles.index(lbl)].click()
                    break

        with allure.step("3.test_add_user 截图保存"):
            driver.save_screenshot("./tmp/test_add_user.png")
            allure.attach.file("./tmp/test_add_user.png")

        btn_submit= driver.find_element_by_css_selector('#insertUserModal>div>div>div.modal-footer> button.btn.btn-primary.waves-effect.waves-light')
        btn_submit.click()
```

test_add_user 函数前面加了 2 个修饰符，分别是 @allure.feature 和 @pytest.mark.add，@allure.feature 修饰符和前面的 TestUsers 类名前的 @allure.epic 修饰符组合起来，描述了 TestUsers 类与各个测试用例直接的层次关系。@pytest.mark.add 修饰符在 Allure 报告中会将 tag 属性改成 add，便于以后进行统计。图 4-45 是 @pytest.mark.add 修饰符在 Allure 报告中展示的效果。

在 test_add_user 主体正文部分，我们采用 with allure.step 结构将整个操作划分为几个关键步骤，其中 with allure.step("3.test_add_user 截图保存")后面会将当前操作界面的截图保存起来，并以附件的形式在 Allure 的报告中展现，Allure 报告效果如图 4-46 所示。

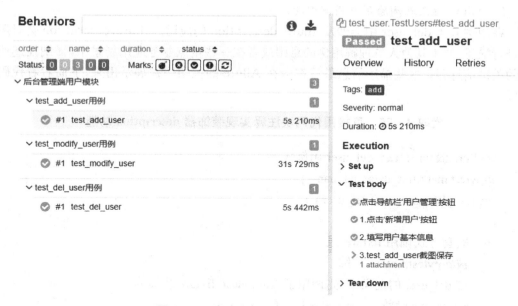

图 4-45 自定义标记 add 在报告中体现

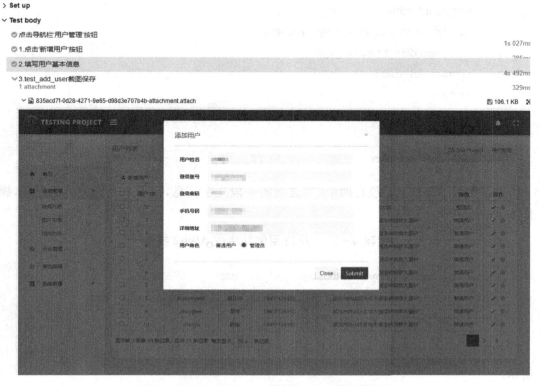

图 4-46 test_add_user 用例中 step 装饰器效果

2. Allure 框架在删除用户用例中的应用

在用例 test_del_user 中会涉及 allure.description 的应用。allure.description 会对用例进行描述,便于其他人员理解用例的意图或者在一些重点业务应用场景中,详细描述业务的关键信息等。这些描述信息最后都会在 Allure 的框架中被展示出来,下面看看代码片段。

代码 4-75　直接用代码块注释实现装饰器 description 功能

```
@allure.feature("test_del_user 用例")
@pytest.mark.fixt_data(del_name)
def test_del_user(self, del_user):
    '''
    嵌套方式调用 fixture,已经
    被@pytest.fixture 装饰,
    在 del_user 的定义中,先调用了被@pytest.fixture 装饰的
    active_sys 函数,
    请看下面代码片段:
    @pytest.fixture
    def del_user(self, active_sys, request):
        self.driver= active_sys
    :param del_user:
    :return:
    '''
    flag_del= del_user
```

上面一段描述信息是放在两个"''"之间的一段文字信息,接下来我们将运行用例,操作如下。

代码 4-76　执行用例并生成 Allure 报告

```
pytest -vs ./test_user.py::TestUsers::test_del_user
allure generate ./tmp/my_allure_results -o D:\05_AutoTest\report --clean
allure open D:\05_AutoTest\report
```

用例执行完成后产生的报告中将会出现上面代码中写入的描述信息,如图 4-47 所示。

@allure.description 修饰符有 3 种不同的使用方式:第一种采用在测试用例前面用 @allure.description 带上相应的描述文字进行说明,比如以下的脚本中就是这样实现的。

图 4-47 test_del_user 用例中 description 装饰器效果

代码 4-77 allure.description 装饰器应用

```
@allure.description('''
    test_del_user 用例嵌套方式调用了 fixture，首先在 test_del_user 中调用被@
pytest.fixture 装饰的 del_user，
    然后在 del_user 调用了被@pytest.fixture 装饰的 active_sys 函数，
    请看下面代码片段：
@pytest.fixture
    def del_user(self, active_sys, request):
        self.driver= active_sys
:param del_user:
:return:
'''
)
    def test_del_user(self, del_user):
        flag_del= del_user
```

第二种方式是在用例中直接采用注释语句的方式实现，我们最开始的脚本使用的就是这种方式。

第三种方式采用@allure.description_html 装饰器，传递一段 HTML 的文本，呈现结果在 Allure 的报告中会被渲染出来，比如采用以下的脚本方式。

代码 4-78　allure. description_html 装饰器应用

```
@allure.description_html("""
<!DOCTYPE HTML>
<HTML>
<body>
    <p>
    test_del_user 用例嵌套方式调用了 fixture,首先在 test_del_user 中调用被@
pytest.fixture 装饰的 del_user,
    然后在 del_user 调用了被@pytest. fixture 装饰的 active_sys 函数,
    请看下面代码片段:
    @pytest.fixture
    def del_user(self,active_sys,request):
        self.driver= active_sys
    :param del_user:
    :return:
    </p>
</body>
</HTML>
""")
@allure.feature("test_del_user 用例")
@pytest.mark.fixt_data(del_name)
def test_del_user(self,del_user):
    flag_del= del_user
```

运行完以后的报告呈现如图 4-48 所示。

图 4-48　test_del_user 用例中 description_html 装饰器效果

此外还有一个关于@pytest.fixture修饰符修饰的函数的嵌套调用的技巧。我们前面讲到过,采用@pytest.fixture完成了对setUp和tearDown的替代,下面我们可以再看看active_sys函数的定义,具体代码如下。

代码4-79　fixture装饰器定义函数

```python
@pytest.fixture
def active_sys(self,request):
    def teardown_new():
        with allure.step("测试用例的setdown"):
            with allure.step("1.用例操作结束截图保存"):
                self.driver.save_screenshot("./tmp/case_end.png")
                allure.attach.file("./tmp/case_end.png")
            with allure.step("2.浏览器退出"):
                self.driver.quit()

    request.addfinalizer(teardown_new)

    with allure.step("1.初始化浏览器并登录管理后台"):
        options= webdriver.ChromeOptions()
        prefs= {"credentials_enable_service":False,
                "profile.password_manager_enabled":False}
        options.add_experimental_option("prefs",prefs)
        options.add_experimental_option('excludeSwitches',['enable-automation'])
        options.add_argument("disable-infobars")
        self.driver= webdriver.Chrome(options= options)

        login_obj= cf.CLogin(self.driver)
        try:
            login_obj.navigator(url,username,pwd)
        except Exception as err:
            print(err)
            login_obj.navigator(url,username,pwd)

    with allure.step("2.将导航栏中的'系统管理'菜单展开"):
        #等待左边的工具条上"系统管理"按钮激活
        WebDriverWait(self.driver,15).until(
```

```python
            EC.element_to_be_clickable(
                (By.CSS_SELECTOR,"#sidebar-menu>ul>li:nth-child(5)>a>span.pull-right>i")))

        lbl_sys= self.driver.find_element_by_css_selector(
            "#sidebar-menu>ul>li:nth-child(5)>a>span.pull-right>i")

        lbl_sys.click()
        self.driver.implicitly_wait(3)

    yield self.driver
```

接下来我们将在函数 del_user 中调用 active_sys,而且函数 del_user 完成了删除用户功能的全部业务逻辑,具体代码如下所示。

代码 4-80　在 del_user 函数中应用 fixture

```python
@allure.step("删除用户")
@pytest.fixture
def del_user(self, active_sys, request):
    self.driver= active_sys
    with allure.step("单击导航栏'用户管理'按钮"):
        #等待"系统管理"下面的子菜单"用户管理"激活
        WebDriverWait(self.driver, 15).until(
            EC.element_to_be_clickable(
                (By.CSS_SELECTOR,"#sidebar-menu>ul>li:nth-child(5)>ul>li:nth-child(1)>a")))

        lbl_users= self.driver.find_element_by_css_selector(
            "#sidebar-menu>ul>li:nth-child(5)>ul>li:nth-child(1)>a")

        lbl_users.click()
        self.driver.implicitly_wait(3)

    WebDriverWait(self.driver, 15).until(
        (By.CSS_SELECTOR,"span.pagination-info")))
```

```python
marker = request.node.get_closest_marker("para_data")
if marker is None:
    # Handle missing marker in some way...
    username1 = None
else:
    username1 = marker.args[0]
print(username1)

flag = False
span_summary = self.driver.find_element_by_css_selector('span.pagination-info')
print(span_summary.text)
matchObj = re.match(r'\W+(\d+)\W+(\d+)\W+(\d+)\W+', span_summary.text, re.M|re.I)
pages = -1

if matchObj:
    total_users = int(matchObj.group(3))
    if total_users % 10 == 0:
        pages = total_users//10
    else:
        pages = total_users//10+1

a = 1

while a < pages+1:
    WebDriverWait(self.driver, 15).until(
        EC.visibility_of_all_elements_located((By.CSS_SELECTOR, '#userTable>tbody>tr>td:nth-child(4)')))
    usernames = self.driver.find_elements_by_css_selector('#userTable>tbody>tr>td:nth-child(4)')
    icon_del = self.driver.find_elements_by_css_selector(
        '#userTable>tbody>tr>td:nth-child(8)>a:nth-child(2)>i')

    for name in usernames:
        if name.text == username1:
```

```python
                        with allure.step("在用户列表中查找用户并删除"):
                            with allure.step("删除用户截图保存"):
                                self.driver.save_screenshot("./tmp/del_user.png")
                                allure.attach.file("./tmp/del_user.png")

                            icon_del[usernames.index(name)].click()
                            btn_sure=self.driver.find_element_by_css_selector(
                                "body>div.swal-overlay.swal-overlay--show-modal>div>div.swal-footer>div:nth-child(2) >button")
                            btn_sure.click()
                            time.sleep(1)
                            btn_ok=self.driver.find_element_by_css_selector(
                                "body>div.swal-overlay.swal-overlay--show-modal>div>div.swal-footer>div>button")
                            btn_ok.click()
                            flag=True
                            time.sleep(3)
                            WebDriverWait(self.driver,15).until(
                                EC.visibility_of_all_elements_located(
                                    (By.CSS_SELECTOR,'# userTable>tbody>tr>td:nth-child(4) ')))
                            return flag

            if pages>1 & a<pages:
                self.page_turning(1)

            time.sleep(3)
            a+=1
        return flag
```

函数 del_user 中用到 mark 传递参数的应用,使用 mark 传递参数的代码,放在测试用例 test_del_user 前面,具体代码如下。

代码 4-81　test_del_user 用例 mark 传递参数

```python
@allure.feature("test_del_user 用例")
@pytest.mark.para_data(del_name)
```

```python
def test_del_user(self,del_user):
    flag_del=del_user
```

在被 pytest.fixture 修饰过的函数 del_user 中,通过 request 对象可以获取 mark 传递过来的参数,具体代码如下。

代码 4-82   del_user 解读 mark 传递参数

```python
def del_user(self,active_sys,request):
    self.driver=active_sys
    with allure.step("单击导航栏'用户管理'按钮"):
        #等待"系统管理"下面的子菜单"用户管理"激活
        WebDriverWait(self.driver,15).until(
            EC.element_to_be_clickable(
                (By.CSS_SELECTOR,"#sidebar-menu>ul>li:nth-child(5)>ul>li:nth-child(1)>a")))

        lbl_users=self.driver.find_element_by_css_selector(
            "#sidebar-menu>ul>li:nth-child(5)>ul>li:nth-child(1)>a")

        lbl_users.click()
        self.driver.implicitly_wait(3)

    WebDriverWait(self.driver,15).until(
        EC.visibility_of_element_located(
            (By.CSS_SELECTOR,"span.pagination-info")))

    marker=request.node.get_closest_marker("para_data")
    if marker is None:
        # Handle missing marker in some way...
        username1=None
    else:
        username1=marker.args[0]
```

整个 test_del_user 用例的执行完后的结果如图 4-49 所示。

3. Allure 框架在修改用户用例中的应用

在 test_modify_user 用例中,也是和前面的 test_del_user 用例一样,涉及到 pytest.fixture 修饰符定义函数的嵌套调用,mark 修饰符传递参数的场景,以及 allure.title 装饰

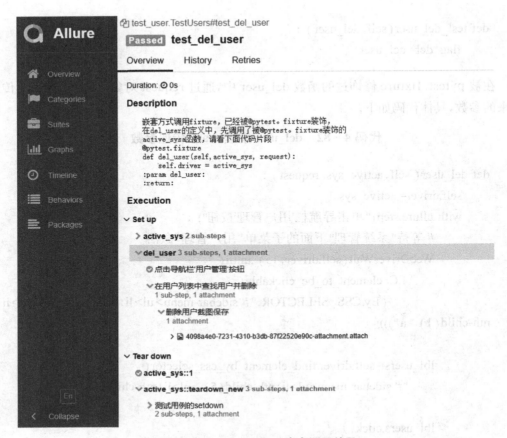

图 4-49 test_del_user 嵌套调用效果

符的使用。其中 mark 修饰符传递参数涉及多个参数的场景,请参考如下代码部分。

代码 4-83 mark 采用数组形式传递参数

```
@allure.title("修改用户信息用例")
@allure.feature("test_modify_user 用例")
@pytest.mark.modify(login_account, new_name, new_pwd, new_mobile, new_address,
new_role)
    def test_modify_user(self, modify_user):
        # span_summary= self.driver.find_element_by_css_selector('span.pagination-info')
        # flag_mod= self.modify_user()
        with allure.step("修改对应用户信息"):
            flag_mod= modify_user

        with allure.step("检查用户信息修改是否正确"):
```

```
            flag=self.user_check()

        assert flag==True
```

在 modify_user 函数中将会采用数组读取方式,依次将各个参数读取出来,然后在修改用户信息操作中分别使用,我们接下来看下 modify_user 函数的代码实现部分。

代码 4‑84　modify_user 解读 mark 传递数组参数

```
@allure.step("用户信息修改")
@pytest.fixture
def modify_user(self,active_sys,request):
    self.driver=active_sys
    flag=False
    marker=request.node.get_closest_marker("modify")

    if marker is None:
        # Handle missing marker in some way...
        data=None
    else:
        account_str=marker.args[0]
        username=marker.args[1]
        pwd=marker.args[2]
        mobile=marker.args[3]
        address=marker.args[4]
        role=marker.args[5]

    with allure.step("单击导航栏'用户管理'按钮"):
        # 等待"系统管理"下面的子菜单"用户管理"激活
        WebDriverWait(self.driver,15).until(
            EC.element_to_be_clickable(
                (By.CSS_SELECTOR,"# sidebar-menu>ul>li:nth-child(5) >ul>li:nth-child(1) >a")))

        lbl_users=self.driver.find_element_by_css_selector(
            "# sidebar-menu>ul>li:nth-child(5) >>ul>li:nth-child(1) >a")
```

```python
            lbl_users.click()
            self.driver.implicitly_wait(2)

        try:
            WebDriverWait(self.driver,15).until(
                EC.visibility_of_element_located(
                    (By.CSS_SELECTOR,"span.pagination-info")))
        except Exception as err:
            lbl_users=self.driver.find_element_by_css_selector(
                "#sidebar-menu>ul>li:nth-child(5) >ul>li:nth-child(1) >a")

            lbl_users.click()
            self.driver.implicitly_wait(2)
            WebDriverWait(self.driver,15).until(
                EC.visibility_of_element_located(
                    (By.CSS_SELECTOR,"span.pagination-info")))

        span_summary=self.driver.find_element_by_css_selector('span.pagination-info')
        matchObj=re.match(r'\W+(\d+) \W+(\d+) \W+(\d+) \W+', span_summary.text,re.M| re.I)
        pages=-1

        if matchObj:
            total_users=int(matchObj.group(3))
            if total_users % 10==0:
                pages=total_users//10
            else:
                pages=total_users//10+ 1
        a=1
        while a<pages+1:
            WebDriverWait(self.driver,15).until(
                EC.visibility_of_all_elements_located(( By.CSS_SELECTOR, '#userTable>tbody>tr>td:nth-child(3) ')))
```

```python
            accounts=self.driver.find_elements_by_css_selector('#userTable>tbody>tr>td:nth-child(3)')
            icon_modify=self.driver.find_elements_by_css_selector(
                '#userTable>tbody>tr>td:nth-child(8)>a:nth-child(1)>i')

            count=0
            while count<len(accounts):
                accounts=self.driver.find_elements_by_css_selector('#userTable>tbody>tr>td:nth-child(3)')
                icon_modify=self.driver.find_elements_by_css_selector(
                    '#userTable>tbody>tr>td:nth-child(8)>a:nth-child(1)>i')
                for account in accounts:
                    if accounts.index(account)<count:
                        continue
                    count+=1

                    if account.text==account_str:
                        with allure.step("查找账号并修改用户信息"):
                            icon_modify[accounts.index(account)].click()
                            self.driver.switch_to.active_element
                            ipt_username=self.driver.find_element_by_css_selector('#nickname')
                            ipt_username.clear()
                            time.sleep(1)
                            ipt_username.send_keys(unicode(username))
                            time.sleep(1)
                            ipt_pwd=self.driver.find_element_by_css_selector('#password')
                            ipt_pwd.clear()
                            ipt_pwd.send_keys(unicode(pwd))
                            time.sleep(1)
                            ipt_mobile=self.driver.find_element_by_css_selector
```

```
                               ('# phone')
                               ipt_mobile.clear()
                               ipt_mobile.send_keys(unicode(mobile))
                               time.sleep(1)

                               ipt_address= self.driver.find_element_by_css_selector('
# address')
                               ipt_address.clear()
                               ipt_address.send_keys(unicode(address))
                               time.sleep(1)

                               lbl_roles= self.driver.find_elements_by_css_select-or(
                                  '# updateUserForm>div:nth-child(7) >div>div>label')
                               icon_roles= self.driver.find_elements_by_css_selector(
                                  '# updateUserForm>div:nth-child(7) >div>div>input
[type= radio]')

                               for lbl in lbl_roles:
                                  if lbl.text== role:
                                     icon_roles[lbl_roles.index(lbl) ].click()
                                     time.sleep(1)
                                     break

                               WebDriverWait(self.driver, 15) .until(
                                  EC. element_to_be_clickable(
                                     (By.CSS_SELECTOR,"# updateUserModal>
div>div>div.modal-footer>button.btn.btn-primary.waves-effect.waves-light")))
                               btn_submit= self.driver.find_element_by_css_selector(
                                  '# updateUserModal>div>div>div.modal-footer>
button.btn.btn-primary.waves-effect.waves-light')
                               btn_submit.click()
                               time.sleep(2)

                               with allure.step("用户信息修改截图保存"):
                                  self.driver.save_screenshot("./tmp/mod_user.png")
                                  allure.attach.file("./tmp/mod_user.png")
```

```
                    btn_ok=self.driver.find_element_by_css_selector(
                        "body>div.swal-overlay.swal-overlay--show-modal>
div>div.swal-footer>div>button")
                    btn_ok.click()
                    break

            if pages>1 & a<pages:
                self.page_turning(1)

            self.driver.implicitly_wait(2)
            a+=1
        return flag
```

接下来我们通过命令行执行 test_modify_user 用例,通过报告看下我们的测试结果。

代码 4-85　执行用例并生成 Allure 报告

```
pytest -vs ./test_user.py::TestUsers::test_modify_user
allure generate ./tmp/my_allure_results -o D:\05_AutoTest\report --clean
allure open D:\05_AutoTest\report
```

用例执行完成后,生成的报告内容,如图 4-50 所示。

图 4-50　test_modify_user 执行报告

另外补充下在读取 request 自定义参数的时候,还可以用以下的方法获取,具体代码如下。

代码 4 - 86　request 的 node 遍历用法

```
def modify_user(self, active_sys, request):
    self.driver= active_sys
    flag= False
    # marker= request.node.get_closest_marker("modify")
    marker= next((m for m in request.node.iter_markers()
                  if m.name== 'modify'), None)

    if marker is None:
        # Handle missing marker in some way...
        data= None
    else:
        account_str   = marker.args[0]
        username      = marker.args[1]
        pwd           = marker.args[2]
        mobile        = marker.args[3]
        address       = zmarker.args[4]
        role          = marker.args[5]
```

4.2.2　新闻列表模块 Allure 框架应用

现在我们开始对 TestNews 类进行改造,应用 Pytest 与 Allure 将新闻列表模块中的用例修改为简洁、易读、扩展性更强的测试用例,以满足产品和需求变化的需要。由于之前 TestNews 类是采用 Python 自带的 Unittest 框架编写的,具体代码如下。

代码 4 - 87　采用 Unittest 编写的 TestNews 类

```
class TestNews(unittest.TestCase):
    def setUp(self):
        options= webdriver.ChromeOptions()
        # 禁止使用浏览器的密码保存
        prefs= {"credentials_enable_service":False,
                "profile.password_manager_enabled":False}
        options.add_experimental_option("prefs"", prefs)
        # 设置免检测(开发者模式)
        options.add_experimental_option('excludeSwitches', ['enable-automation'])
```

```python
        # 禁用浏览器正在被自动化程序控制的提示
        options.add_argument("disable-infobars")
        self.driver = webdriver.Chrome(options=options)

        login_obj = cf.CLogin(self.driver)
        try:
            login_obj.navigator(url, username, pwd)
        except Exception, err:
            print(err)
            login_obj.navigator(url, username, pwd)

    def tearDown(self) -> None:
        self.driver.quit()
```

通过 Pytest 的 Fixture 测试夹具将 setUp 和 tearDown 收编到一个 fixture 装饰的函数中，具体代码如下所示。

代码 4-88 利用 Pytest 的 Fixture 改造 TestNews 类

```python
@allure.epic("新闻列表模块")
class TestNews():
    driver = None
    @allure.title("新闻模块的公共 Fixture")
    @pytest.fixture
    def news_fixture(self, request):
        def teardown_new():
            with allure.step("测试用例的 setdown"):
                with allure.step("1.用例操作结束截图保存"):
                    self.driver.save_screenshot("./tmp/news_end.png")
                    allure.attach.file("./tmp/news_end.png")
                with allure.step("2.浏览器退出"):
                    self.driver.quit()

        request.addfinalizer(teardown_new)

        with allure.step("1.初始化浏览器并登录管理后台"):
            options = webdriver.ChromeOptions()
```

```python
            prefs={"credentials_enable_service":False,
                    "profile.password_manager_enabled":False}
            options.add_experimental_option("prefs",prefs)
            options.add_experimental_option('excludeSwitches',['enable-automation'])
            options.add_argument("disable-infobars")
            self.driver=webdriver.Chrome(options=options)

            login_obj=cf.CLogin(self.driver)

            try:
                login_obj.navigator(url,username,pwd)
            except Exception as err:
                print(err)
                login_obj.navigator(url,username,pwd)
            with allure.step("2.单击'新闻列表'进入新闻列表"):
                #等待左边的工具条上"新闻列表"按钮激活
                WebDriverWait(self.driver,15).until(
                    EC.element_to_be_clickable(
                        (By.CSS_SELECTOR,"#sidebar-menu>ul>li:nth-child(2)>ul>li:nth-child(1)>a")))

                lbl_news=self.driver.find_element_by_css_selector(
                    "#sidebar-menu>ul>li:nth-child(2)>ul>li:nth-child(1)>a")

                lbl_news.click()

            yield self.driver
```

接下来我们将逐一讲解新增新闻、删除新闻、修改新闻内容这三个用例的应用过程。

1. Allure 框架在新增新闻用例中的应用

在实际测试工作中,经常会遇到一些偶发性的问题。这类问题执行一次或者两次,很难出现,往往要重复执行多次才有可能会出现。另外由于测试环境可能存在一些客观不稳定的因素,比如:网络流量波动、服务器不稳定以及其他人为的误操作等都会影响最终测试用例执行的结果。一旦出现这种情况我们很难对结果作出判断,需要通过一个重跑机制来帮我们厘清环境不稳定的影响,对产品功能作出客观的评价。所以我们在自动化测试设计时也需要考虑到用例重复执行的场景,目前 Pytest 框架中有 2 款插件支持 rerun 功能,pytest-repeat 和 pytest-rerunfailures。由于篇幅所限,在这里我们以 pytest-repeat 插件作为主要对象,讲解下在 Pytest 中如何进行实现用例的 rerun 的功能。

首先我们需要在测试环境中安装 Pytest-repeat 插件,整个安装过程很简单,直接通过命令行 pip install pytest-repeat 就可以进行安装操作,具体操作如图 4-51 所示。

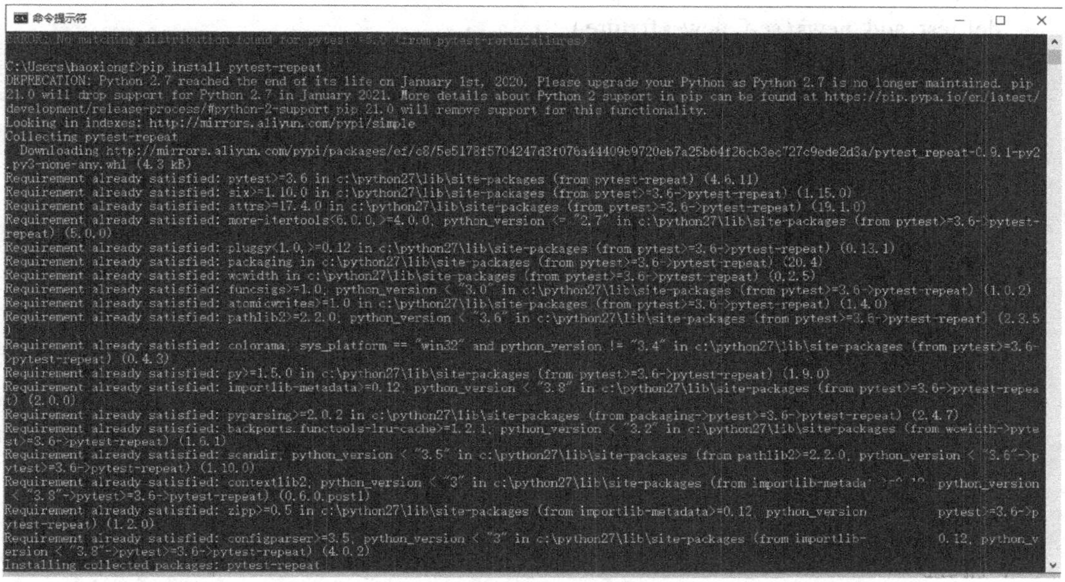

图 4-51　安装 pytest-repeat 插件

pytest-repeat 安装完成以后,我们可以用命令行查询安装结果是否正常,具体如图 4-52 所示。后面我们将结合 test_add_news 用例的改造过程,讲解 pytest-repeat 的使用技巧。

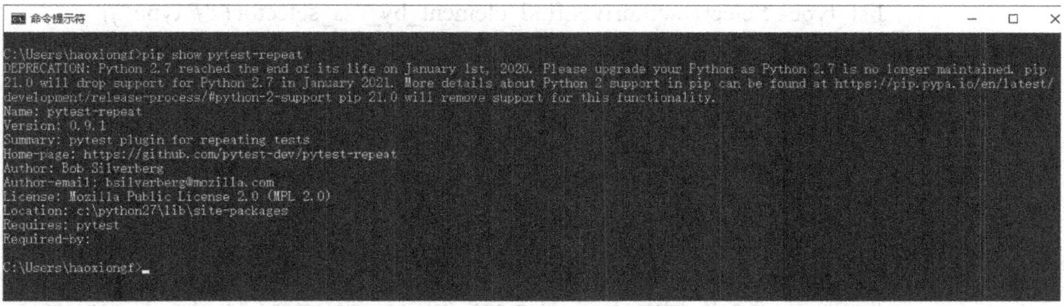

图 4-52　查询 pytest-repeat 插件是否安装成功

前面已经在 TestNews 类中定义了一个用 pytest.fixture 装饰符装饰的函数 news_fixture,接下来可以直接在用例 test_add_news 中进行使用,另外我们还会在 test_add_news 中加入 rerun 的功能,具体请参考以下代码部分。

代码 4-89 pytest.mark.repeat 实现 rerun 功能

```python
@allure.title("新增新闻用例")
@pytest.mark.add
@pytest.mark.repeat(2)
def test_add_news(self,news_fixture):
    '''
    新增新闻用例,会调用 fixture 函数 news_fixture 完成
    setUp 和 tearDown 功能,同时在用例中会加入重跑机制
    用例中涉及图片上传的操作使用了 Autoit v3 脚本转换的命令行执行程序
    :param news_fixture:
    :return:
    '''

    with allure.step("1.单击'新增新闻'按钮"):
        WebDriverWait(self.driver,15).until(
            EC.visibility_of_element_located((By.CSS_SELECTOR,"#btn_upload>span")))

        btn_add_news= self.driver.find_element_by_css_selector("#btn_upload>span")
        btn_add_news.click()

    with allure.step("2.填写新闻基本信息"):
        list_type= Select( self.driver.find_element_by_css_selector("#type"))
        #list_type.select_by_index(0)
        list_type.select_by_visible_text(news_type)

        ipt_title= self.driver.find_element_by_css_selector("#title")
        ipt_title.send_keys(unicode(title_txt))

        frame_elm= self.driver.find_element_by_css_selector("#cke_1_contents>iframe")

        s_HTML='<p>{}</p>'.format(news_text)
        js_script='arguments[0].innerHTML= "{}";'.format(s_HTML)
        self.driver.switch_to.frame(frame_elm)
```

```python
        rich_text = self.driver.find_element_by_css_selector('body>p')
        self.driver.execute_script(js_script, rich_text)
        # rich_text.send_keys(unicode(news_text+ title_txt))
        self.driver.switch_to.parent_frame()

    with allure.step("3.上传图片文件资源"):
        # 单击图片上传
        btn_img = self.driver.find_element_by_css_selector("#cke_25>span.cke_button_icon.cke_button_image_icon")
        btn_img.click()
        self.driver.switch_to.active_element()

        # 单击上传 tab 页
        tab_upload = self.driver.find_element_by_css_selector("#cke_Upload_133")
        tab_upload.click()
        self.driver.implicitly_wait(2)

        frame_ipt_file = self.driver.find_element_by_css_selector("iframe.cke_dialog_ui_input_file")
        self.driver.switch_to.frame(frame_ipt_file)

        js_script = "arguments[0].click()"
        btn_file = self.driver.find_element_by_name("upload")
        self.driver.execute_script(js_script, btn_file)
        self.driver.switch_to.parent_frame()

        # 需要上传导入的模板文件名称
        cur_dir = os.path.dirname(os.path.abspath(__file__))
        import_file = os.path.join(cur_dir, "resources", img_file)

        print("上传的文件:%s" % import_file)
        # 通过键盘录入当前需要输入的文件路径
        base_obj = cf.CBase_Func()
        base_obj.type_filepath(import_file)
        self.driver.switch_to.active_element()
        self.driver.implicitly_wait(2)
```

```python
            btn_uploadimg=self.driver.find_element_by_link_text("上传到服务器")
            btn_uploadimg.click()
            self.driver.implicitly_wait(3)

            WebDriverWait(self.driver,15).until(
                EC.text_to_be_present_in_element_value(
                    (By.CSS_SELECTOR,"#cke_79_textInput"),"HTTP"))

            self.driver.save_screenshot("./tmp/news_img.png")
            allure.attach.file("./tmp/news_img.png")

            btn_cfm=self.driver.find_element_by_link_text("确定")
            btn_cfm.click()
            self.driver.implicitly_wait(1)

        with allure.step("4.提交新闻内容"):
            #整个新闻编辑结束后最终提交按钮
            btn_submit=self.driver.find_element_by_css_selector(
                "#wrapper>div.content-page>div>div.container>div>div.panel-body>div>button.btn.btn-primary.waves-effect.waves-light")
            btn_submit.click()

        with allure.step("5.检查新闻内容是否符合预期值"):
            WebDriverWait(self.driver,15).until(
                EC.visibility_of_element_located(
                    (By.CSS_SELECTOR,"span.pagination-info")))
            span_summary=self.driver.find_element_by_css_selector('span.pagination-info')
            total_record=span_summary.text
            matchObj=re.match(r'\W+ (\d+) \W+(\d+) \W+(\d+) \W+', total_record, re.M| re.I)
            pages=-1

            if matchObj:
                total_users=int(matchObj.group(3))
```

```
            if total_users % 10==0:
                    pages= total_users//10
            else:
                    pages= total_users//10+1

        self.page_turning(pages - 1)

        WebDriverWait(self.driver,15).until(
            EC.visibility_of_all_elements_located)
                (By.CSS_SELECTOR,"# newsTable>tbody>tr:nth-last-child(1)>td")))

        ele_type= self.driver.find_element_by_css_selector(
            '# newsTable>tbody>tr:nth-last-child(1)>td:nth-child(3)')
        ele_title= self.driver.find_element_by_css_selector(
            '# newsTable>tbody>tr:nth-last-child(1)>td:nth-child(4)')
        ele_createtime= self.driver.find_element_by_css_selector(
            '# newsTable>tbody>tr:nth-last-child(1)>td:nth-child(5)')

        # 断言区域,分别对新闻类型、新闻标题、新闻创建时间进行断言
        assert ele_type.text==news_type
        assert ele_title.text==title_txt
```

上面代码在 test_add_news 前面使用了修饰符@pytest.mark.repeat(2),表示指定 rerun 次数为 2 次,接下来用命令行执行用例 test_add_news,执行用例命令行如下。

代码 4‑90　执行用例并生成报告

```
pytest -vs ./test_news.py::TestNews::test_add_news
allure generate ./tmp/my_allure_results -o D:\05_AutoTest\report --clean
allure open D:\05_AutoTest\report
```

执行后的结果,如图 4-53 所示,可以看到 rerun 的效果,在"新闻列表模块"下挂了 2 个节点,分别表示两次执行的结果,而且在报告详细信息中可以看到增加了一个 "Parameters"版块,用来描述执行次数。

在实际工作中,如果碰到一些间歇性的故障,我们就需要重复一遍遍的执行用例,一直到故障出现才停下来,收集一些与故障相关的信息,进行分析和研判。这时候可以将 Pytest 的-x 参数和 pytest-repeat 结合起来,我们将前面的 test_add_news 用例稍微做修

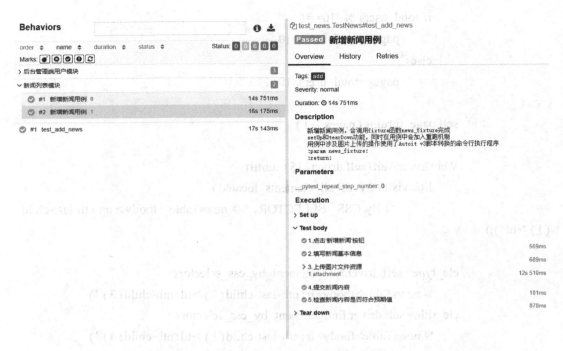

图 4-53 pytest-repeat 插件执行后效果

改,通过增加随机数抛出一个异常,验证下用例重复执行直到碰到失败停下来的情况。先看看代码的修改部分。

代码 4-91　test_add_news 增加随机数抛出异常

```python
@allure.title("新增新闻用例")
@pytest.mark.add
# @pytest.mark.repeat(2)
def test_add_news(self, news_fixture):
    '''
    新增新闻用例,会调用 fixture 函数 news_fixture 完成
    setUp 和 tearDown 功能,同时在用例中会加入重跑机制
    用例中涉及图片上传的操作使用了 AutoIt v3 脚本转换的命令行执行程序
    :param news_fixture:
    :return:
    '''
    # 判断随机数抛出异常
    if random.randint(1, 5) == 1:
```

```python
            raise Exception('Broken!')
        with allure.step("1.单击'新增新闻'按钮"):
            WebDriverWait(self.driver,15).until(
                EC.visibility_of_element_located((By.CSS_SELECTOR,"# btn_upload>span")))

            btn_add_news= self.driver.find_element_by_css_selector("# btn_upload>span")
            btn_add_news.click()

        with allure.step("2.填写新闻基本信息"):
            list_type= Select(self.driver.find_element_by_css_selector("# type"))
            # list_type.select_by_index(0)
            list_type.select_by_visible_text(news_type)

            ipt_title= self.driver.find_element_by_css_selector("# title")
            ipt_title.send_keys(title_txt)

            frame_elm= self.driver.find_element_by_css_selector("# cke_1_contents>iframe")

            s_HTML='<p> {} </p>'.format(news_text)
            js_script= 'arguments[0].innerHTML= "{}"'.format(s_HTML)
            self.driver.switch_to.frame(frame_elm)
            rich_text= self.driver.find_element_by_css_selector('body>p')
            self.driver.execute_script(js_script, rich_text)
            # rich_text.send_keys(unicode(news_text+ title_txt))
            self.driver.switch_to.parent_frame()

        with allure.step("3.上传图片文件资源"):
            # 单击图片上传按钮
            btn_img= self.driver.find_element_by_css_selector("# cke_25>span.cke_button_icon.cke_button_image_icon")
            btn_img.click()
            self.driver.switch_to.active_element
```

```python
            # 单击上传 tab 页
            tab_upload= self.driver.find_element_by_css_selector("# cke_Upload_133")
            tab_upload.click()
            self.driver.implicitly_wait(2)

            frame_ipt_file= 
self.driver.find_element_by_css_selector("iframe.cke_dialog_ui_input_file")
            self.driver.switch_to.frame(frame_ipt_file)

            js_script= "arguments[0].click()"
            btn_file= self.driver.find_element_by_name("upload")
            self.driver.execute_script(js_script, btn_file)
            self.driver.switch_to.parent_frame()

            # 需要上传导入的模板文件名称
            cur_dir= os.path.dirname(os.path.abspath(__file__))
            import_file= os.path.join(cur_dir,"resources", img_file)

            print("上传的文件:%s"% import_file)
            # 通过键盘录入当前需要输入的文件路径
            base_obj= cf.CBase_Func()
            base_obj.type_filepath(import_file)
            self.driver.switch_to.active_element()
            self.driver.implicitly_wait(2)

            btn_uploadimg= self.driver.find_element_by_link_text("上传到服务器")
            btn_uploadimg.click()
            self.driver.implicitly_wait(3)

            WebDriverWait(self.driver, 15) .until(
                EC. text_to_be_present_in_element_value(
                    (By.CSS_SELECTOR,"# cke_79_textInput") ,"HTTP"))

            self.driver.save_screenshot("./tmp/news_img.png")
            allure.attach.file("./tmp/news_img.png")
```

```python
        btn_cfm = self.driver.find_element_by_link_text("确定")
        btn_cfm.click()
        self.driver.implicitly_wait(1)

    with allure.step("4.提交新闻内容"):
        # 整个新闻编辑结束后最终提交按钮
        btn_submit = self.driver.find_element_by_css_selector(
            "# wrapper>div.content-page>div>div.container>div>div.panel-body>div>button.btn.btn-primary.waves-effect.waves-light")
        btn_submit.click()

    with allure.step("5.检查新闻内容是否符合预期值"):
        WebDriverWait(self.driver, 15).until(
            EC.visibility_of_element_located(
                (By.CSS_SELECTOR, "span.pagination-info")))
        span_summary = self.driver.find_element_by_css_selector('span.pagination-info')
        total_record = span_summary.text
        matchObj = re.match(r'\W+(\d+) \W+(\d+) \W+(\d+) \W+', total_record, re.M| re.I)
        pages = -1
        if matchObj:
            total_users = int(matchObj.group(3))
            if total_users % 10 == 0:
                pages = total_users//10
            else:
                pages = total_users//10+1

        self.page_turning(pages - 1)

        WebDriverWait(self.driver, 15).until(
            EC.visibility_of_all_elements_located(
                (By.CSS_SELECTOR, "# newsTable>tbody>tr:nth-last-child(1) > td")))
```

```
            ele_type=self.driver.find_element_by_css_selector(
                '# newsTable>tbody>tr:nth-last-child(1) >td:nth-child(3) ')
            ele_title=self.driver.find_element_by_css_selector(
                '# newsTable>tbody>tr:nth-last-child(1) >td:nth-child(4) ')
            ele_createtime=self.driver.find_element_by_css_selector(
                '# newsTable>tbody>tr:nth-last-child(1) >td:nth-child(5) ')

            # 断言区域,分别对新闻类型、新闻标题、新闻创建时间进行断言
            assert ele_type.text==news_type
            assert ele_title.text==title_txt
            cur_time=datetime.datetime.now()
             timestamp= datetime.datetime.strftime(cur_time,'% Y-% m-% d % H:% M:% S')
```

接下来用命令行执行以上的用例,命令行如下。

代码 4-92 设定执行次数执行用例并生成报告

```
pytest -vs -x --count=10 ./test_news.py::TestNews::test_add_news
allure generate ./tmp/my_allure_results -o D:\05_AutoTest\report --clean
allure open D:\05_AutoTest\report
```

在用例执行期间,可以很清晰看到控制台的打印信息,在运行到第5次随机数的判断条件生效抛出异常,用例执行被强制停止,请看代码4-93。

代码 4-93 控制台输出的打印信息

```
=================test session starts==============
platform win32--Python 2.7.18, pytest-4.6.11, py-1.9.0, pluggy-0.13.1--
C:\Python27\python.exe
cachedir:.pytest_cache
rootdir:D:\05_AutoTest\powerportal, inifile:pytest.ini
plugins:allure-Pytest-2.8.0, ordering-0.6, repeat-0.9.1
collecting...collected 10 items


test_news.py::TestNews::test_add_news[1-10] chromedriver path:chromedriver
上传的文件:D:\05_AutoTest\powerportal\resources\3.png
upload.exe D:\05_AutoTest\powerportal\resources\3.png
PASSED
```

test_news.py::TestNews::test_add_news[2-10] chromedriver path:chromedriver
上传的文件:D:\05_AutoTest\powerportal\resources\3.png
upload.exe D:\05_AutoTest\powerportal\resources\3.png
PASSED
test_news.py::TestNews::test_add_news[3-10] chromedriver path:chromedriver
上传的文件:D:\05_AutoTest\powerportal\resources\3.png
upload.exe D:\05_AutoTest\powerportal\resources\3.png
PASSED
test_news.py::TestNews::test_add_news[4-10] chromedriver path:chromedriver
上传的文件:D:\05_AutoTest\powerportal\resources\3.png
upload.exe D:\05_AutoTest\powerportal\resources\3.png
PASSED
test_news.py::TestNews::test_add_news[5-10] chromedriver path:chromedriver
FAILED

================== FAILURES ==================
_____ TestNews.test_add_news[5-10] _____

self= <test_news.TestNews instance at 0x00000000059C6F48>
news_fixture= <selenium.WebDriver.chrome.WebDriver.WebDriver
(session= "8e10ec327479ce669ff3b6cf0e193506") >

    @allure.title("新增新闻用例")
    @pytest.mark.add
    # @pytest.mark.repeat(2)
    def test_add_news(self,news_fixture):
        '''
        新增新闻用例,会调用 fixture 函数 news_fixture 完成
        setUp 和 tearDown 功能,同时在用例中会加入重跑机制
        用例中涉及图片上传的操作使用了 AutoIt v3 脚本转换的命令行执行程序
        :param news_fixture:
        :return:
        '''
        if random.randint(1,5) == 1:
>   raise Exception('Broken!')
E   Exception:Broken!

```
test_news.py:239:Exception
=========== 1 failed,4 passed in 271.86 seconds============

Process finished with exit code 0
```

最后生成的 Allure 报告中,也可以看到这次用例执行的效果,本次执行共有 5 条记录,其中最后一条状态为 Broken,如图 4-54 所示。

图 4-54 执行 5 次后抛出异常报告

2. Allure 框架在删除新闻用例中的应用

用例 test_del_news 的修改也是从调用 fixture 函数开始的,在原来 test_del_news 用例的基础上,将 fixture 修饰符修饰的函数 news_fixture 作为参数进行调用,具体代码如下。

代码 4-94 test_del_news 调用 fixture 夹具

```
@allure.title("删除新闻用例")
@pytest.mark.dele
@allure.description('''删除新闻用例,会调用 fixture 函数 news_fixture 完成
    setUp 和 tearDown 功能,同时在用例中会加入重跑机制
    用例操作步骤中涉及分页符的处理''')
def test_del_news(self,news_fixture):
    flag_del= True
    while flag_del is True:
        flag_del= self.del_news()
```

删除新闻功能的主体部分都在函数 del_news，对这个函数适配主要从用例操作步骤、报告添加图片附件信息等方面入手，具体代码如下所示。

代码 4-95　del_news 代码实现清单

```python
@allure.step("删除新闻列表中新闻")
def del_news(self):
    flag=False
    with allure.step("查询新闻列表总页数"):
        WebDriverWait(self.driver,15).until(
            EC.visibility_of_all_elements_located((By.CSS_SELECTOR,'span.pagination-info')))
        span_summary=self.driver.find_element_by_css_selector('span.pagination-info')
        total_record=span_summary.text
        matchObj=re.match(r'\W+(\d+)\W+(\d+)\W+(\d+)\W+',total_record,re.M|re.I)
        pages=-1
        if matchObj:
            total_users=int(matchObj.group(3))
            if total_users % 10==0:
                pages=total_users//10
            else:
                pages=total_users//10+1

    if pages>1:
        #获得新闻列表的当前页信息
        WebDriverWait(self.driver,15).until(
            EC.visibility_of_all_elements_located((By.CSS_SELECTOR,'li.page-item> a.page-link')))
        cur_page_lbl=self.driver.find_element_by_css_selector("li.page-item.active> a.page-link")
        a=int(cur_page_lbl.text)
    else:
        a=1

    while a<pages+1:
```

```python
                    WebDriverWait(self.driver,15).until(
                        EC.visibility_of_all_elements_located((By.CSS_SELECTOR,'table#newsTable>tbody>tr>td:nth-child(4)')))
                    topics=self.driver.find_elements_by_css_selector('table#newsTable>tbody>tr>td:nth-child(4)')
                    icon_del=self.driver.find_elements_by_css_selector(
                        'table#newsTable>tbody>tr>td:nth-child(7)>a:nth-child(3)')

                    for topic in topics:
                        if topic.text==taget_title:
                            with allure.step("删除指定的新闻"):
                                icon_del[topics.index(topic)].click()
                                self.driver.implicitly_wait(1)

                                self.driver.save_screenshot("./tmp/del_news.png")
                                allure.attach.file("./tmp/del_news.png")
                                btn_cfm=self.driver.find_element_by_css_selector(
                                    "body>div.swal-overlay.swal-overlay--show-modal>div>div.swal-footer>div:nth-child(2)>button")

                                btn_cfm.click()
                                flag=True
                                self.driver.implicitly_wait(3)
                                WebDriverWait(self.driver,15).until(
                                    EC.visibility_of_all_elements_located(
                                        (By.CSS_SELECTOR,'table#newsTable>tbody>tr>td:nth-child(4)')))
                                return flag

                    if pages>1 & a<pages:
                        with allure.step("翻页操作"):
                            self.page_turning(1)

                    self.driver.implicitly_wait(4)
                    a+=1
            return flag
```

接下来用命令行执行test_del_news用例,命令行参数中带入了-x和-count参数,具体命令行信息如下。

代码4-96　设定执行次数执行用例并生成报告

```
pytest -vs -x -count=2 ./test_news.py::TestNews::test_del_news
allure generate ./tmp/my_allure_results -o D:\05_AutoTest\report --clean
allure open D:\05_AutoTest\report
```

test_del_news用例执行完成以后,生成测试报告如图4-55所示。

图4-55　test_del_news用例执行结果

3. Allure框架在修改新闻内容用例中的应用

和前面的两个用例一样,test_modify_news用例也是从调用fixture函数news_fixture开始的,下面就是修改适配后的代码。

代码4-97　test_modify_news用例代码清单

```
@allure.title("修改新闻内容用例")
@pytest.mark.modify
@allure.description('''修改新闻内容,会调用fixture函数news_fixture完成
        setUp和tearDown功能,同时在用例中会加入重跑机制
        用例操作步骤中涉及分页符的处理''')
def test_modify_news(self, news_fixture):

    try:
        WebDriverWait(self.driver, 15).until(
```

```
            EC.visibility_of_element_located(
                (By.CSS_SELECTOR,"span.pagination-info")))
    except Exception,err:
        print(err)
        lbl_news=self.driver.find_element_by_css_selector(
            "#sidebar-menu>ul>li:nth-child(2)>ul>li:nth-child(1)>a")

        lbl_news.click()
        self.driver.implicitly_wait(2)
        WebDriverWait(self.driver,15).until(
            EC.visibility_of_element_located(
                (By.CSS_SELECTOR,"span.pagination-info")))
        span_summary=self.driver.find_element_by_css_selector('span.pagination-info')
        flag_mod=self.modify_news()
```

接下来用命令行执行 test_modify_news 用例,具体命令行信息如下。

代码 4-98 设定执行次数执行用例并生成报告

```
pytest -vs -x -count=2 ./test_user.py::TestNews::test_modify_news
allure generate ./tmp/my_allure_results -o D:\05_AutoTest\report --clean
allure open D:\05_AutoTest\report
```

test_modify_user 用例执行完成以后,生成测试报告如图 4-56 所示。

图 4-56 test_modify_news 用例执行结果

项目小结

本项目系统讲解了 Pytest 框架的基本使用方法,同时结合 Allure 一起生成测试报告,并对报告的细节进行了解读。这一部分内容是以项目 3 中编写的电力门户自动化用例为基础的,应用 Pytest 框架进行重构优化。首先利用 pytest.fixture 对测试类中的 setUp 和 tearDown 部分进行了改造,然后在用例的操作部分增加了 Allure 的 step 标记,同时在一些关键节点增加了屏幕截屏的图片作为附件附加到最终的报告中。另外在一些用例中添加 allure.description 对一些重要的操作进行描述,以便于在 Allure 报告中呈现出相关的信息。本项目在内容中还涉及了第三方插件 pytest-repeate,并且讲解了如何利用 pytest-repeate 插件实现重跑功能。整个项目可以看成是对自动化测试的一个很好的补充。帮助我们从自动化用例设计、调试到最终执行报告呈现,完美的衔接各个流程,最大限度地提升工作效率。

综合练习

1. 单选题:pytest.mark.skip 标记的功能是( )。
   A. 测试函数参数化   B. 无条件跳过测试函数
   C. 标记测试步骤内容   D. 标记函数功能
2. 单选题:pytest.ini 文件中 addopts 参数选项的作用是( )。
   A. 设置自定义命令行执行参数
   B. 设置执行路径
   C. 设置自定义用例标记
   D. 设置超时时间
3. 填空题:Pytest 测试函数参数化的修饰是( )。
4. 简述自动化测试优点。

项目 5　电力门户后台 API 接口及性能测试

📖 场景导入

目前在互联网研发领域,前后端分离的开发模式已经得到几乎所有开发人员和项目经理的认可,且成为互联网项目的业界标准。那什么是前后端分离模式呢？关于这个问题其实是没有一个标准答案的,而且前后端分离开发模式也是互联网产业发展的一个产物。早期的互联网业务处理的开发几乎都是在服务器端完成的,前端只是一个浏览器提交 HTTP 请求,然后响应服务器回传数据。随着业务场景增加,业务复杂度也越来越高,传统的服务器端模式已经很难延续下去了,所以互联网产业界提出了前后端分离的模式,图 5-1 是电力门户项目前后端分离模式的业务框图。

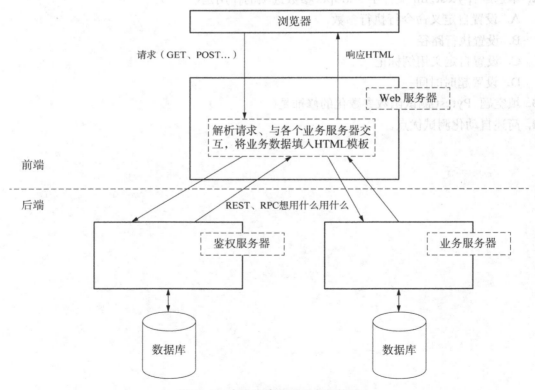

图 5-1　电力门户项目业务架构图

采用前后端分离的开发模式以后,前端只需要关注页面的呈现效果以及动态数据渲染,具体的权限管理、业务逻辑、数据处理等全部放到后端处理。这样做带来了几个好处:第一,前后端职责分明,同步并行开发,效率提升;第二,通过前端路由配置实现按需加载页面,提升性能;第三,高内聚低耦合减少,后端性能压力降低。

前面讲到了目前互联网采用前后端分离的开发模式作为业界标准,那么我们现在的电力门户项目当然也是紧跟主流,采用了目前流行的前后端分离的模式。在前后端分离开发模式中,RESTful API 几乎是前后端分离的最佳标准实践。项目开发早期前端和后端对 RESTful API 接口进行约定形成文档,接下来前后端就可以进行并行开发。项目开发末期前后端联调,双方按照约定标准进行互动,可以方便定位问题边界。本项目将围绕电力门户项目的 REST API 接口开发测试,先让大家理解 RESTful API 接口概念,然后通过任务带领大家完成 REST API 接口测试的内容,实现从理论到实践的飞跃。

本章节的后半部分对性能测试的内容进行了说明,性能测试一般是通过自动化的测试工具模拟多种正常、峰值以及异常负载条件来对系统的各项性能指标进行测试。负载测试和压力测试都属于性能测试,两者可以结合进行。一般的性能测试主要是针对服务器端的性能测试。关于 Web 应用的服务端真实业务场景,当一个应用上线,会有很多用户通过客户端访问服务端。他们把请求通过用户界面发送给了服务端,于是在服务端接收到了大量的请求,如果用户数非常庞大,那么服务端有可能承受不了这种压力,进而崩溃宕机,严重的可能导致大量经济损失。以下为 Web 应用需要面对的真实业务场景,如图 5-2 所示。

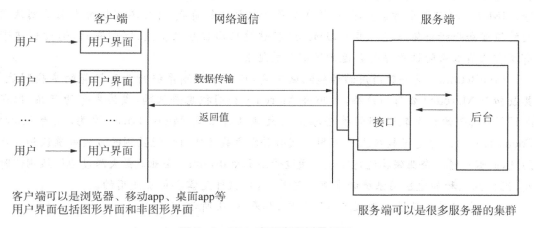

图 5-2 Web 应用真实场景展示

性能测试则是希望通过提前模拟这种压力,来发现系统中可能的瓶颈,提前修复这些 bug,减少服务器宕机的风险。此外,性能测试还可以用来评估待测软件在不同负载下的运作状况,帮助管理层做一些决策。比如早期有的管理者会希望通过性能测试来评估需要买几台服务器。我们先来了解下服务器端性能测试的真实业务场景,性能测试模拟业务场景如图 5-3 所示。

目前业界主流的性能测试工具有 2 款,Apache JMeter 和 LoadRunner,首先我们将分别介绍这两款工具,然后会对两款工具作出对比。

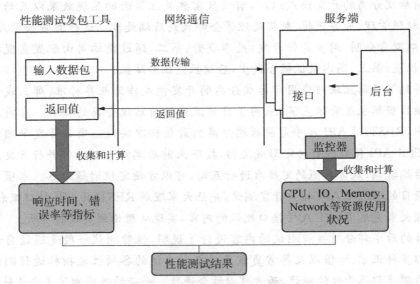

图 5-3 性能测试业务场景模拟

JMeter 是一款 Apache 组织开发的基于 Java 的压力测试工具,用于对软件做压力测试。它最初被设计用于 Web 应用测试,后来扩展到其他测试领域。它可以用于测试静态和动态资源,例如静态文件、Java 小服务程序、CGI 脚本、Java 对象、数据库、FTP 服务器等。JMeter 可以用于对服务器、网络或对象模拟巨大的负载,并在不同压力类别下测试它们的强度和分析整体性能。另外,JMeter 能够对应用程序做功能、回归测试,通过创建带有断言的脚本来验证程序是否返回了期望的结果。

LoadRunner 是一款商用的性能测试工具,可用于预测系统行为和性能的负载测试。其最初是 Mercury 公司的产品,2006 年 Mercury 公司被惠普收购,成为惠普的产品,但在 2017 年,惠普的整个软件部门被全球第七大纯软件公司 Micro Focus 收购,成为 Micro Focus 的产品。它通过模拟上千万用户实时并发负载及实时性能监测的方式来确认和查找问题,能够对整个企业架构进行测试。通过使用 LoadRunner,企业能最大限度地缩短测试时间、优化性能和加速应用系统的发布。另外,这款软件是需要付费使用的。

下面我们对两款性能测试工具做对比,如表 5-1 所示。

表 5-1 性能测试工具对比

	JMeter	LoadRunner
是否支持分布式	支持	支持
安装方式	压缩包解压	安装复杂,最高版本支持 JDK1.8
IP 欺骗	不支持	支持,能单机使用多个 IP 进行并发测试
录制回放	支持录制,使用代理服务器,操作相对比较复杂	支持,操作简单

续 表

	JMeter	LoadRunner
支持操作系统	Windows、Linux、Unix 等	Windows、Linux、Unix 等
图表功能	一般	丰富
支持协议	一般	丰富
使用成本	开源、免费	价格昂贵，成本高

通过对比我们看到 LoadRunner 作为一款专业性能测试工具，在功能上面会更胜一筹。但是 JMeter 除了可以用作性能测试工具之外，同时也能满足功能测试需求，而且 JMeter 属于开源软件，使用成本完胜 LoadRunner。所以这两款性能测试工具，各有千秋，由于篇幅原因在本项目中将采用 JMeter 工具来完成后台接口性能测试。

知识路径

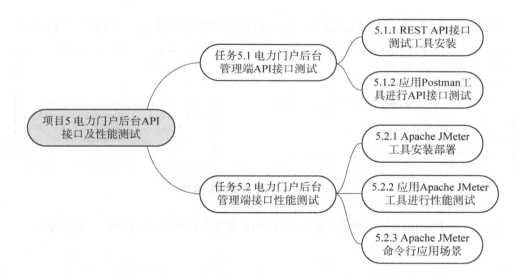

任务5.1 电力门户后台管理端 API 接口测试

5.1.1 REST API 接口测试工具安装

目前市面上比较流行的 REST API 接口测试工具有 Postman 和 SoapUI 两款，由于篇幅有限，这次我们将以 Postman 为例子进行讲解。第一步我们需要登录 Postman 官方网站 https://www.postman.com/downloads/下载安装 Postman 工具，具体如图 5－4 所示。

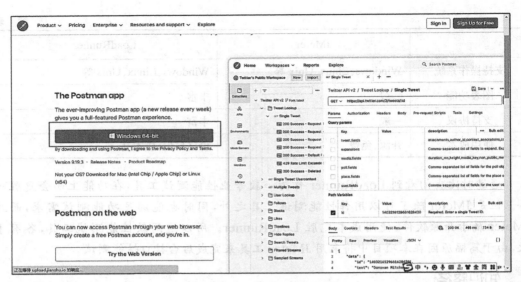

图 5-4　Postman 工具下载页面

单击下载按钮,等待下载完成以后,进入安装程序所在的目录中,如图 5-5 所示。

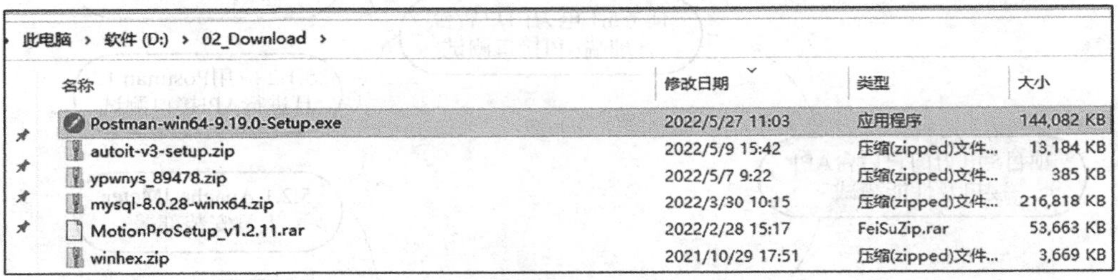

图 5-5　Postman 工具安装文件

鼠标双击 Postman 安装程序,进入 Postman 安装程序的页面,如图 5-6 所示。

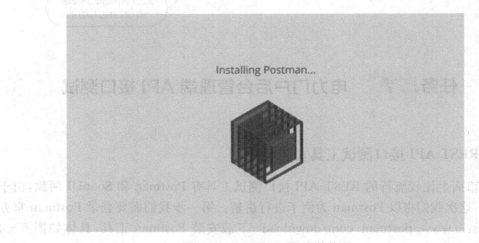

图 5-6　Postman 工具安装首页

接下来不需要人工进行干预,安装程序将自动完成安装过程,等待安装完成以后,系统会自行打开 Postman 工具软件,具体如图 5-7 所示。

图 5-7　Postman 工具主界面

5.1.2　应用 Postman 工具进行 API 接口测试

前面讲到电力门户网站后台管理端,针对用户管理以及新闻模块都提供了 RESTful 接口供外部使用。因为接口测试在整个项目开展过程中,是一个非常重要的环节。所以我们有必要对当前项目中的接口开展测试,以保障整个接口的功能实现符合设计标准和要求。在电力门户后台部署包中,随部署包一起发布了一个 RESTful 接口的详细说明文档,里面提供了用户管理以及新闻模块一些常用的接口,具体的接口详情参考表 5-2 中的内容。

表 5-2　电力门户后台管理端接口信息列表

接口名称	URL	HTTP Method	发送请求参数及类型	返回数据结构说明

用户登录接口	/test/login	POST	type: form-data
			data:
			{
			　"username": "xx",
			　"password": "xx"
			}
				{
				"operate": true,
				"msg": "操作成功!",
				"data": null
				}

用户退出	/test/logout	GET	null	

续表

接口名称	URL	HTTP Method	发送请求参数及类型	返回数据结构说明

查询用户列表	/test/getUsers?pageNum=1&pageSize=10	GET	pageNum int 当前页数
			pageSize int 每页条数
				{
				  "pageNum":1,
				  "pageSize":10,
				  "total":25,
				  "rows":[
				    {
				      "id":2,
				      "nickname":"xx",
				      "username":"xxxxx",
				      "password":"xxxx",
				      "phone":"xxxxx",
				      "address":"xxxxxx",
				      "role":{
				        "id":2,
				        "name":"普通用户"
				      }
				    },
				    ....
				  ]
				}

新增用户	/test/insertUser	POST	type:form-data
			data:
			{
			  "nickname":"xx",
			  "username":"xx",
			  "password":"xx",
			  "phone":"xxx",
			  "address":"xxxx",
			  "role.id":"xxxx"
			}
				{
				  "operate":true,
				  "msg":"Your imaginary data has been inserted.",
				  "data":null
				}

修改用户信息	/test/updateUser	POST	type:form-data
			data:
			{
			  "id":
			  "nickname":"xx",
			  "password":"xx",
			  "phone":"xxx",
			  "address":"xxx",
			  "role.id":"xxxx"
			}
				{
				  "operate":true,
				  "msg":"Your imaginary data has been updated.",
				  "data":null
				}

续表

接口名称	URL	HTTP Method	发送请求参数及类型	返回数据结构说明

删除用户	/test/deleteUser/:id	GET	id int 用户 ID	{
				　"operate":true,
				　"msg":"Your imaginary data has been deleted.",
				　"data":null
				}

根据 id 查询用户	/test/getUser/:id	GET	id int 用户 ID	{
				　"id":,
				　"nickname":"周卓",
				　"username":"zz",
				　"password":"1",
				　"phone":"",
				　"address":"",
				　"role":{
				　　id:1,
				　　name:"管理员"
				　}
				}

查询新闻列表	/test/getNewses?pageNum=1&pageSize=10	GET	pageNum int 当前页数
			pageSize int 每页条数
				{
				　"pageNum":1,
				　"pageSize":10,
				　"total":25,
				　"rows":[
				　　{
				　　　"id":2,
				　　　"type":"xx",
				　　　"title":"xx",
				　　　"context":"xxx",
				　　　"lastUpdate":"2022:01:01....",
				　　　"user":{
				　　　　"id":2,
				　　　　"nickname":"zz"
				　　　}
				　　},
				　　....
				　]
				}

新增新闻	/test/insertNews	POST	type:form-data
			data:
			{
			　"type":"",
			　"title":"",
			　"context":""
			}
				{
				　"operate":true,
				　"msg":"Your imaginary data has been inserted.",
				　"data":null
				}

续 表

接口名称	URL	HTTP Method	发送请求参数及类型	返回数据结构说明

修改新闻信息	/test/updateNews	POST	type:form-data
			data:
			{
			　"id":
			　"type":"",
			　"title":"",
			　"context":""
			}
				{
				　"operate":true,
				　"msg":"Your imaginary data has been updated.",
				　"data":null
				}

删除新闻	/test/deleteNews/:id	GET	id int 新闻ID	{
				　"operate":true,
				　"msg":"Your imaginary data has been deleted.",
				　"data":null
				}

根据ID查询新闻	/test/getNews/:id	GET	id int 新闻ID	{
				　"id":7,
				　"type":"一般新闻",
				　"title":"dasdada",
				　"context":"<p>dasdada</p>\n",
				　"user":{
				　　"id":1,
				　　"nickname":"Administrator",
				　　"username":null,
				　　"password":null,
				　　"phone":null,
				　　"address":null,
				　　"role":null
				　},
				　"lastUpdate":"2022-03-29 11:48:06"
				}

接下来我们将对表5-4中描述的接口逐一开展测试。首先我们将对用户登录接口进行测试，在开展测试前需要在Postman建立一个和项目相关的Workspace，如图5-8所示。

Workspace建好以后，我们将名称改成与当前项目一致的名称，然后在Postman的Workspaces菜单下面可以看到刚刚新建的Workspace项，单击进入Workspace，如图5-9所示。

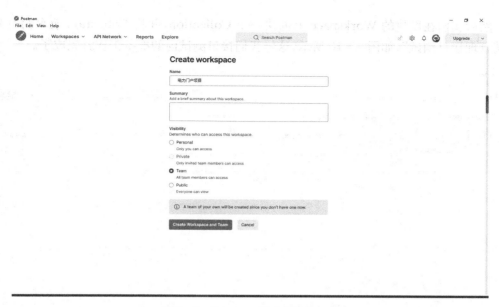

图 5-8　Postman 创建 Workspace

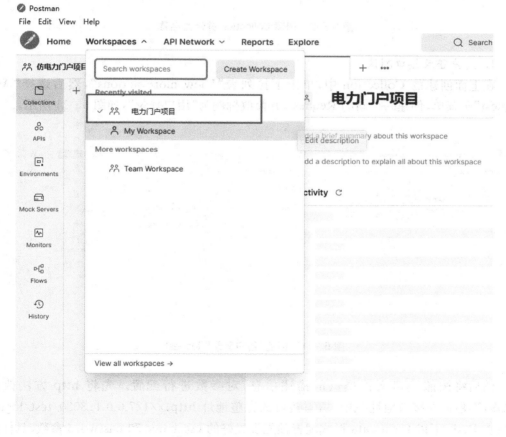

图 5-9　创建完成的 Workspace

然后我们在新建的 Workspace 上创建一个 Collection，并将 Collection 改名为"门户后端管理接口测试"，如图 5-10 所示，这样我们接口测试前的准备工作就完成了。

图 5-10　创建 Collection 并修改名称

1. 用户登录接口测试

在上面创建的 Collection 中，单击下拉列表"View more actions"，然后选择"Add request"子菜单，创建一个新的 Request，并修改标题为"用户登录"，如图 5-11 所示。

图 5-11　创建"用户登录"Request

然后将按照接口文档提供的描述信息，对参数进行配置。先将 http 方法改成"POST"，然后在接口地址栏中，填写接口的完整地址 http://127.0.0.1:8080/test/login，最后在 Body 下以 form-data 形式配置预先设置好的 username 和 password 参数，具体操作如图 5-12 所示。

图 5-12 "用户登录"Request 参数配置

单击"Send"按钮发送请求,并等待接口的返回值,如图 5-13 所示接口返回值与接口文档描述一致。

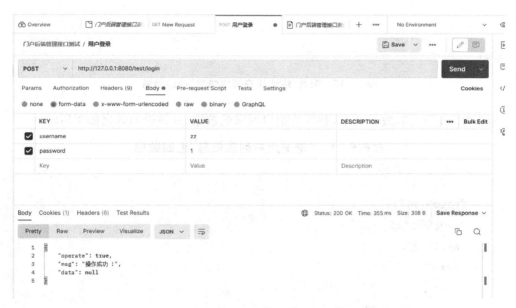

图 5-13 "用户登录"Request 接口测试

2. 查询用户列表接口测试

同样的先要在名称为"门户后端管理接口测试"的 Collection 中创建一个新的 Request,并且将 Request 的标题修改为"查询用户列表信息",具体操作如图 5-14 所示。

图 5-14 创建"查询用户列表信息"Request

然后将 HTTP 方法设置为 GET,并在 Request 的接口地址栏中填写详细的请求地址 http://127.0.0.1:8080/test/getUsers,并在 Params 上配置参数 pageNum 和 pageSize (pageNum 表示当前页,pageSize 表示每一页显示的用户数量),具体操作如图 5-15 所示。

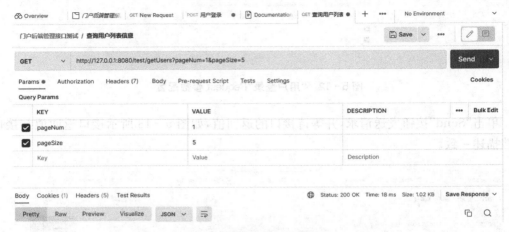

图 5-15 配置"查询用户列表信息"接口参数

单击"Send"按钮,发送请求,并等待接口返回的数据,具体返回数据如下所示。

代码5-1 "查询用户列表信息"返回数据

```
{
    "pageNum":1,
    "pageSize":5,
    "total":27,
    "rows":[
        {
            "id":32,
            "nickname":"nickname",
            "username":"dasdasdada",
            "password":"123",
            "phone":"1111111111",
            "address":"澳门",
            "role":{
                "id":1,
                "name":"管理员"
            }
        },
        {
```

```
        "id":60,
        "nickname":"加菲猫 2",
        "username":"xiongjiacheng",
        "password":"1qaz2wsx",
        "phone":"888888888",
        "address":"武汉市洪山区文化大道李桥创意大厦 6F",
        "role":{
            "id":1,
            "name":"管理员"
        }
    },
    {
        "id":61,
        "nickname":"关羽",
        "username":"haoxiongf",
        "password":"123",
        "phone":"189710961",
        "address":"北京天坛公园",
        "role":{
            "id":1,
            "name":"管理员"
        }
    },
    {
        "id":2,
        "nickname":"周瑜",
        "username":"zhouzhuo",
        "password":"1",
        "phone":"1393434343",
        "address":"北京什刹海",
        "role":{
            "id":2,
            "name":"普通用户"
        }
    },
    {
```

```
                "id":3,
                "nickname":"夏侯渊",
                "username":"xiadewang",
                "password":"1",
                "phone":"13437124333",
                "address":"西安大雁塔",
                "role" : {
                    "id":2,
                    "name":"普通用户"
                }
            }
        ]
    }
```

为了验证接口返回的数据是否准确,我们通过浏览器直接访问后台管理界面,查看用户列表中的信息,通过对比可以确认两边的信息完全一致,后台界面查询的结果如图5-16所示。

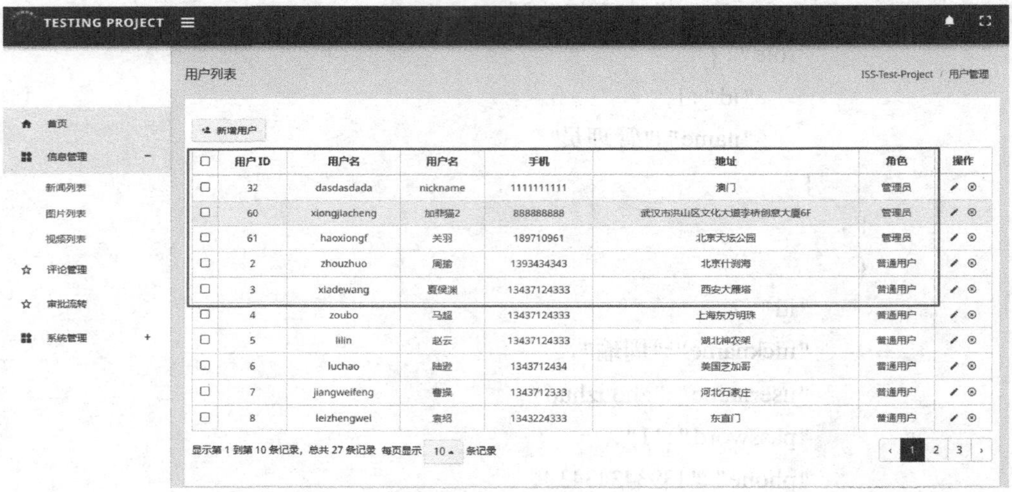

图5-16 电力门户后台管理端查询用户列表

3. 新增用户接口测试

首先还是在"门户后端管理接口测试"的 Collection 中创建一个新的 Request,并将新建的 Request 标题修改为"新增用户",具体操作如图5-17所示。

然后将 HTTP 方法设置为 POST,并在 Request 的接口地址栏中填写详细的请求地址 http://127.0.0.1:8080/test/insertUser,并在 Body 下以 form-data 形式配置预先设置好 nickname、username、password、phone、address 的参数,具体操作如图5-18所示。

图 5-17　创建"新增用户"Request

图 5-18　"新增用户"接口参数配置

单击"Send"按钮，发送请求，并等待接口返回的数据，返回信息如图 5-19 所示。

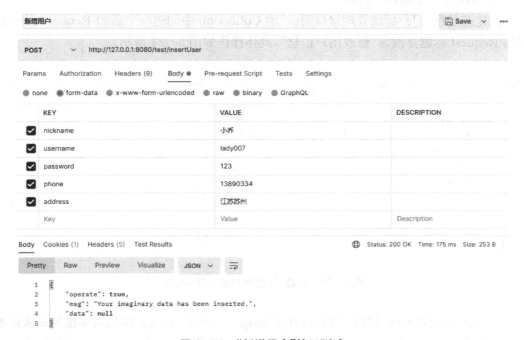

图 5-19　"新增用户"接口测试

为了验证本次操作数据是否真正提交到了后台数据库,我们同样在浏览器中访问后台管理端界面,并查看用户列表中的详细数据是否和操作一致,结果显示正常,如图5-20所示。

图5-20 电力后台管理端页面查询结果

4. 修改用户信息接口测试

首先还是在"门户后端管理接口测试"的Collection中创建一个新的Request,并将新建的Request标题修改为"修改用户信息",具体操作如图5-21所示。

图5-21 创建"修改用户信息"Request

然后将HTTP方法设置为POST,并在Request的接口地址栏中填写详细的请求地址http://127.0.0.1:8080/test/updateUser,并在Body下以form-data形式配置预先设置好

nickname、password、phone、address 的参数,具体操作如图 5-22 所示。

图 5-22 "修改用户信息"接口参数配置

为了验证本次修改的信息是否写入后台数据库中,我们还是用之前的方法,直接登录浏览器访问后台管理端查看数据,经过比对,此次接口测试结果有效,如图 5-23 所示。

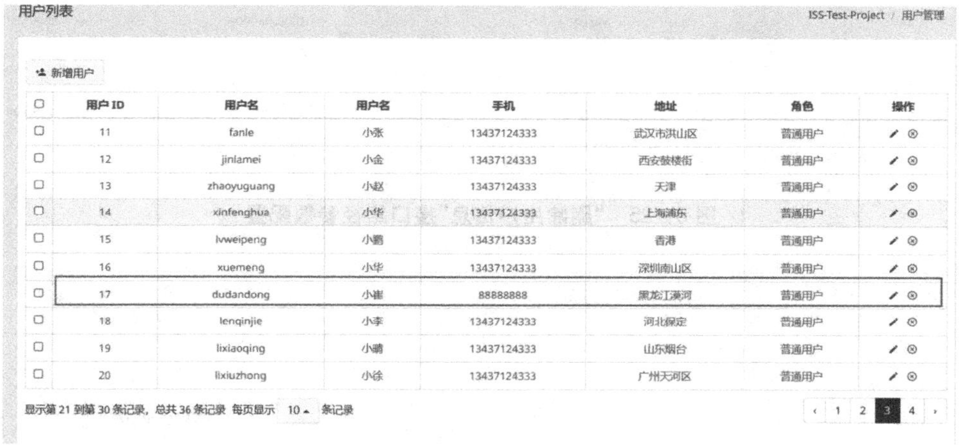

图 5-23 后台管理端界面查询测试结果

5. 删除用户信息接口测试

首先还是在"门户后端管理接口测试"的 Collection 中创建一个新的 Request,并将新建的 Request 标题修改为"删除用户信息",具体操作如图 5-24 所示。

然后将 HTTP 方法设置为 GET,并在 Request 的接口地址栏中填写详细的请求地址 http://127.0.0.1:8080/test/deleteUser/:id,这时候 Postman 工具会自动在 Params 下添加一个名称为 id 的 Path 变量,我们将上面创建的用户的 id 填入对应的位置,如图 5-25 所示。

单击"Send"按钮,发送请求,并等待接口返回的数据,返回信息如图 5-26 所示。

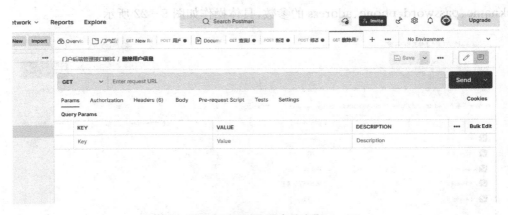

图 5-24 创建"删除用户信息"Request

图 5-25 "删除用户信息"接口路径参数配置

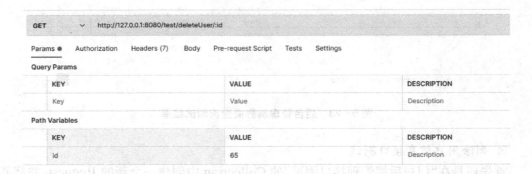

图 5-26 "删除用户信息"接口测试

接下来我们在数据库中查询相关的数据记录,可以看到之前创建的用户已经从数据库中删除了,如图 5-27 所示。

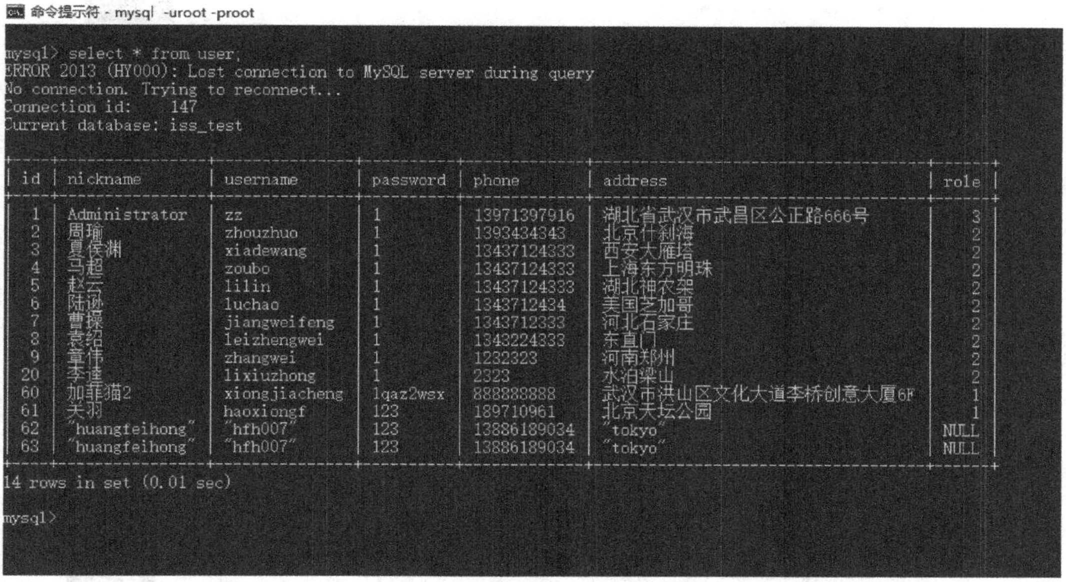

图 5-27 查询后台数据库信息验证测试结果

6. 根据 id 查询用户信息接口测试

第一步还是在"门户后端管理接口测试"的 Collection 中创建一个新的 Request,并将新建的 Request 标题修改为"根据 id 查询用户信息",具体操作如图 5-28 所示。

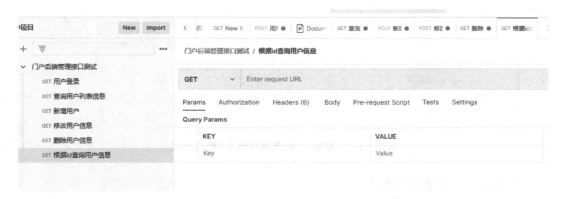

图 5-28 创建"根据 id 查询用户信息"Request

然后将 HTTP 方法设置为 GET,并在 Request 的接口地址栏中填写详细的请求地址 http://127.0.0.1:8080/test/getUser/:id,这时候 Postman 工具会自动在 Params 下添加一个名称为 id 的 Path 变量,我们将上面创建的用户的 id 填入对应的位置,如图 5-29 所示。

图 5-29 配置"根据 id 查询用户信息"路径参数

单击"Send"按钮,发送请求,并等待接口返回的数据,返回信息如图 5-30 所示。

图 5-30 "根据 id 查询用户信息"接口测试

7. 查询新闻列表接口测试

首先还是在"门户后端管理接口测试"的 Collection 中创建一个新的 Request,并将新建的 Request 标题修改为"查询新闻列表",具体操作如图 5-31 所示。

然后将 HTTP 方法设置为 GET,并在 Request 的接口地址栏中填写详细的请求地址 HTTP://127.0.0.1:8080/test/getNewses,并在 Params 上配置参数 pageNum 和 pageSize (pageNum 表示当前页,pageSize 表示每一页显示的用户数量),具体操作如图 5-32 所示。

图 5-31 创建"查询新闻列表"Request

图 5-32 配置"查询新闻列表"参数并发送请求

单击"Send"按钮,发送请求,并等待接口返回的数据,返回信息如下所示。

代码 5-2 "查询新闻列表"返回信息

```
{
    "pageNum": 1,
    "pageSize": 5,
    "total": 21,
    "rows": [
        {
            "id": 7,
            "type": "一般新闻",
            "title": "dasdada",
            "context": "<p>dasdada112121212</p>\\n",
            "user": {
                "id": 1,
                "nickname": "Administrator",
                "username": null,
```

```
            "password": null,
            "phone": null,
            "address": null,
            "role": null
        },
        "lastUpdate": "2022-03-29 11:48:06"
    },
    {
        "id": 10,
        "type": "重点新闻",
        "title": "今日股市",
        "context": "<p>股市上涨,股民开心</p>\n",
        "user": {
            "id": 1,
            "nickname": "Administrator",
            "username": null,
            "password": null,
            "phone": null,
            "address": null,
            "role": null
        },
        "lastUpdate": "2023-04-14 09:59:21"
    },
    {
        "id": 17,
        "type": "一般新闻",
        "title": "神舟十八号载人飞行任务",
        "context": "<p>记者从神舟十八号载人飞行任务新闻发布会上了解到,本次神舟十八号将上行实验装置及相关样品,将实施国内首次在轨水生生态研究项目,以斑马鱼和金鱼藻为研究对象,在轨建立稳定运行的空间自循环水生生态系统,实现我国在太空培养脊椎动物的突破。</p>\n",
        "user": {
            "id": 1,
            "nickname": "Administrator",
            "username": null,
            "password": null,
```

```
                "phone": null,
                "address": null,
                "role": null
            },
            "lastUpdate": "2023-04-14 11:11:12"
    },
    {
        "id": 18,
        "type": "一般新闻",
        "title": "苏州园林",
        "context": "<p>苏州园林追求自然之美,在布局上不讲究对称,但耦园却相反。园中黄石假山、湖石假山成双,&ldquo; 筠廊 &rdquo; &ldquo; 樨廊 &rdquo;成对,更有建筑被命名为 &ldquo;吾爱亭 &rdquo;。东花园一处楹联 &ldquo;耦园住佳耦 城曲筑诗城 &rdquo;,出自沈秉成夫人严永华之手,也昭示着这座园林的爱情底色。</p>\n\n< p>园中爱情令人称羡,园中景致令人向往。自 2022 年七夕起,耦园成为苏州特色婚姻登记服务点之一。景色好、寓意好,这座 &ldquo;爱情之园 &rdquo;,成为年轻人理想的 &ldquo;领证之园 &rdquo;.</p>\n\n< p>通过保护修缮,让老宅活下来;引入公共服务,让老宅活起来。</p>\n\n< p>身着传统服饰、徜徉山水园林、许下爱的誓言,一起走过的长廊、看过的花窗,古诗词里的浪漫仿佛被一页页翻开。耦园百年爱情故事也由当代年轻人续写。</p>\n\n< p>将佳偶天成的美好姻缘融入江南园林的诗情画意,中式浪漫,莫过于此。</p>\n",
        "user": {
            "id": 1,
            "nickname": "Administrator",
            "username": null,
            "password": null,
            "phone": null,
            "address": null,
            "role": null
        },
        "lastUpdate": "2023-04-14 11:11:24"
    },
    {
        "id": 19,
        "type": "一般新闻",
        "title": "下月起,上海三胞胎家庭每月补助 1970 元",
```

```
            "context": "<p><strong>根据新修订的通知,</strong>子女符合上述
年龄条件的三胞胎家庭,家庭年人均可支配收入低于上年度本市居民人均可支配
收入可申请生活补助,目前的补助标准为<strong>1970 元/月</strong>(补助标准按
照最低生活保障标准的 1.3 倍确定)。</p>\n",
            "user": {
                "id": 1,
                "nickname": "Administrator",
                "username": null,
                "password": null,
                "phone": null,
                "address": null,
                "role": null
            },
            "lastUpdate": "2023-04-14 11:11:34"
        }
    ]
}
```

8. 新增新闻接口测试

首先还是在"门户后端管理接口测试"的 Collection 中创建一个新的 Request,并将新建的 Request 标题修改为"新增新闻",具体操作如图 5-33 所示。

图 5-33 创建"新增新闻"Request

然后将 HTTP 方法设置为 POST,并在 Request 的接口地址栏中填写详细的请求地址 http://127.0.0.1:8080/test/insertNews,并在 Body 下以 form-data 形式配置预先设置好 type、title、context 的参数。这里需要补充说明下,存放新闻数据的表名为"news",我们通过以下命令查找到表结构,如图 5-34 所示。所以在设置参数的时候需要考虑参数的长度大小。

接下来我们继续完成"新增新闻"接口下 Body 参数的填写,具体操作如图 5-35 所示。

单击"Send"按钮,发送请求,并等待接口返回的数据,返回信息如图 5-36 所示。

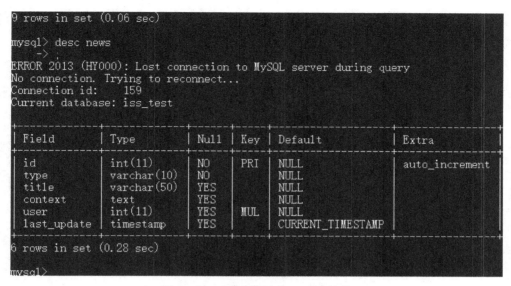

图 5-34　查询数据库"news"表结构

图 5-35　"新增新闻"接口参数配置

图 5-36　"新增新闻"接口测试

为了验证本次测试结果是否真正写入数据库中，我们直接通过浏览器登录到后台管理端查看最终测试结果，经过比对，此次接口测试结果有效，如图 5-37 所示。

图 5-37　后台管理端界面查询测试结果

9. 修改新闻信息接口测试

首先还是在"门户后端管理接口测试"的 Collection 中创建一个新的 Request，并将新建的 Request 标题修改为"修改新闻信息"，具体操作如图 5-38 所示。

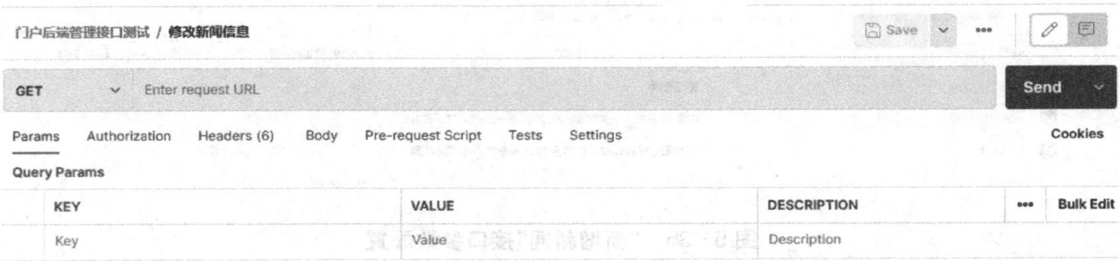

图 5-38　创建"修改新闻信息"Request

然后将 HTTP 方法设置为 POST，并在 Request 的接口地址栏中填写详细的请求地址 http://127.0.0.1:8080/test/updateNews，并在 Body 下以 form-data 形式配置如下的参数：id、type、title、context。关于参数 id 是无法直接从后台管理端直接获取到的，我们可以通过查询新闻列表的接口进行获取，具体操作如图 5-39 所示。

结合上面获取到的新闻 id，我们可以将 Body 下的参数进行填充，如图 5-40 所示。

单击"Send"按钮，发送请求，并等待接口返回的数据，返回信息如图 5-41 所示。

同时我们也会在后台管理端的页面上查询到本次操作的效果，如图 5-42 所示。

项目 5 电力门户后台 API 接口及性能测试

图 5-39 通过查询接口获得新闻 id

图 5-40 "修改新闻信息"接口参数配置

图 5-41 完成"修改新闻信息"接口测试

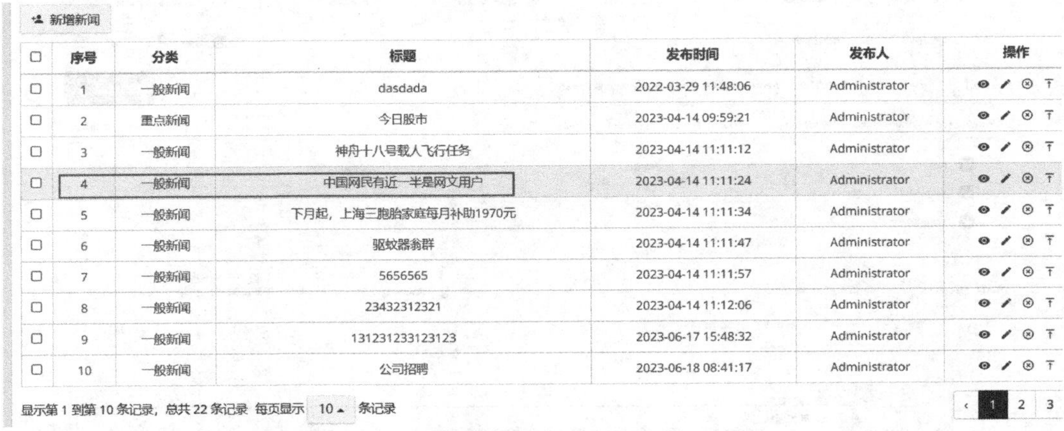

新增新闻

	序号	分类	标题	发布时间	发布人	操作
☐	1	一般新闻	dasdada	2022-03-29 11:48:06	Administrator	
☐	2	重点新闻	今日股市	2023-04-14 09:59:21	Administrator	
☐	3	一般新闻	神舟十八号载人飞行任务	2023-04-14 11:11:12	Administrator	
☐	4	一般新闻	中国网民有近一半是网文用户	2023-04-14 11:11:24	Administrator	
☐	5	一般新闻	下月起，上海三胞胎家庭每月补助1970元	2023-04-14 11:11:34	Administrator	
☐	6	一般新闻	驱蚊器翁群	2023-04-14 11:11:47	Administrator	
☐	7	一般新闻	5656565	2023-04-14 11:11:57	Administrator	
☐	8	一般新闻	23432312321	2023-04-14 11:12:06	Administrator	
☐	9	一般新闻	131231233123123	2023-06-17 15:48:32	Administrator	
☐	10	一般新闻	公司招聘	2023-06-18 08:41:17	Administrator	

显示第 1 到第 10 条记录，总共 22 条记录 每页显示 10 条记录 ‹ 1 2 3

图 5-42 后台管理端界面查询测试结果

10. 根据 id 查询新闻接口测试

首先还是在“门户后端管理接口测试”的 Collection 中创建一个新的 Request，并将新建的 Request 标题修改为“根据 id 查询新闻”，具体操作如图 5-43 所示。

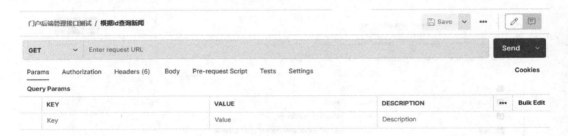

图 5-43 创建“根据 id 查询新闻”Request

然后将 HTTP 方法设置为 GET，并在 Request 的接口地址栏中填写详细的请求地址 http://127.0.0.1:8080/test/getNews/:id，这时候 Postman 工具会自动在 Params 下添加一个名称为 id 的 Path 变量，我们将上面创建的用户的 id 填入对应的位置，如图 5-44 所示。

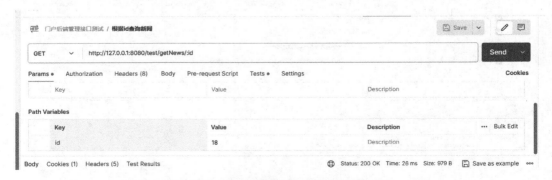

图 5-44 配置“根据 id 查询新闻”路径参数

单击"Send"按钮,发送请求,并等待接口返回的数据,返回信息如图 5-45 所示。

图 5-45　完成"根据 id 查询新闻"接口测试

11. 删除新闻接口测试

首先还是在"门户后端管理接口测试"的 Collection 中创建一个新的 Request,并将新建的 Request 标题修改为"删除新闻",具体操作如图 5-46 所示。

图 5-46　创建"删除新闻"接口测试

然后将 HTTP 方法设置为 GET,并在 Request 的接口地址栏中填写详细的请求地址 http://127.0.0.1:8080/test/deleteNews/:id,这时候 Postman 工具会自动在 Params 下添加一个名称为 id 的 Path 变量,我们将上面创建的用户的 id 填入对应的位置,如图 5-47 所示。

单击"Send"按钮,发送请求,并等待接口返回的数据,返回信息如图 5-48 所示。

接下来我们去数据库中查询相关的数据记录,可以看到之前创建的新闻已经从数据库中删除了,如图 5-49 所示。

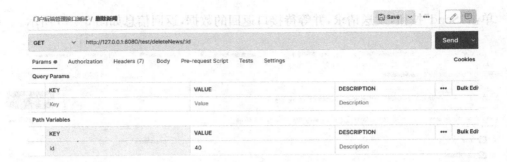

图 5－47　配置"删除新闻"路径参数

图 5－48　完成"删除新闻"接口测试

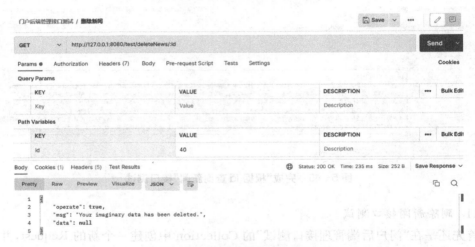

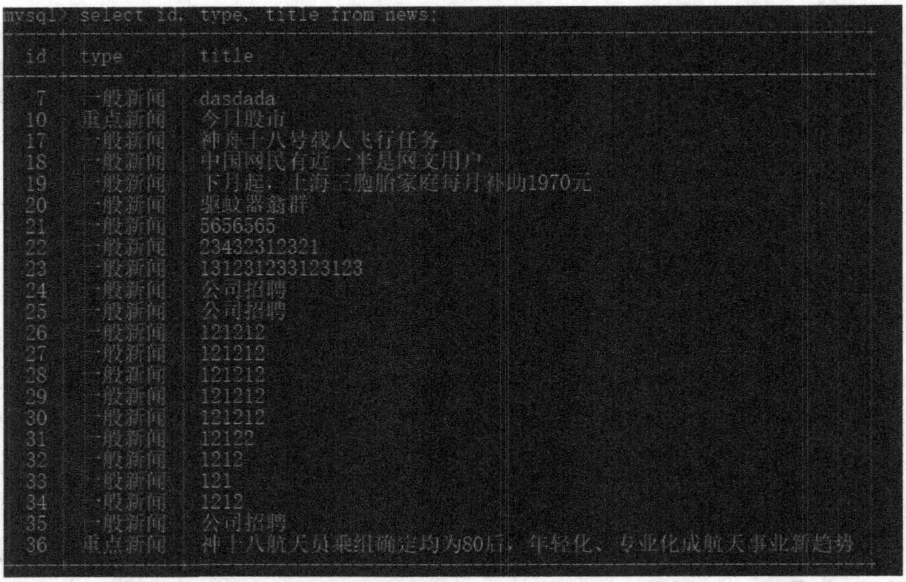

mysql> select id, type, title from news;

id	type	title
7	一般新闻	dasdada
10	重点新闻	今日股市
17	一般新闻	神舟十八号载人飞行任务
18	一般新闻	中国网民有近一半是网文用户
19	一般新闻	下月起，上海三胞胎家庭每月补助1970元
20	一般新闻	驱蚊器翁群
21	一般新闻	5656565
22	一般新闻	23432312321
23	一般新闻	131231233123123
24	一般新闻	公司招聘
25	一般新闻	公司招聘
26	一般新闻	121212
27	一般新闻	121212
28	一般新闻	121212
29	一般新闻	121212
30	一般新闻	121212
31	一般新闻	12122
32	一般新闻	1212
33	一般新闻	121
34	一般新闻	1212
35	一般新闻	公司招聘
36	重点新闻	神十八航天员乘组确定均为80后，年轻化、专业化成航天事业新趋势

图 5－49　查询数据库验证接口测试结果

12. 用户退出接口测试

首先还是在"门户后端管理接口测试"的 Collection 中创建一个新的 Request，并将新建的 Request 标题修改为"用户退出"，具体操作如图 5-50 所示。

图 5-50　创建"用户退出"Request

由于这个接口不需要任何参数，所以可以直接单击"Send"按钮，发送请求，返回信息如图 5-51 所示。

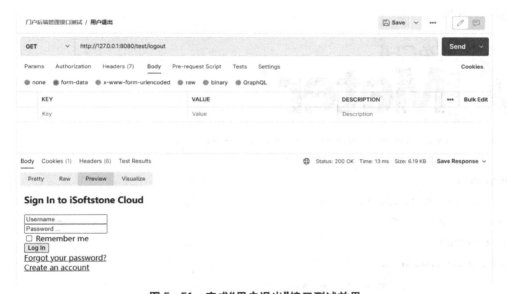

图 5-51　完成"用户退出"接口测试效果

任务 5.2　电力门户后台管理端接口性能测试

5.2.1　Apache JMeter 工具安装部署

在部署 Apache JMeter 工具之前，我们首先需要先确认下当前系统是否安装了

Java8+以上的版本,我们通过在命令行窗口下发命令"java -version"进行查看,如图5-52所示。

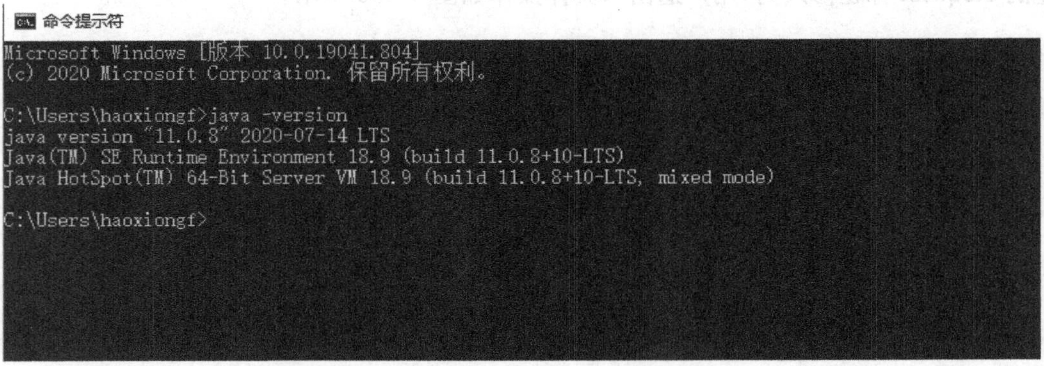

图 5-52 查询当前系统 Java 版本信息

然后登录 Apache JMeter 的官方网站,如果官网登录不上可以访问对应的镜像站点,如图 5-53 所示。

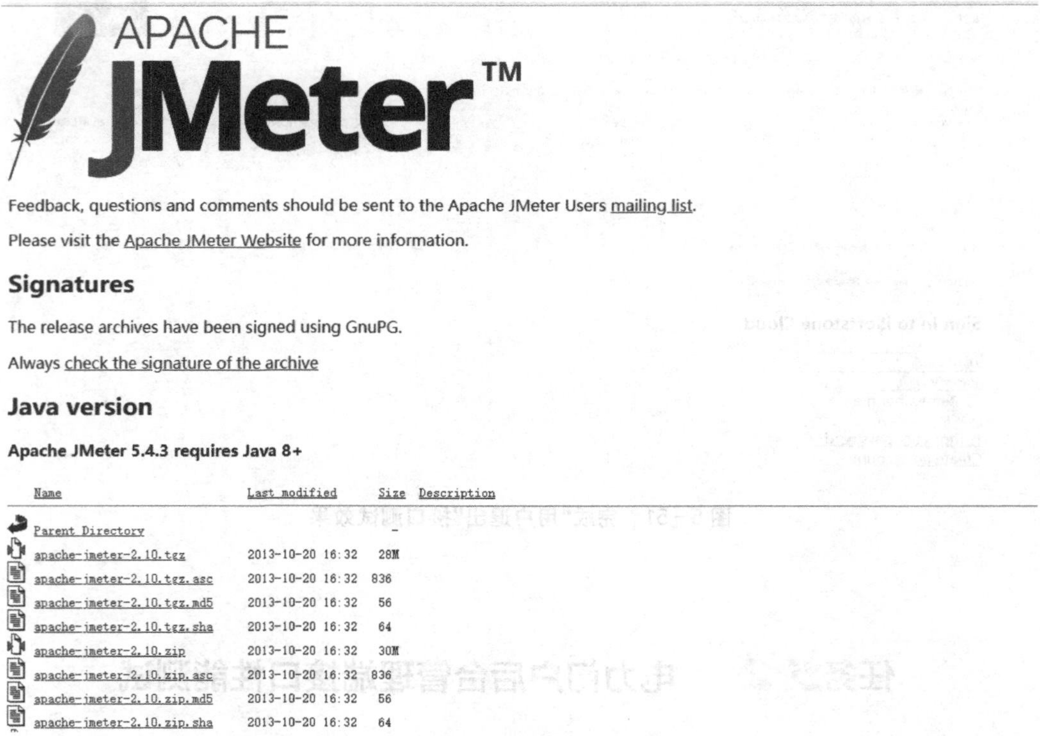

图 5-53 访问 Apache JMeter 官网下载安装文件

然后选择一个合适版本的压缩包下载到本地硬盘上,如图 5-54 所示(本项目选择 5.3 版本)。

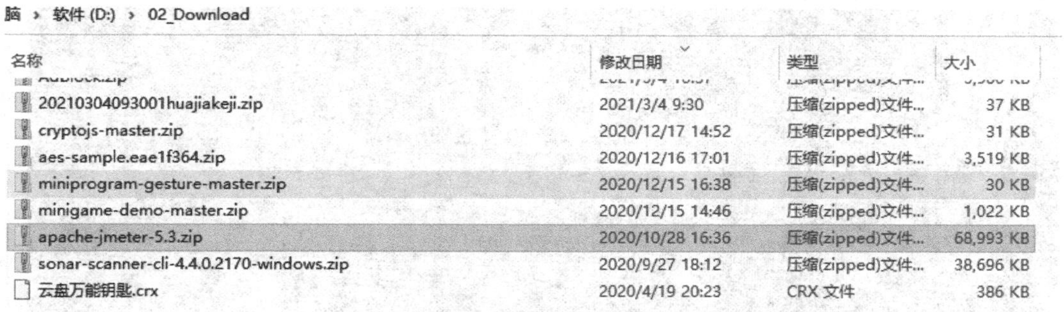

图 5-54　下载完成的 Apache JMeter 压缩包

接下来将下载到本地的 Apache JMeter 工具的压缩包进行解压，由于 Apache JMeter 工具采用 Java 语言开发对于中文路径的支持不够友好，所以我们先将 Apache JMeter 工具解压到一个不含有中文路径的目录中，接下来我们进入 bin 目录，如图 5-55 所示。

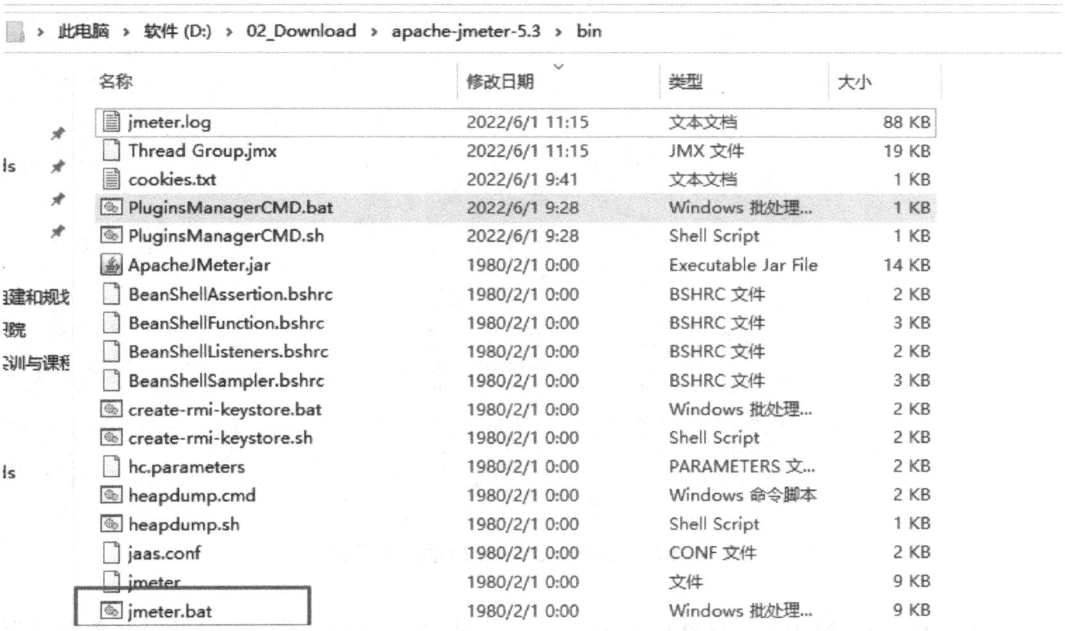

图 5-55　Apache JMeter 解压后文件路径

在 bin 目录中可找到名称为"jmeter.bat"文件，这个文件是 Apache JMeter 工具的启动文件，我们可以直接运行这个批处理文件来启动工具。或者采用另外一种方式直接在命令行窗口中启动 Apache JMeter.jar，如图 5-56 所示。

两种方式最后的效果都是一样的，Apache JMeter 运行起来以后的界面效果如图 5-57 所示。

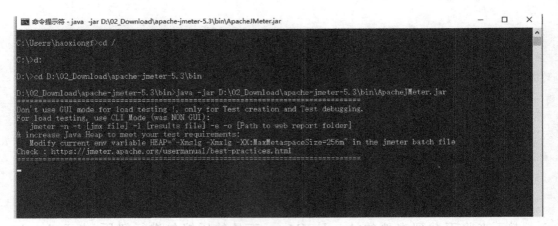

图 5-56 命令行启动 Apache JMeter

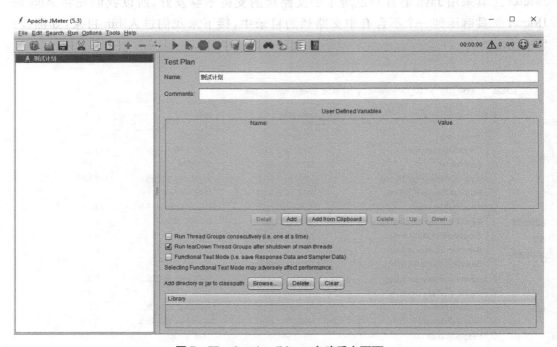

图 5-57 Apache JMeter 启动后主页面

因为 Apache JMeter 工具默认采用英文的界面,为了使用方便,我们可以在菜单设置中将工具的界面设置由英文改成中文,具体操作如图 5-58 所示。

上面提到的通过菜单更改界面语言的设置只是临时性的。如果 Apache JMeter 工具重启以后,界面会恢复到之前的英文设置,要永久改变语言设置需要在 Apache JMeter 工具的安装目录下进行设置。在 Apache JMeter 安装目录下的 bin 文件夹中找到名为"jmeter.properties"的文件,用文本编辑器打开文件,查找"language"关键字,先判断工具是否支持 zh_CN 语言包,如果支持 zh_CN 语言包,就在 jmeter.properties 中增加一行"language=zh_CN",如图 5-59 所示。

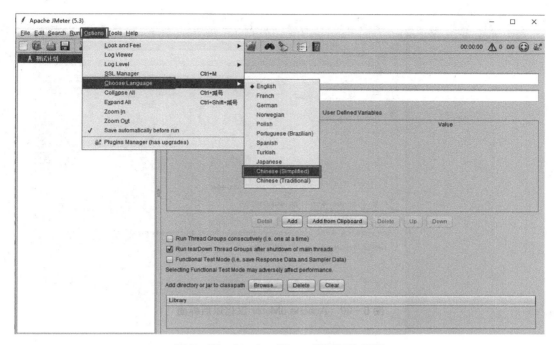

图 5-58 Apache JMeter 界面汉化设置

图 5-59 jmeter.properties 配置文件

上面设置完成以后,再重新启动 Apache JMeter 工具,整个界面的语言切换成了简体中文模式,如图 5-60 所示。

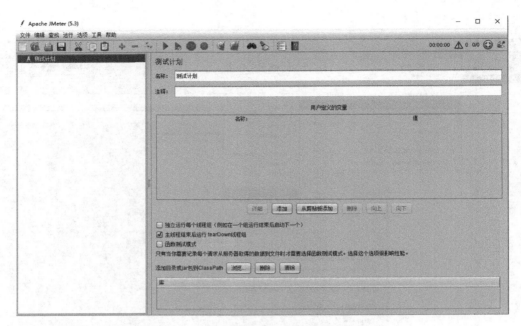

图 5-60 Apache JMeter 汉化以后界面

5.2.2 应用 Apache JMeter 工具进行性能测试

上面章节完成了 Apache JMeter 工具的安装部署,接下来我们将会围绕电力门户后台管理端提供的 RESTful 接口开展性能测试。首先我们将在 Apache JMeter 中新建测试计划,如图 5-61 所示。

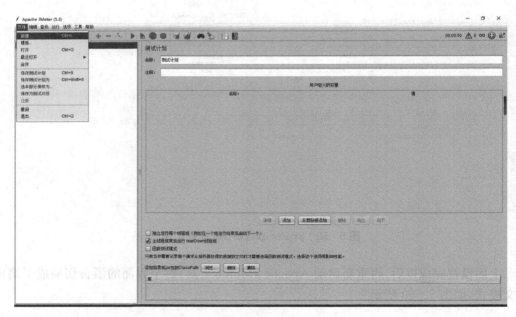

图 5-61 Apache JMeter 新建测试计划

然后我们将测试计划名称改成"电力门户性能测试",接下来在"电力门户性能测试"节点上单击右键菜单添加"线程组",具体操作如图 5-62 所示。

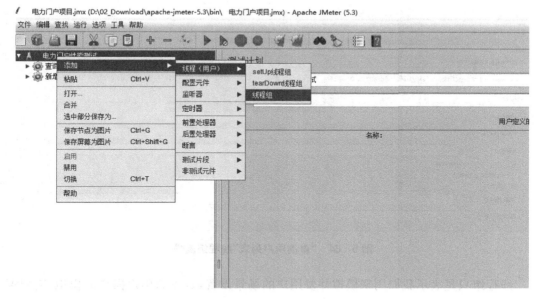

图 5-62　Apache JMeter 创建线程组

这样测试前的准备工作基本完成了,下面将围绕后台管理端提供的接口开展性能测试。

1. 查询用户列表性能测试

刚才我们已经创建了一个"线程组",并将其改名为"查询用户列表信息",然后我们将对线程组的参数进行配置。首先将"在取样器错误后要执行的动作"配置为"继续",如图 5-63 所示。

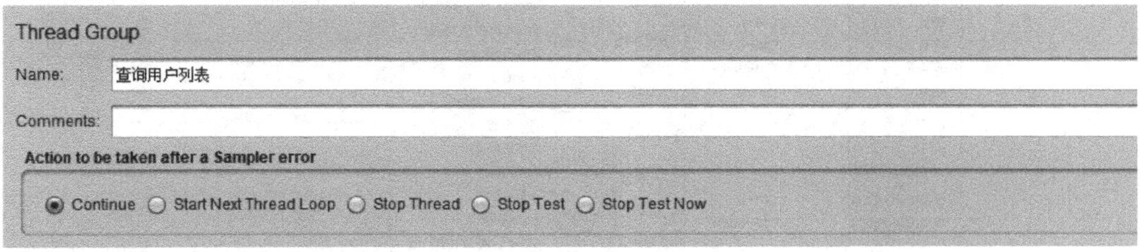

图 5-63　"查询用户列表信息"线程组参数配置

接下来将配置"线程属性",在线程属性中有几个重要的概念我们需要先说明下,第一,线程数:等同于模拟并发的用户数量;第二,Ramp-Up 时间:代表了完成达到指定的线程数所需要的时间;第三,循环次数:有两种方式,第一种指定一个整数值,表示完成一定次数的循环,第二种是勾选"永远",表示不会限次数只会在指定时间内持续维持并发;第四,持续时间:只有在循环次数被勾选为"永远"后才会有效,表示并发场景持续的时间;第五,启动延迟:表示延迟多长时间才开始执行。具体的"线程属性"设置信息参考图5-64所示。

图5-64 "查询用户列表"线程组属性

线程组只是表示我们用来模拟并发用户的场景设置,真正的用户操作的模拟,需要通过取样器来实现。接下来我们将在这个线程组上创建一个"HTTP请求"的取样器,具体操作如图5-65所示。

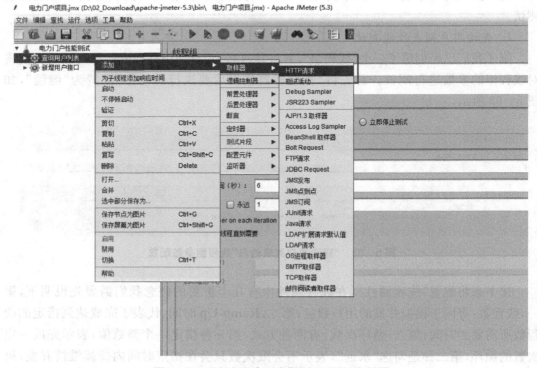

图5-65 "查询用户列表"线程组添加取样器

"HTTP 请求"的取样器创建好以后，也是需要对它进行一些配置的。在配置"HTTP 请求"取样器参数前，我们可以对"查询用户列表"接口定义进行回顾，如表 5-3 所示。

表 5-3 "查询用户列表"接口信息

接口名称	URL	HTTP Method	发送请求参数及类型	返回数据结构说明

查询用户列表	/test/getUsers?pageNum=1&pageSize=10	GET	pageNum int 当前页数
			pageSize int 每页条数
				{
				  "pageNum":1,
				  "pageSize":10,
				  "total":25,
				  "rows":[
				    {
				      "id":2,
				      "nickname":"xx",
				      "username":"xxxxx",
				      "password":"xxxx",
				      "phone":"xxxxx",
				      "address":"xxxxxx",
				      "role":{
				        "id":2,
				        "name":"普通用户"
				      }
				    },
				    ....
				  ]
				}

首先要在"HTTP 请求"取样器中设置"Web 服务器"，也就是将"查询用户列表"接口的 URL 分解成对应的参数，然后分别填写到对应的参数项中。其中有一项"内容编码"一般设置为"utf-8"，这个参数是为了防止 GET 或者 POST 请求内容出现乱码。除了这项设置外，还在参数设置中将"编码"字段勾选上。对于"HTTP 请求"参数的设置，跟前面介绍过的 Postman 工具类似，具体如图 5-66 所示。

取样器创建好以后，我们需要对测试的结果进行查看，可以在"线程组"中添加类型为"察看结果树"的监听器，具体操作如图 5-67 所示。

"察看结果树"创建好了以后，可以配置"所有数据写入一个文件"参数项，这个配置可以将性能测试的结果输出到一个文件中，便于测试人员进行回顾，具体的配置如图 5-68 所示。

另外配合"所有数据写入一个文件"这项设置，需要在"jmeter.properties"文件中找出"resultcollector.action_if_file_exists"项，这项设置是为了避免每次运行测试的时候弹出询问窗口。这项设置共有 3 个参数可供选择：①"ASK"表示询问用户；②"APPEND"表示将本次执行数据附加到文件后面；③"DELETE"表示将已有的文件删除，重新创建文件写入数据，具体参数设置请参考图 5-69 所示。

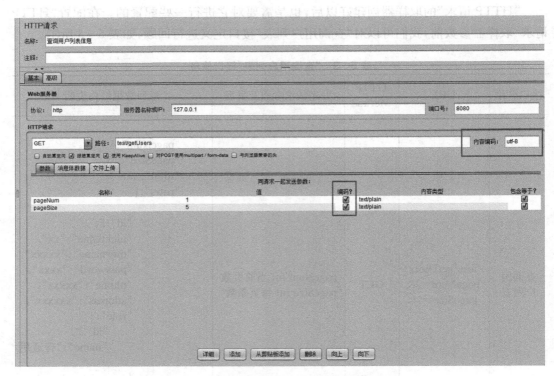

图 5-66 "查询用户列表"HTTP取样器配置

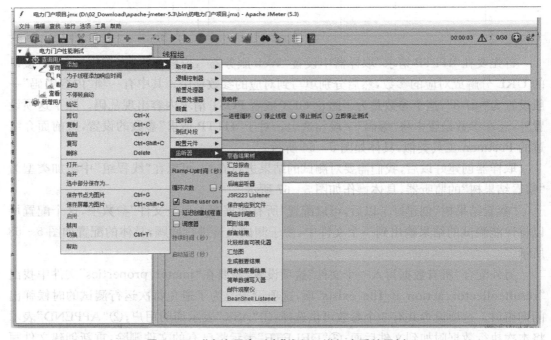

图 5-67 "查询用户列表"线程组增加察看结果树

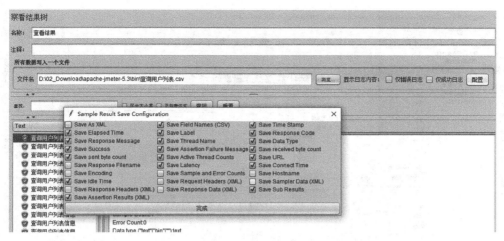

图 5-68 "察看结果树"配置文件路径

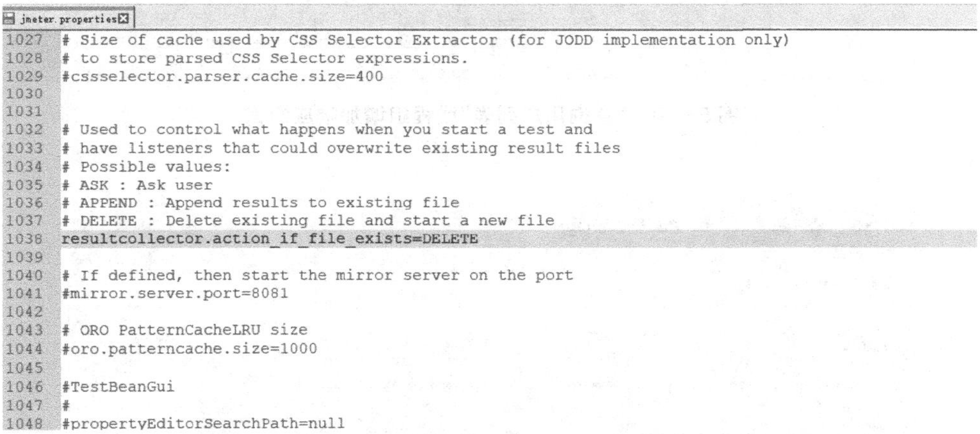

图 5-69 "resultcollector.action_if_file_exists"项配置

为了在性能测试过程中,及时对接口的响应数据进行检查,可以在"HTTP 请求"取样器中添加一个"响应断言",这样在进行线程并发的时候,每个线程都有一个独立的断言对响应数据进行检查,这样可以最大限度地提升效率,具体操作如图 5-70 所示。

对于"响应断言"的设置,包括 Apply to、测试字段、模式匹配规则、测试模式。对于"Apply to"大部分情况只需要选择"Main sample only",只有在一些使用到 Ajax 或者 JQuery 的接口中可能会有多个内部子请求,那时就需要选择"Main sample and subsamples"。对于"测试字段"一般情况选择响应正文,除此之外还包括响应代码、响应消息、响应头、请求头、URL 样本、请求数据、忽略状态等。"模式匹配规则"就比较好理解了,就是将要测试的响应字段的内容与期望值进行比较的方式,"模式匹配规则"的可选值包括:包括、匹配、相等、字符串,此外"否"表示对断言结果取反,"或者"选项可以将多个测试模式以逻辑"或"组合起来。"测试模式"主要用来设置要进行断言的内容,可以添加多个。下面我们看看具体的设置样例,如图 5-71 所示。

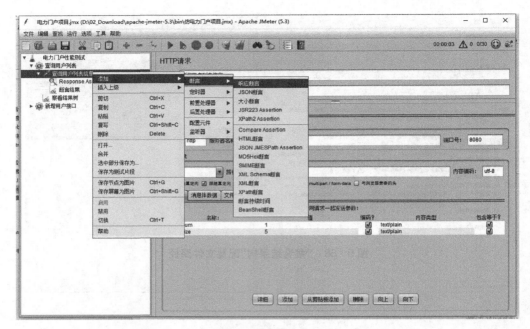

图 5-70 "查询用户列表"线程组增加响应断言

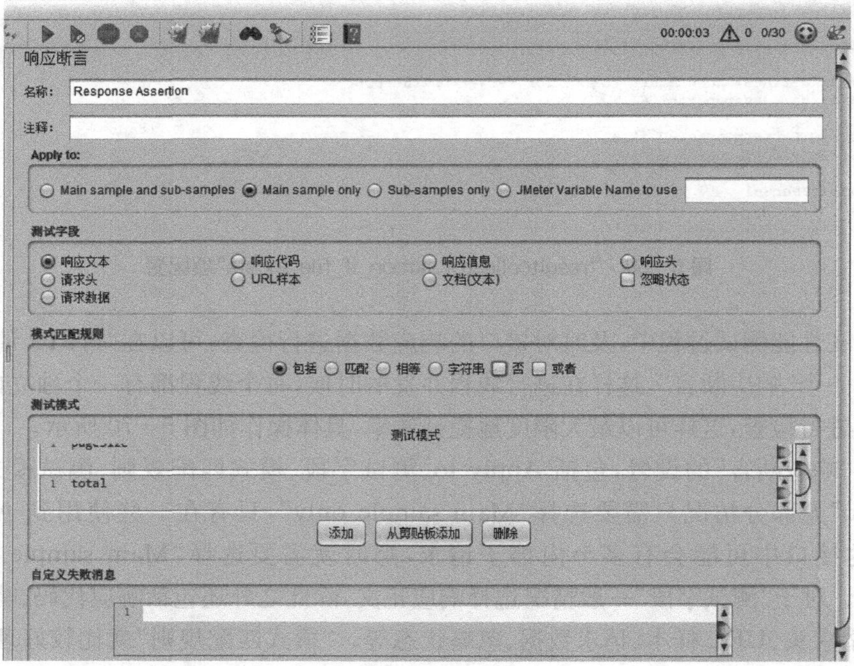

图 5-71 响应断言配置

由于"响应断言"只负责对取样器发送的"HTTP 请求"的响应数据做断言,所以断言结果的查看需要单独添加一个名称为"断言结果"的查看器,具体操作如图 5-72 所示。

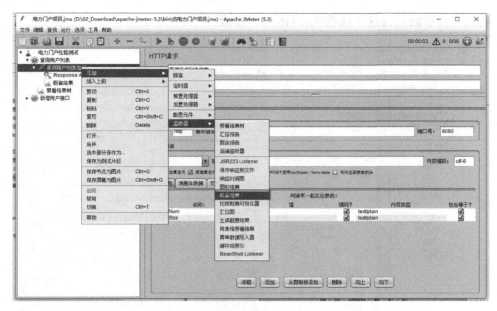

图 5-72 "查询用户列表"线程组增加断言结果

"断言结果"也可以将所有数据写入文件中,这个配置和"察看结果树"是一样的,具体的配置请参考图 5-73 所示。

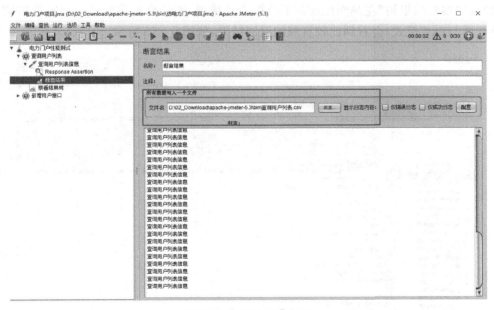

图 5-73 断言结果配置

到这里我们就已经完成了一个完整的接口性能测试的配置,接下来我们运行下"查询用户列表"线程组,看看实际的效果,在 Apache JMeter 工具上有两种运行方式,可以采用启动整个测试计划的方式运行,或者用鼠标选中"查询用户列表"线程组,然后采用右键菜单启动的方式单独运行这个线程组,具体操作如图 5-74 所示。

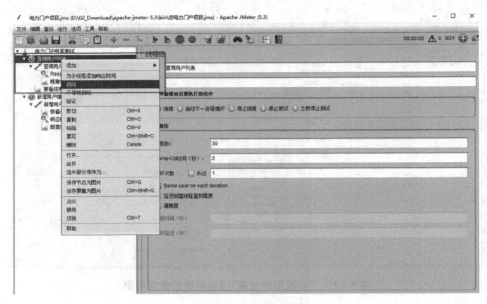

图 5-74 主界面启动线程组

"查询用户列表"线程组运行结束后,可以通过"察看结果树"查看测试的结果。我们可以通过"察看结果树"左侧面板底部下拉框中的选项,来选择不同的模式查看测试结果。如果选择"Text"模式,会看到比较直观的返回结果,如图 5-75 所示。

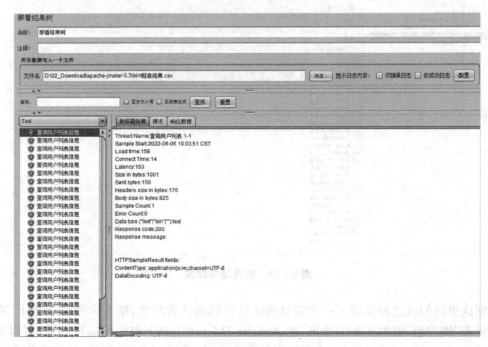

图 5-75 察看结果树"Text"模式应用

图 5-75 中取样器结果包含的信息,我们通过表 5-4 进行详细的分解说明。

表 5-4 取样器结果明细表

属性	值	含义
Thread Name	查询用户列表 1-1	线程名称
Sample Start	2022-06-06 10:03:51 CST	取样开始时间
Load time	158	加载时间
Connect Time	14	持续连接时间
Latency	153	延迟
Size in bytes	1001	数据大小(字节)
Sent bytes	150	发送字节
Headers size in bytes	176	表头大小(字节)
Body size in bytes	825	正文大小(字节)
Sample Count	1	采样次数
Error Count	0	错误数
Data type	text	数据格式
Response code	200	响应码
Response message		响应消息
Reponse Head 部分		
HTTP/1.1 200		HTTP 协议版本及状态码
Content Type	application/json;charset=UTF-8	内容类型
Transfer-Encoding	chunked	传输编码
Date	Mon,06 Jun 2022 02:03:51 GMT	日期
Keep-Alive	timeout=60	保持激活时间
Connection	keep-alive	连接方式

如果选择"RegExp Tester"模式,能够通过编写正则表达式对响应文本进行筛查,便于快速高效查询返回结果,具体操作如图 5-76 所示。

如果选择"JSON Path Tester"模式,用户可以通过自己编写的 JSON-path 表达式,从响应正文内容中提取相关的结果信息,具体操作如图 5-77 所示。

如果选择"边界提取器测试"模式,可以分别输入左边界、右边界,单击 Test 查看返回的结果,具体操作如图 5-78 所示。

除了上面列举到的几种查看模式以外,还有几种是针对 HTML 或者 XML 格式的响应数据的,比如:CSS 选择器测试、XPath Tester、HTML、HTML Source Formatted 等,详细信息请参考图 5-79。针对 HTML 或者 XML 格式的响应数据的查看模式,由于篇幅原因,在此就不作详细介绍。

图 5-76 察看结果树"RegExp Tester"模式应用

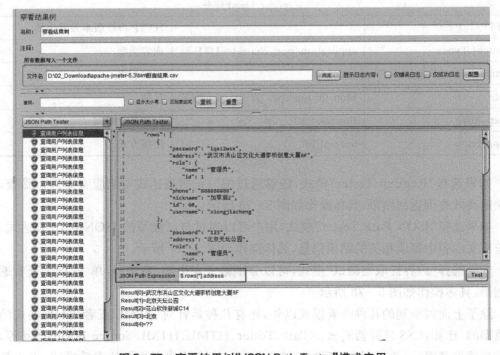

图 5-77 察看结果树"JSON Path Tester"模式应用

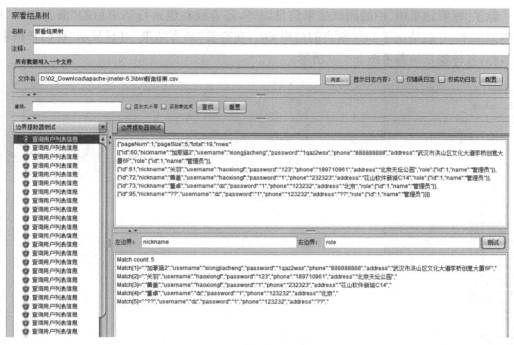

图 5-78 察看结果树"边界提取器测试"模式应用

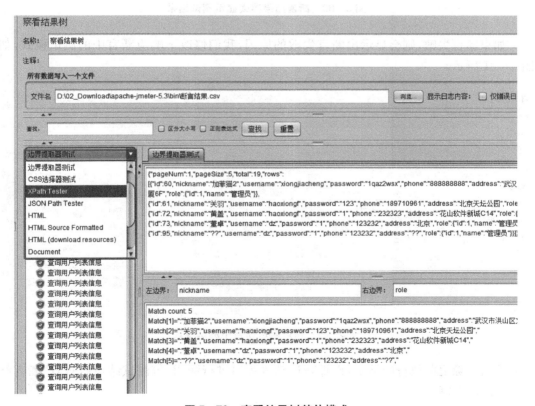

图 5-79 察看结果树其他模式

除了"察看结果树"中的测试结果信息以外,还有线程组运行结束后的"断言结果"中的测试结果,一般情况下如果断言的结果 OK,在查看"断言结果"时只显示"HTTP 请求"的名称,具体操作请参考图 5-80 所示。

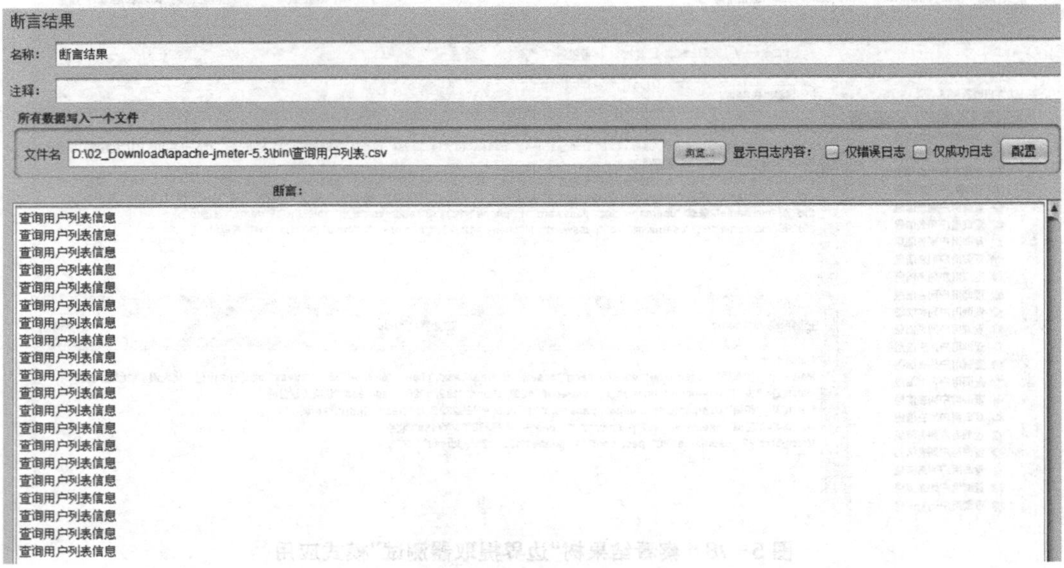

图 5-80　断言结果界面显示测试结果

如果断言失败,则会显示出断言失败的原因,我们修改下响应断言中的测试模式,如图 5-81 所示。

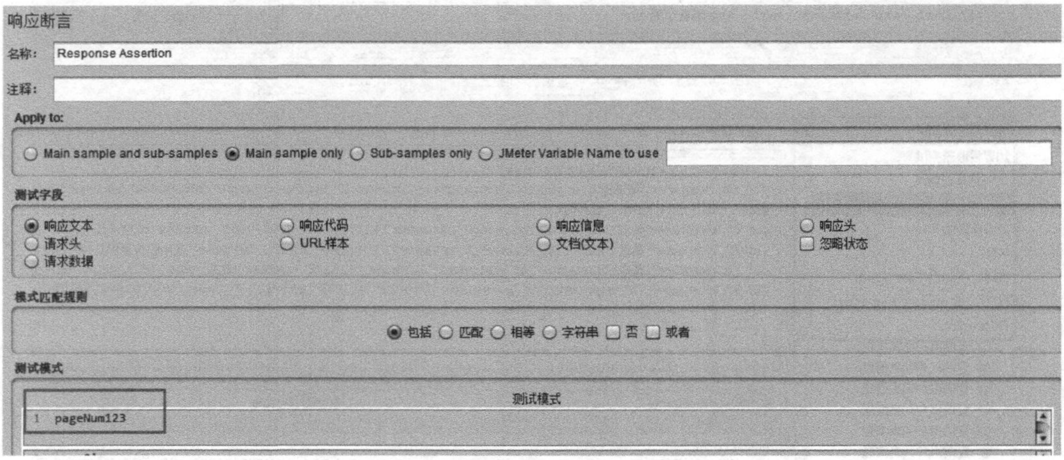

图 5-81　修改响应断言中测试模式

然后清除之前执行的结果,再重新启动线程组进行测试,等测试结束后查看"断言结果"如图 5-82 所示。

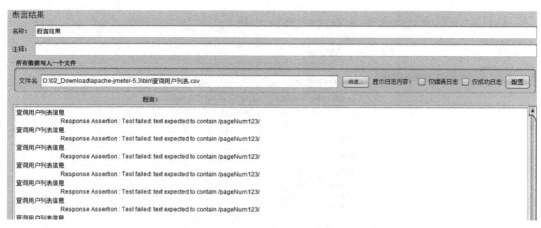

图 5-82 断言结果界面显示断言失败

当出现断言失败的情况,"察看结果树"也会相应地体现出断言失败的信息,并将断言失败的结果很完整的展示出来,具体信息请参考图 5-83 所示。

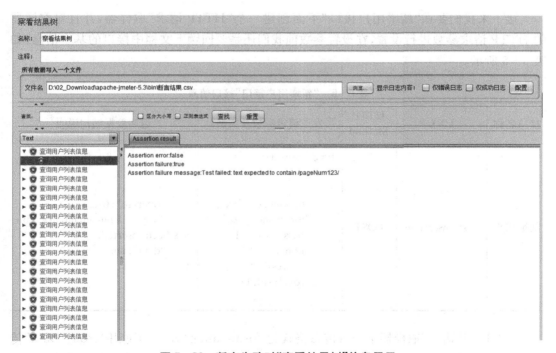

图 5-83 断言失败时"察看结果树"信息显示

2. 新增用户接口性能测试

接下来我们对新增用户接口进行性能测试的讲解,第一步是创建一个"线程组"并且将其命名为"新增用户接口",并配置基本的线程属性,具体操作结果如图 5-84 所示。

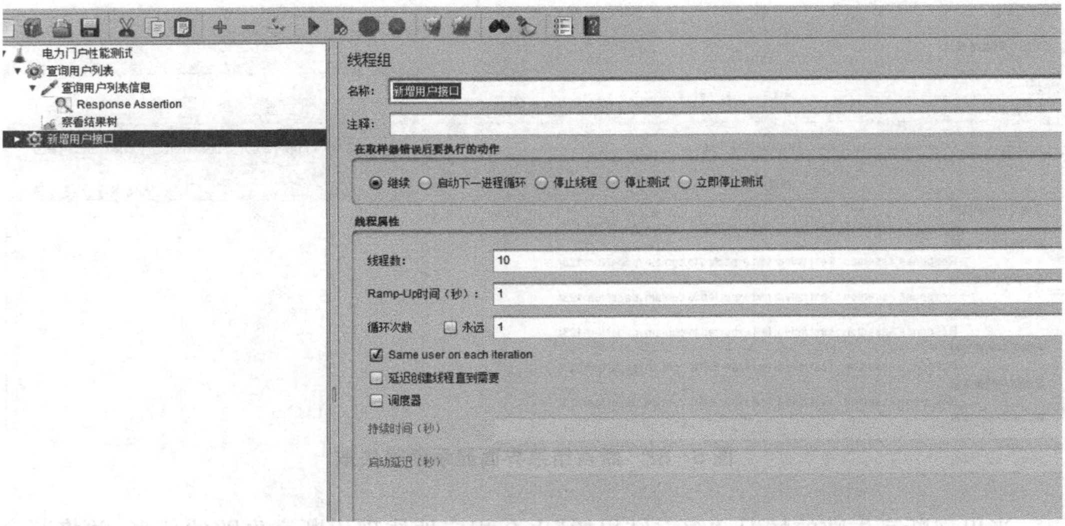

图 5-84 创建"新增用户接口"线程组

接下来我们要在"新增用户接口"下面创建一个"HTTP 请求"取样器,并且对取样器的 HTTP 请求参数进行设置,在设置参数前我们还是要回顾下文档中接口的基本信息,如表 5-5 所示。

表 5-5 "新增用户接口"接口信息

接口名称	URL	HTTP Method	发送请求参数及类型	返回数据结构说明

新增用户	/test/insertUser	POST	type:form-data
			data:
			{
			    "nickname":"xx",
			    "username":"zz",
			    "password":"1",
			    "phone":"",
			    "address":"",
			    "role":{id:1}
			}
				{
				    "operate":true,
				    "msg":"Your imaginary data has been inserted.",
				    "data":null
				}

在"HTTP 请求"取样器中设置传参格式为 form-data 的数据,不能用"Body Data"传递数据,只能用"Parameters",而且还要将"Use multipart/form-data"勾选。同时对于包含中文的参数,需要把"URL Encode?"勾选,操作结果如图 5-85 所示。

接下来创建一个"察看结果树",配置和前面内容中一致,具体操作结果如图 5-86 所示。

接下来就来完成"响应断言"创建与配置,其中"测试模式"参数中可以将接口返回信息的内容填写上去,具体操作如图 5-87 所示。

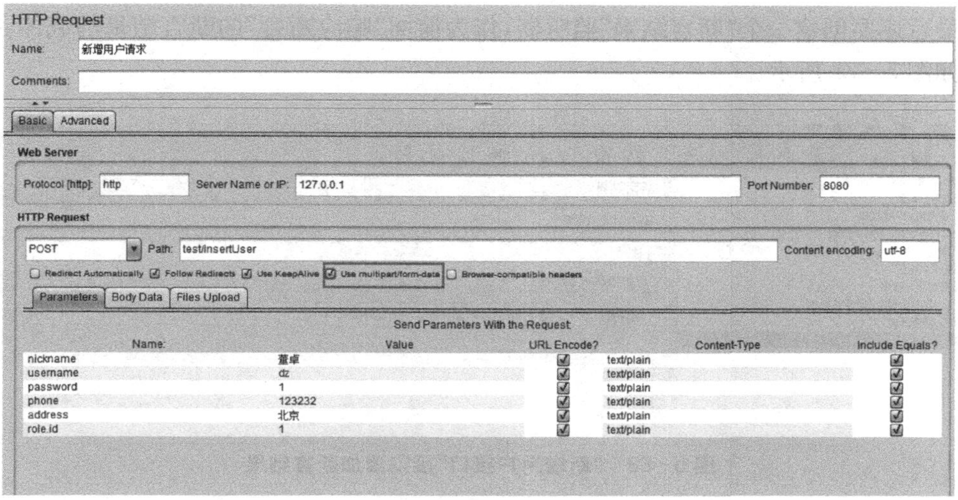

图 5-85 "新增用户接口"接口取样器配置

图 5-86 "新增用户接口"接口添加察看结果树

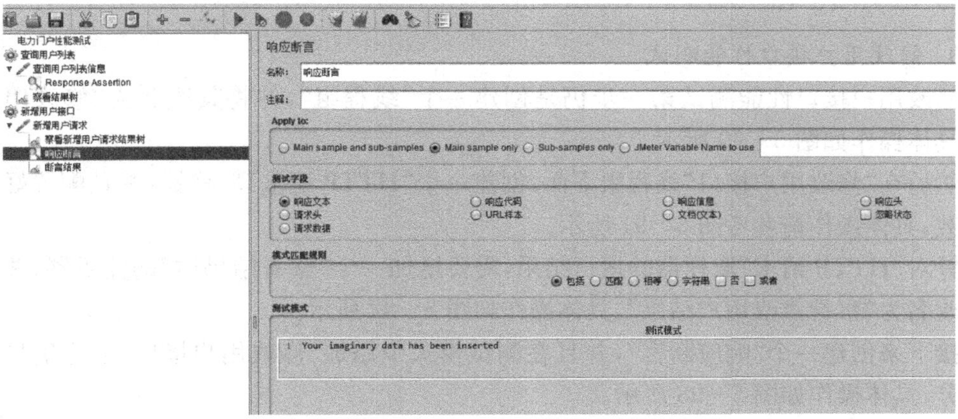

图 5-87 "新增用户接口"接口添加响应断言

最后还要创建一个"断言结果"监听器,作为前面"响应断言"的断言结果的载体,操作结果如图 5-88 所示。

图 5-88 "新增用户接口"接口添加断言结果

整个"新增用户接口"线程组配置完成以后,启动该线程组,执行结果如图 5-89 所示。

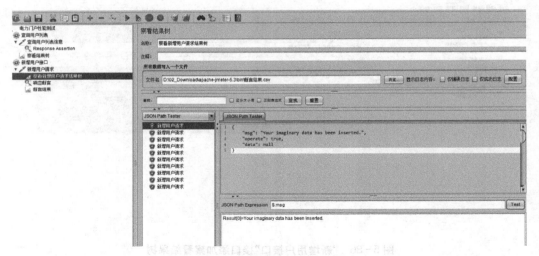

图 5-89 启动"新增用户接口"线程组

3. 修改用户接口性能测试

修改用户接口性能测试第一步仍是创建一个"线程组",并将其改名为"修改用户接口",具体操作如图 5-90 所示。

然后在"修改用户接口"线程组下面,创建一个"HTTP 请求"取样器,并且配置好相关的参数,具体操作请参考图 5-91 所示。

针对"HTTP 请求"取样器的运行结果,需要增加一个"察看结果树"的监听器,并将监听器改名为"察看修改用户结果",具体操作如图 5-92 所示。

接下来创建一个"响应断言",并且在测试模式中添加"修改用户接口"响应信息的关键部分,具体操作如图 5-93 所示。

与创建"响应断言"同步还要创建一个"断言结果",具体操作如图 5-94 所示。

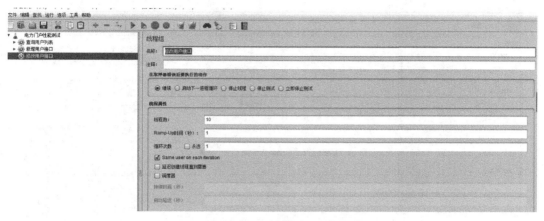

图 5-90 创建"修改用户接口"线程组

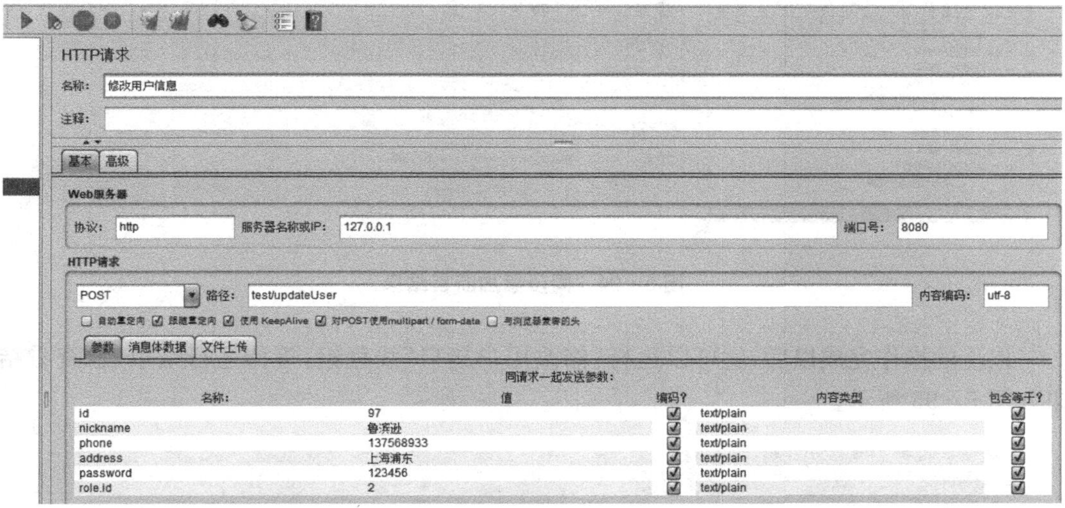

图 5-91 "修改用户接口"添加取样器

图 5-92 "修改用户接口"添加察看结果树

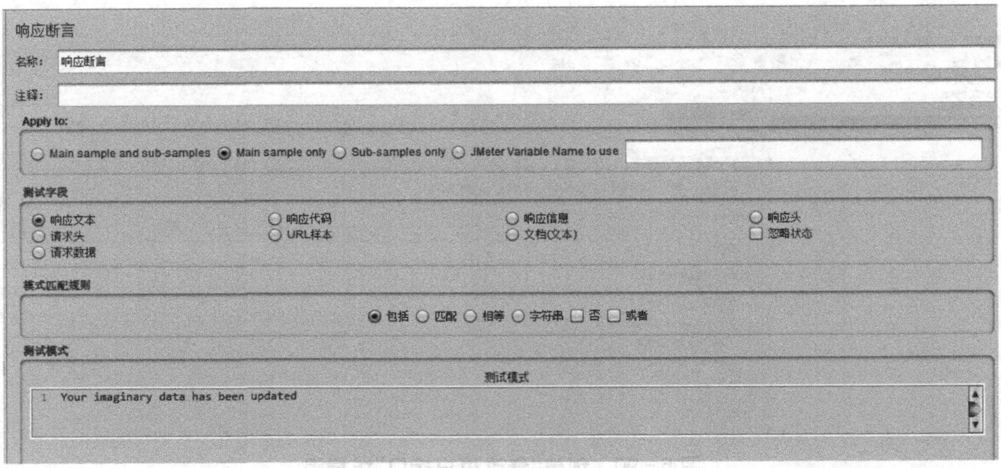

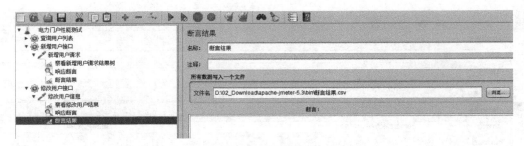

图 5-93 "修改用户接口"添加响应断言

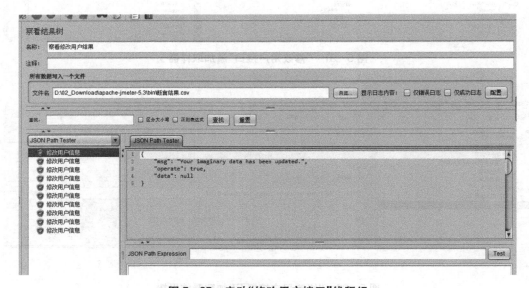

图 5-94 同步添加断言结果

以上的操作完成以后,就可以运行"修改用户接口"线程组,等待运行结束后,查看结果如图 5-95 所示。

图 5-95 启动"修改用户接口"线程组

4. 删除用户接口性能测试

删除用户的接口相对于前面的几个接口的性能测试在操作上会有一些区别,因为删除用户的接口需要使用到用户 ID 这个变量,这个变量会存在变化,所以在本节会用到"CSV 数据文件设置"。在进行实际操作前我们还是要回顾下文档中的接口基本信息,如表 5-6 所示。

表 5-6 "删除用户接口"接口信息

接口名称	URL	HTTP Method	发送请求参数及类型	返回数据结构说明

删除用户	/test/deleteUser/:id	GET	id int 用户 ID	{
				"operate":true,
				"msg":"Your imaginary data has been deleted.",
				"data":null
				}

删除用户接口的参数是通过路径传递的,图 5-96 就是接口测试中截取的完整的 HTTP 请求信息。

```
▼ GET http://127.0.0.1:8080/test/deleteUser/111
  ▶ Network
  ▼ Request Headers
      User-Agent: "PostmanRuntime/7.29.0"
      Accept: "*/*"
      Postman-Token: "64d00cf9-40b7-4509-955c-4d05ef02064e"
      Host: "127.0.0.1:8080"
      Accept-Encoding: "gzip, deflate, br"
      Connection: "keep-alive"
  ▼ Response Headers
      Content-Type: "application/json;charset=UTF-8"
      Transfer-Encoding: "chunked"
      Date: "Mon, 06 Jun 2022 08:47:24 GMT"
      Keep-Alive: "timeout=60"
      Connection: "keep-alive"
  ▶ Response Body
```

图 5-96 "删除用户接口"HTTP 请求信息

所以我们在创建"HTTP 请求"取样器的时候也是要通过路径来传递用户 ID 参数的,具体的操作结果如图 5-97 所示。

${user_id}变量是存放在一个名为"用户 id.txt"的文本文件中,文本文件内容如图 5-98 所示。

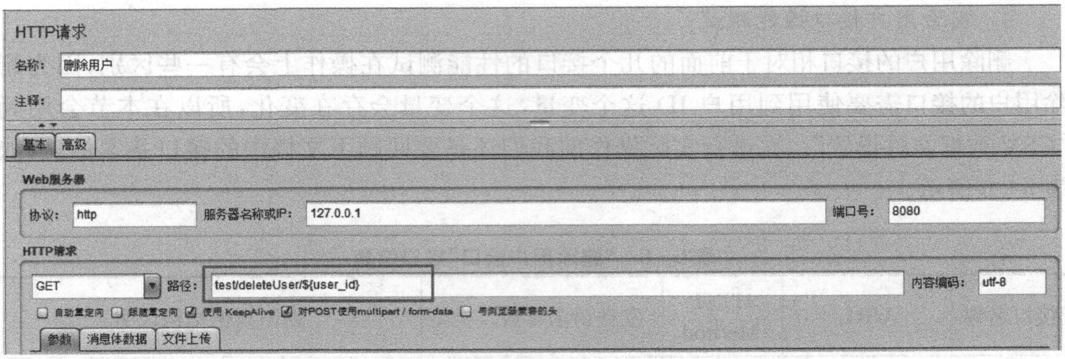

图 5-97 "删除用户接口"取样器路径参数定义

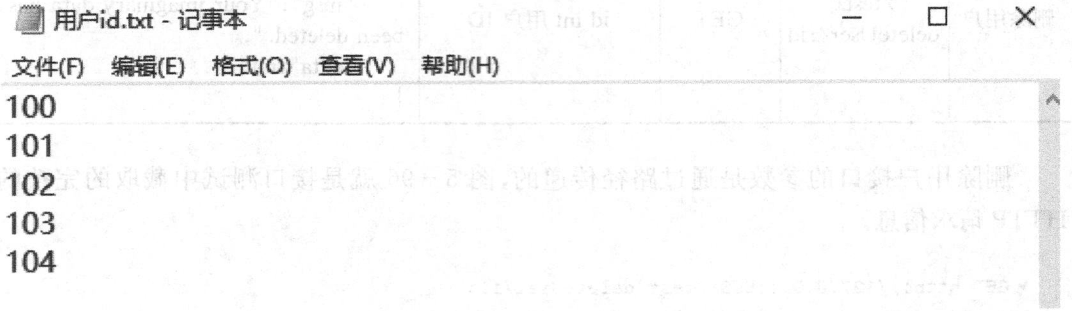

图 5-98 编辑存放 user_id 的参数文件

接下来我们需要在 Apache JMeter 中创建一个名称为"CSV 数据文件设置"的配置元件,其中文件名和变量名需要我们进行设置,而且变量名和前面路径传参使用的变量名要一致,具体设置如图 5-99 所示。

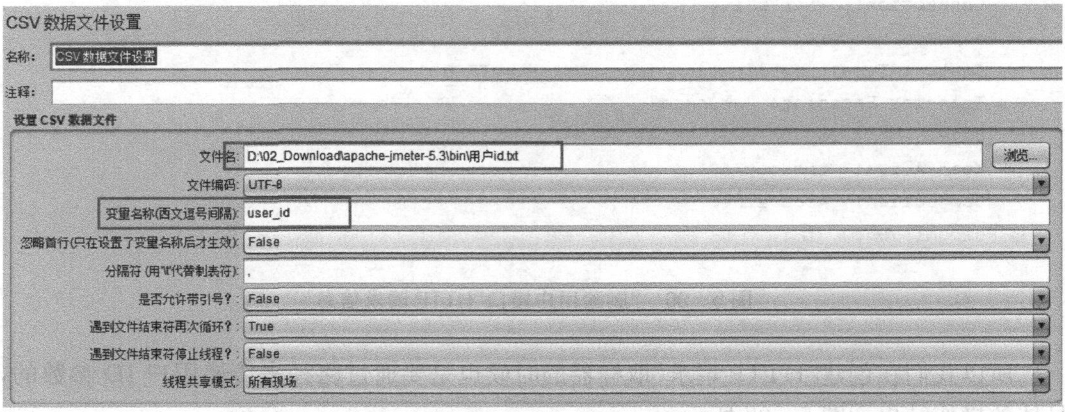

图 5-99 配置"CSV 数据文件设置"配置元件

然后再添加"响应断言"和"断言结果",这两项和其他接口一样,这里就不再赘述了。所有项目都配置好以后,启动"线程组"并等待执行结束,然后进入"察看结果树"查看运行结果,如图 5-100 所示。

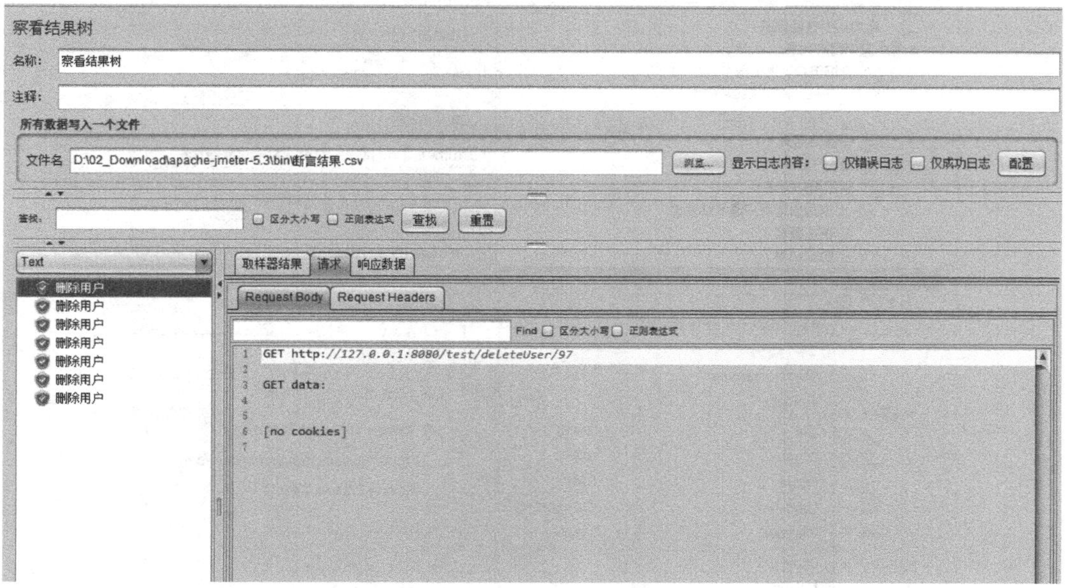

图 5-100 启动线程组完成测试

5.2.3 Apache JMeter 命令行应用场景

Apache JMeter 的 GUI 模式一般是用来管理和配置测试计划才会用到,比如:修改测试接口的配置参数、调试测试计划等,在进行性能测试时一般推荐使用 CLI 模式。实际上在启动 Apache JMeter 的 GUI 界面后,在后台窗口上会显示相关的提示信息,如图 5-101 所示。

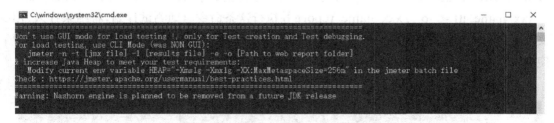

图 5-101 Apache JMeter 后台窗口信息

一般 Apache JMeter 命令行对整个测试计划中的所有激活的线程组开展的测试活动,所以可以提前在 Apache JMeter 的 GUI 界面中,通过激活或者去激活方式筛选对应的线程组,具体操作参考图 5-102。

Apache JMeter 是自带测试报告生成机制的,在我们通过 Apache JMeter 的 GUI 界面创建好测试用例之后,会生成一个扩展名为 jmx 的文件,在之后的测试中只需要导入这个脚本即可再次进行之前的测试,同时可以复制到任何地方使用,非常方便。通过

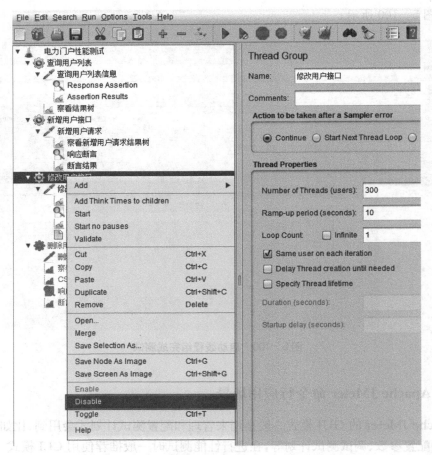

图 5-102 Apache JMeter 测试计划中线程组去激活

Apache JMeter 命令行执行脚本,采用以下的命令行格式 jmeter -n -t ./xxx/name.jmx -l ./xxx/name.jtl -e -o ./xxx/name/report 并执行这条命令启动测试计划,将结果存入.jtl 文件,同时输出测试报告。在下发命令行之前需要将前次执行的 report 目录下的内容清空,同时将.jtl 文件删除。图 5-103 就是通过命令行执行测试计划的截图。

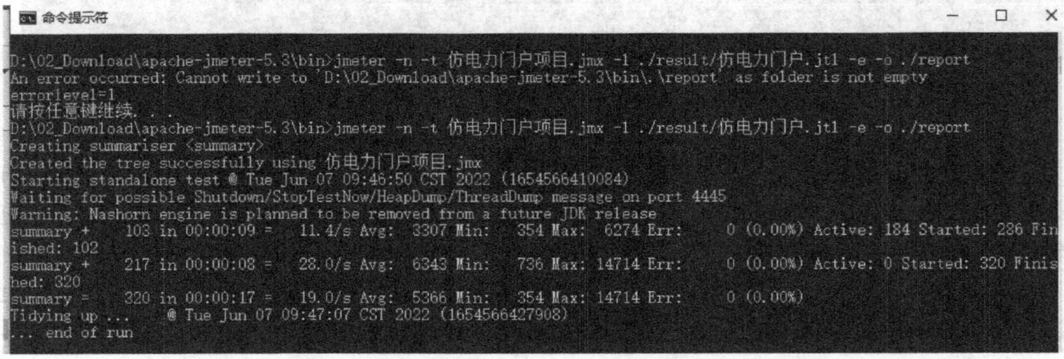

图 5-103 Apache JMeter 命令行执行脚本

测试执行完成后，会在 report 目录下生成一份测试报告，具体内容如图 5－104 所示。

此电脑 › 软件 (D:) › 02_Download › apache-jmeter-5.3 › bin › report

名称	修改日期	类型	大小
content	2022/6/7 9:47	文件夹	
sbadmin2-1.0.7	2022/6/7 9:47	文件夹	
index.html	2022/6/7 9:47	Microsoft Edge ...	10 KB
statistics.json	2022/6/7 9:47	JSON 文件	2 KB

图 5－104 Apache JMeter 命令行生成报告

双击打开 index.html 文件，进入 Apache JMeter 生成的报告首页，首先看到的是 Dashboard 页的信息，其中包括了 APDEX(应用性能指标)以及 Statistics(数据分析)，其中 Apdex：性能结果，范围 0-1，1 表示满意。T(Toleration threshold)：满意阈值，小于或等于该值，表示满意。F(Frustration threshold)：失败阈值，大于该值，表示不满意。图 5－105 是本次测试报告中 APDEX 数据部分，通过报告数据显示当前的 APDEX 远远小于 1。

APDEX (Application Performance Index)

Apdex	T (Toleration threshold)	F (Frustration threshold)	Label
0.042	**500 ms**	**1 sec 500 ms**	**Total**
0.375	500 ms	1 sec 500 ms	查询用户列表信息
0.020	500 ms	1 sec 500 ms	修改用户信息

图 5－105 Apache JMeter 报告中 APDEX(应用性能指标)版块

本次测试报告包含的 Statistics 数据部分，如图 5－106 所示。

Statistics

Requests	Executions			Response Times (ms)							Throughput	Network (KB/sec)	
Label	#Samples	KO	Error %	Average	Min	Max	Median	90th pct	95th pct	99th pct	Transactions/s	Received	Sent
Total	**320**	**0**	**0.00%**	**5366.31**	**354**	**14714**	**5858.50**	**6762.90**	**6895.80**	**12363.11**	**20.19**	**6.91**	**24.23**
修改用户信息	300	0	0.00%	5547.27	543	14714	5927.50	6759.00	6861.80	12544.91	18.92	4.82	24.04
查询用户列表信息	20	0	0.00%	2651.85	354	9407	1048.00	9192.10	9397.85	9407.00	1.91	3.17	0.28

图 5－106 Apache JMeter 报告中 Statistics(数据分析)版块

测试报告中 Statistics 表格中的数据的具体含义，我们通过下面的表格一一进行讲解，详情参考表 5-7 所示。

表 5-7 Statistics 表格信息

Statistics 项目	含　义
Label	请求名称
Samples	请求数量
KO	失败请求数量
Error%	错误率（测试中出现错误的请求的数量/请求的总数）
Average	平均响应时间
Min	最小响应时间
Max	最大响应时间
90th pct	90%用户的响应时间小于该值
95th pct	95%用户的响应时间小于该值
99th pct	99%用户的响应时间小于该值
Transations/s	每秒发送请求数量
Received	每秒从服务器端接收到的数据量
Sent	每秒从服务器发出的数据量

Apache JMeter 的生成报告中还包含了一些表格信息，比如：Over Time（时间变化）、Throughput（吞吐量）、Response Times（响应时间）这三个维度所涉及到的一些关键指标，因为篇幅原因在这里就不做赘述了，请大家自己找相关的资料学习和了解下。

项目小结

本项目围绕电力门户后台管理端提供的 RESTful 接口测试任务，先从理论上介绍了 RESTful WebService 的基本概念、技术风格，同时也对于 HTTP 的一些基本知识进行分析，比如：HTTP 方法、常用状态码等。然后对于目前比较流行的接口测试工具 Postman 的安装步骤进行了详细的分解说明。在正式测试过程中，主要根据接口文档提供的信息（包括测试接口的 URL、请求参数的形式、返回 Response 结构等）构造测试数据，然后利用 Postman 工具完成接口请求发送，并验证返回数据结果。通过这个项目的开展，我们对于 Postman 工具的基本功能有了全面的了解，比如 Body 参数几种主要形式：form-data、x-www-form-urlencoded、raw、binary。通过 Postman 工具提供的 Workspace 和 Collection 功能，帮助我们管理不同的项目，以及相同项目不同模块中的接口请求，同时还可以利用 Postman 工具提供的导入导出功能实现对接口清单的管理。

另外围绕电力门户后台接口性能测试内容，先从对目前业界比较流行的两款性能测试工具（Apache JMeter 和 LoadRunner）进行了对比。通过对比我们确定将 Apache JMeter 作为本项目的选型工具。接下来对 Apache JMeter 的安装过程以及工具基本配置作了说明讲解，并讲解了工具汉化方法以及工具启动方法等。然后我们通过对查询用户列表、添加用户、删除用户、修改用户等接口测试，基本掌握了性能测试的方法以及 Apache JMeter 工具的使用。通过本项目对 Apache JMeter 工具的线程组、取样器、察看结果树、响应断言、断言结果以及 CSV 数据文件设置等功能有比较深刻了解，能通过 Apache JMeter 完成一些接口的性能测试，并导出测试报告。另外还讲解了 Apache JMeter 命令行的使用方法以及生成报告的详细解读，通过这一系列的内容帮助广大从业人员和学生对性能测试的概念、测试方法及流程有全面和清晰的认识。希望在后面的实际项目中活学活用，让性能测试不再成为测试环节中的低洼地带。

综合练习

1. 多选题：以下（　　）是 Postman 的组件。
   A. Beashell 后置处理器　　　　　　B. Collections
   C. Json 提取器　　　　　　　　　　D. 正则表达式提取器
2. 单选题：下面不属于 Postman 响应 Body 体视图模式的是（　　）。
   A. Binary　　　B. Pretty　　　C. Raw　　　D. Preview
3. 单选题：性能测试不包括（　　）。
   A. 压力测试　　B. 可靠性测试　　C. 负载测试　　D. 恢复性测试
4. 多选题：下列哪些是 JMeter 断言（　　）。
   A. 响应断言　　B. Json 断言　　C. BeanShell 断言　　D. Test
5. 多选题：主要的性能测试指标包括（　　）。
   A. 响应时间　　B. 并发数　　C. 吞吐量　　D. 性能计数器
6. 简答题：JMeter 包括了哪些组件？

项目6　持续集成在软件测试项目中的应用

场景导入

持续集成(Continuous integration，简称 CI)是软件开发工作中的重要一环，团队成员按照固定的节奏去集成他们的工作，通常每个成员每天至少集成一次，也就意味着每天可能会发生多次集成。每次集成都通过自动化的构建(包括编译，发布，自动化测试)来验证，从而尽早地发现集成错误。简单来说持续集成就是频繁地(一天多次)将代码集成到主干。每次集成都通过自动化的构建(包括编译、发布、自动化测试)来验证，从而尽快地发现集成错误。

持续集成的工作流程，一般是在开发人员完成代码编写后，将代码提交到代码仓(一般以 Git 或者 SVN 服务器等作为代码存放仓库)。持续集成配置管理人员会设置某个时间点启动持续集成，持续集成服务器自动从代码仓下载代码到服务器端，然后完成代码编译、发布到测试环境，并完成发布软件的测试工作，整个持续集成的工作流程如图 6-1 所示。

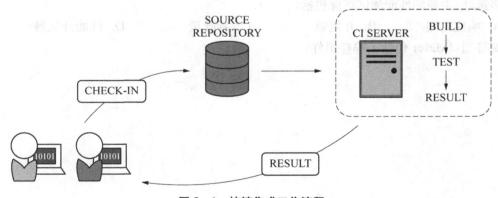

图 6-1　持续集成工作流程

目前主流的持续集成工具有很多种，其中包括 Jenkins、Buddy、TeamCity、BambooCI、GitLab CI、Circle CI、CodeShip、CruiseControl、BuildBot、GoCD 等。通过综合比较我们选择开源的 Jenkins 来完成后面的持续集成任务。Jenkins 是一个开源的、提供友好操作界面的持续集成(CI)工具，起源于 Hudson 项目，主要用于持续并自动地构建、测试部署代码更改和监控外部任务的运行。Jenkins 用 Java 语言编写，可在 Tomcat 等流行的 Servlet

容器中运行,也可独立运行。

本项目将通过 Jenkins 工具将前面自动化测试和性能测试集成,实现在定时触发条件下自动化测试和性能测试。

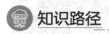 知识路径

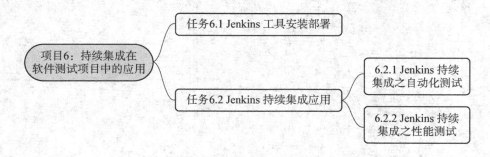

任务6.1　Jenkins 工具安装部署

首先进入 Apache Jenkins 官网下载 Jenkins.war 文件,然后将下载的文件存放在本地一个不包含中文路径的目录中,Jenkins.war 文件的下载页面如图 6-2 所示。

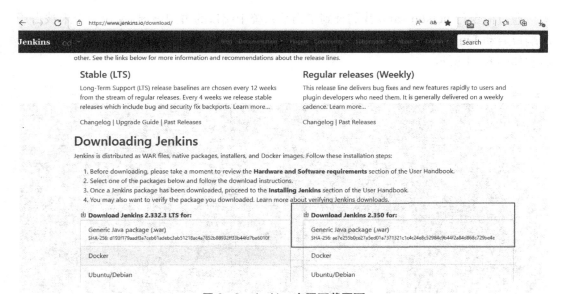

图 6-2　Jenkins 官网下载页面

接下来我们将通过命令行启动 war 文件,首先我们通过命令行查下当前的系统中有哪些端口被占用了,操作结果如图 6-3 所示。

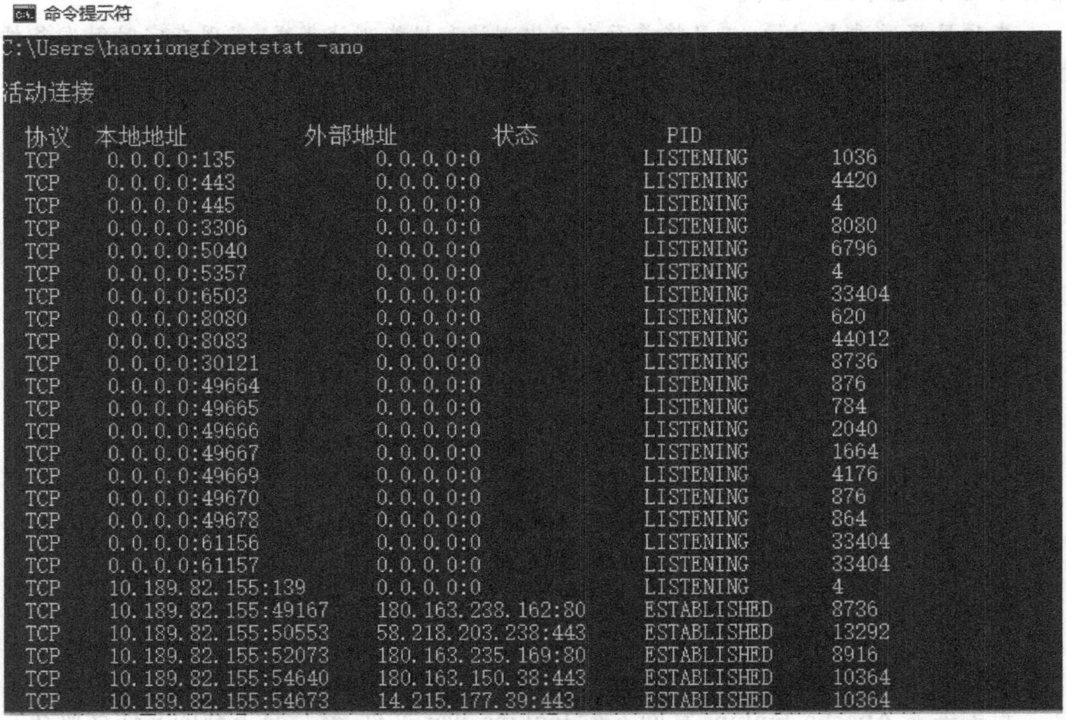

```
命令提示符
C:\Users\haoxiongf>netstat -ano

活动连接

  协议  本地地址          外部地址        状态           PID
  TCP    0.0.0.0:135            0.0.0.0:0              LISTENING       1036
  TCP    0.0.0.0:443            0.0.0.0:0              LISTENING       4420
  TCP    0.0.0.0:445            0.0.0.0:0              LISTENING       4
  TCP    0.0.0.0:3306           0.0.0.0:0              LISTENING       8080
  TCP    0.0.0.0:5040           0.0.0.0:0              LISTENING       6796
  TCP    0.0.0.0:5357           0.0.0.0:0              LISTENING       4
  TCP    0.0.0.0:6503           0.0.0.0:0              LISTENING       33404
  TCP    0.0.0.0:8080           0.0.0.0:0              LISTENING       620
  TCP    0.0.0.0:8083           0.0.0.0:0              LISTENING       44012
  TCP    0.0.0.0:30121          0.0.0.0:0              LISTENING       8736
  TCP    0.0.0.0:49664          0.0.0.0:0              LISTENING       876
  TCP    0.0.0.0:49665          0.0.0.0:0              LISTENING       784
  TCP    0.0.0.0:49666          0.0.0.0:0              LISTENING       2040
  TCP    0.0.0.0:49667          0.0.0.0:0              LISTENING       1664
  TCP    0.0.0.0:49669          0.0.0.0:0              LISTENING       4176
  TCP    0.0.0.0:49670          0.0.0.0:0              LISTENING       876
  TCP    0.0.0.0:49678          0.0.0.0:0              LISTENING       864
  TCP    0.0.0.0:61156          0.0.0.0:0              LISTENING       33404
  TCP    0.0.0.0:61157          0.0.0.0:0              LISTENING       33404
  TCP    10.189.82.155:139      0.0.0.0:0              LISTENING       4
  TCP    10.189.82.155:49167    180.163.238.162:80     ESTABLISHED     8736
  TCP    10.189.82.155:50553    58.218.203.238:443     ESTABLISHED     13292
  TCP    10.189.82.155:52073    180.163.235.169:80     ESTABLISHED     8916
  TCP    10.189.82.155:54640    180.163.150.38:443     ESTABLISHED     10364
  TCP    10.189.82.155:54673    14.215.177.39:443      ESTABLISHED     10364
```

图 6-3　查询当前系统端口占用

通过命令行 netstat -ano 我们查到了当前系统中端口的占用情况，选择一个未被占用的端口启动 Jenkins，启动 Jenkins 命令行 java -jar jenkins. war --httpPort＝8083，命令行启动如图 6-4 所示。

```
命令提示符 - D:\09_jenkins\run.bat
D:\09_jenkins>java -jar jenkins.war --httpPort=8083
Running from: D:\09_jenkins\jenkins.war
webroot: $user.home/.jenkins
2022-06-07 09:11:54.070+0000 [id=1]     INFO    org.eclipse.jetty.util.log.Log#initialized: Logging initialized @2051ms
to org.eclipse.jetty.util.log.JavaUtilLog
2022-06-07 09:11:54.250+0000 [id=1]     INFO    winstone.Logger#logInternal: Beginning extraction from war file
2022-06-07 09:12:15.980+0000 [id=1]     WARNING o.e.j.s.handler.ContextHandler#setContextPath: Empty contextPath
2022-06-07 09:12:16.262+0000 [id=1]     INFO    org.eclipse.jetty.server.Server#doStart: jetty-9.4.46.v20220331; built:
2022-03-31T16:38:08.030Z; git: bc17a0369a11ecf40bb92c839b9ef0a8ac50ea18; jvm 11.0.8+10-LTS
2022-06-07 09:12:20.127+0000 [id=1]     INFO    o.e.j.w.StandardDescriptorProcessor#visitServlet: NO JSP Support for /,
did not find org.eclipse.jetty.jsp.JettyJspServlet
2022-06-07 09:12:20.224+0000 [id=1]     INFO    o.e.j.s.s.DefaultSessionIdManager#doStart: DefaultSessionIdManager worke
rName=node0
2022-06-07 09:12:20.225+0000 [id=1]     INFO    o.e.j.s.s.DefaultSessionIdManager#doStart: No SessionScavenger set, usin
g defaults
2022-06-07 09:12:20.227+0000 [id=1]     INFO    o.e.j.server.session.HouseKeeper#startScavenging: node0 Scavenging every
 660000ms
2022-06-07 09:12:21.491+0000 [id=1]     INFO    hudson.WebAppMain#contextInitialized: Jenkins home directory: C:\Users\h
aoxiongf\.jenkins found at: $user.home/.jenkins
2022-06-07 09:12:21.903+0000 [id=1]     INFO    o.e.j.s.handler.ContextHandler#doStart: Started w.@69e05f61{Jenkins v2.3
50,/,file:///C:/Users/haoxiongf/.jenkins/war/,AVAILABLE}{C:\Users\haoxiongf\.jenkins\war}
```

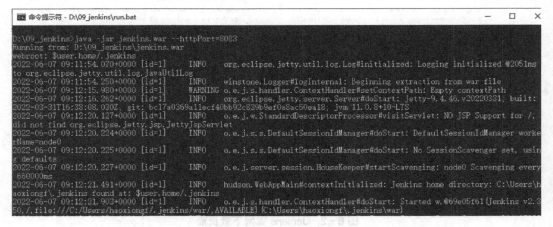

图 6-4　命令行启动 Jenkins

等待 Jenkins 启动完成以后，在浏览器地址栏中输入 http://localhost:8083/，即可访问 Jenkins，具体操作如图 6-5 所示。

图 6-5 登录 Jenkins 首页

任务6.2　Jenkins 持续集成应用

6.2.1　Jenkins 持续集成之自动化测试

首先在 Jenkins 页面左边的导航栏菜单中,选"新建 Item"进入任务创建页面。然后在任务创建页面中,输入任务名称"电力门户_新闻模块",并选择任务类型为"Freestyle project",单击确定完成创建,具体操作如图 6-6 所示。

图 6-6　创建"电力门户_新闻模块"任务

然后进入配置页面,先要对"源码管理"进行配置,一般分为两种情况,一种采用 Git 服务器管理的源码需要对 Git 服务器的路径以及鉴权信息进行配置,另一种是将源码存放到服务器端的情况,就不需要单独进行配置了,具体配置如图 6-7 所示。

图 6-7　配置"源码管理"信息

完成"源码管理"配置以后,要进行"构建"项目的配置,在"增加构建步骤"下拉菜单中选择"Execute Windows batch command"步骤,如图 6-8 所示。

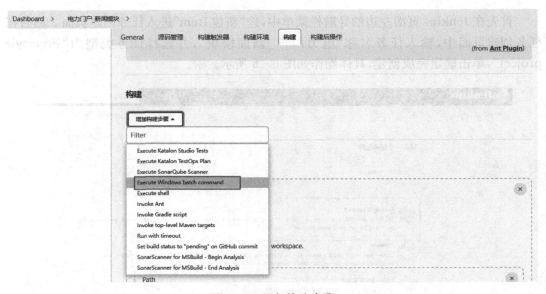

图 6-8　添加构建步骤

然后在"命令"窗口中,填写执行相关用例的批处理命令行内容,例如:要执行 test_add_news 用例,相应的批处理脚本如下所示。

代码 6-1 执行 test_add_news 用例命令行

```
cd/
d:
cd D:\05_AutoTest\powerportal
pytest -vs ./test_news.py::TestNews::test_add_news --alluredir=%WORKSPACE%/allure_result
```

上面批处理脚本中变量%WORKSPACE%代表了当前 Jenkins 项目所在工作空间的绝对路径。在完成了 test_add_news 用例的构建配置后,我们可以将新闻模块中的 test_add_news、test_del_news、test_modify_news 等几个用例也添加到构建列表中去,操作的流程与添加 test_add_news 用例的构建配置一样,具体操作如图 6-9 所示。

图 6-9 构建步骤全部完成截图

完成"构建"环节的配置以后,将进行"构建后操作"环节的配置。在进行这个环节前,我们要先进入到 Jenkins 的工作空间分别创建名称为"allure_result"和"allure-report"两个目录。"allure_result"目录是用来存放 Pytest 执行后的结果数据的。"allure-report"目录是用来存放 Allure 框架生成的报告的,创建后效果如图 6-10 所示。

然后回到 Jenkins 的"构建后操作"配置页面中,在"增加构建后操作步骤"下拉菜单中选择"Allure Report",具体操作如图 6-11 所示。

接下来在"Allure Report"配置项目中,找到"Results"下的"Path",在其中的文本编辑框中填入"allure_result",具体操作如图 6-12 所示。

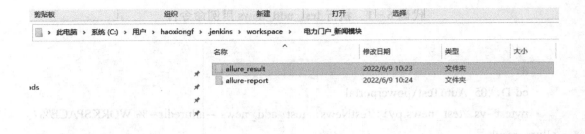

图 6-10 Jenkins 工作空间创建目录

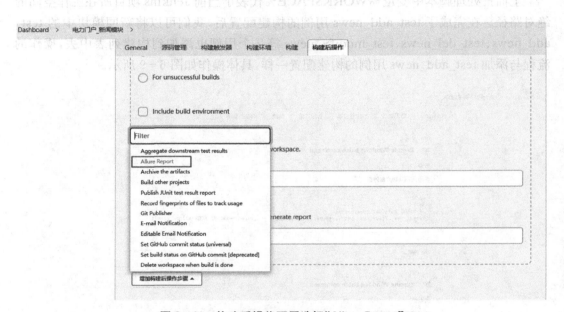

图 6-11 构建后操作配置选择"Allure Report"

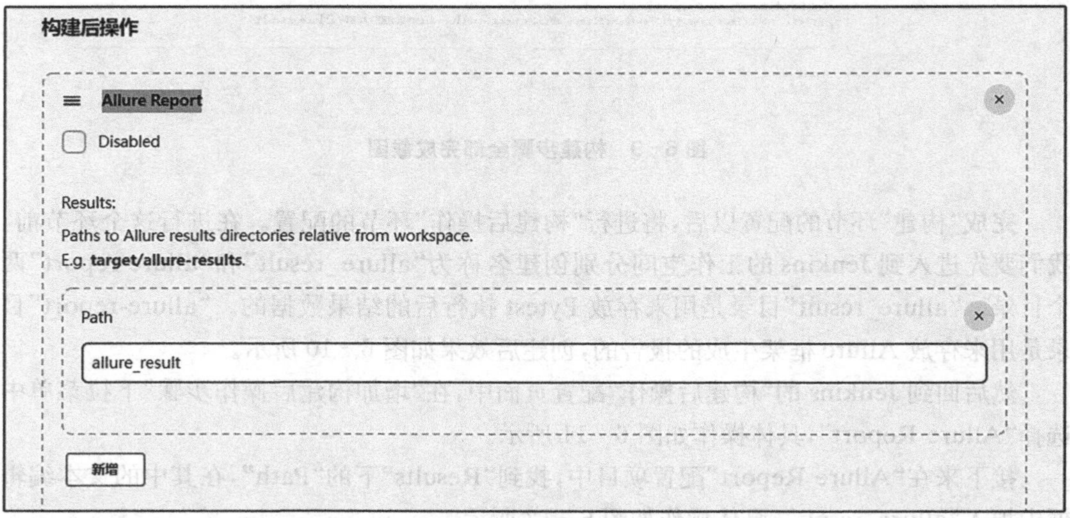

图 6-12 "Allure Report"项中配置路径信息

接下来完成"JDK"配置项的设置,具体设置信息如图 6-13 所示。

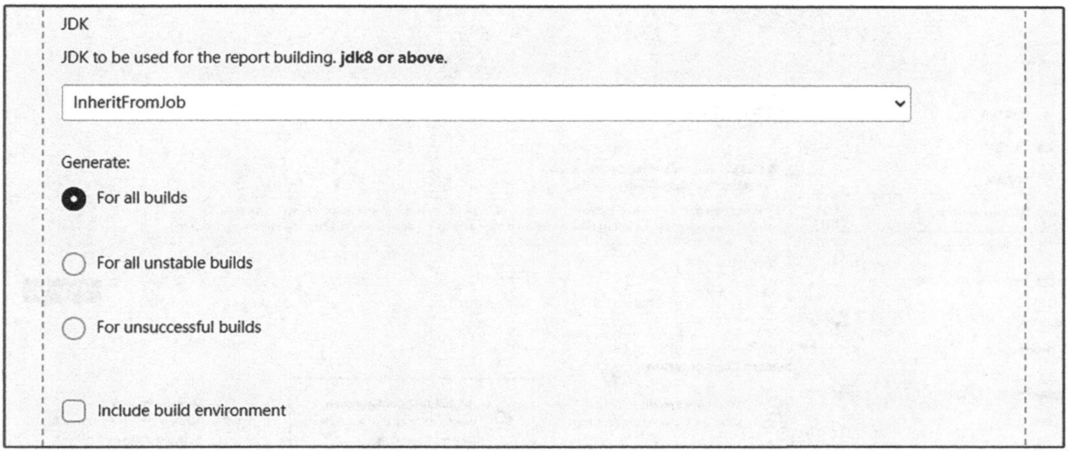

图 6-13 "JDK"配置信息

最后是关于 Allure 报告的存放路径的设置,参考图 6-14 中的内容进行设置。

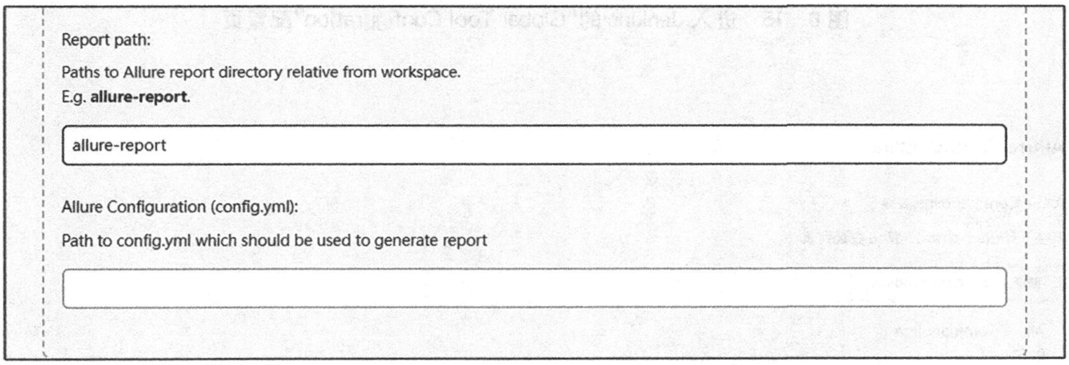

图 6-14 Allure 报告的存放路径的设置

以上这些配置完成以后,并没有真正结束,还需要在 Jenkins 服务器上配置 Allure 命令行的路径信息,先回到 Jenkins 的首页,在左边导航菜单中找到"Manage Jenkins",然后在右边的页面中找到"Global Tool Configuration"按钮,单击按钮进入设置页面,如图 6-15 所示。

在"Global Tool Configuration"配置页面中找到"Allure Commandline"配置项,将系统安装的 Allure 的路径配置进去,具体操作如图 6-16 所示。

所有配置完成以后回到对应的工程页面中,在左边的导航菜单中找到"Build Now"按钮,启动 CI 工程,在"控制台输出"项中可以看到当前工程的控制台打印信息,如图 6-17 所示。

等待工程运行结束以后,单击导航菜单中的"Allure Report"菜单即可进入 Allure 报告中,详细信息如图 6-18 所示。

314 软件测试

图 6-15 进入 Jenkins 的"Global Tool Configuration"配置页

图 6-16 完成"Allure Commandline"安装路径配置

图 6-17 启动 Jenkins 任务控制台输出

图 6-18 Jenkins 任务结束后生成的报告

6.2.2 Jenkins 持续集成之性能测试

在项目 5 中我们讲解了应用 JMeter 工具完成性能测试的任务,本次任务将会在 Jenkins 中集成前面性能测试项目。首先还是在 Jenkins 的首页中,选择"新建 Item"进入任务创建页面,然后在任务创建页面中,输入任务名称"电力门户_性能测试",并选择任务类型为"Freestyle project",单击确定完成创建。创建好后在项目列表中,会显示我们刚刚创建的项目,如图 6-19 所示。

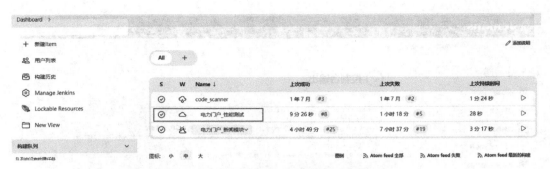

图 6-19 创建"电力门户_性能测试"任务

然后进入"电力门户_性能测试"的工作空间中,分别创建名为"result"和"report"的两个目录,具体操作如图 6-20 所示。

图 6-20 "电力门户_性能测试"工作空间创建目录

然后进入"电力门户_性能测试"项目的配置页,"源码管理"和 6.2.1 小节一样选择"无",接下来进行"构建"环节的配置,在"增加构建步骤"下拉菜单中选择"Execute Windows batch command"步骤,如图 6-21 所示。

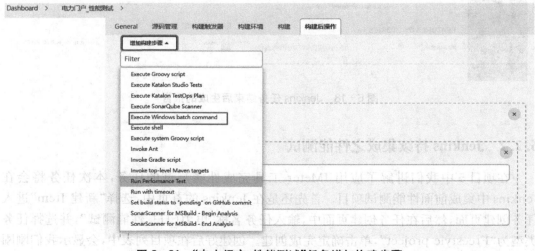

图 6-21 "电力门户_性能测试"任务增加构建步骤

然后在"命令"窗口中，填写执行相关用例的批处理命令行内容，因为 JMeter 性能测试执行前，需要先将 jtl 文件以及上次性能测试的 report 目录清空，所以在脚本中要做好提前预处理，响应的脚本如下所示。

代码 6‑2　执行 JMeter 性能测试

```
rd/s/q report
md report
cd result
del *.jtl
cd/
d:
cd %JMETER_HOME%\bin
jmeter -n -t 电力门户项目.jmx -l %WORKSPACE%/result/电力门户.jtl -e -o %WORKSPACE%/report
```

完成"构建"环节的配置以后，将进行"构建后操作"环节的配置。在进行"构建后操作"前，需要在 Jenkins 上安装 2 个插件"Performance Plugin"和"HTML Publisher plugin"。然后单击"增加构建后操作步骤"分别增加如下两个配置项目，如图 6‑22 所示。

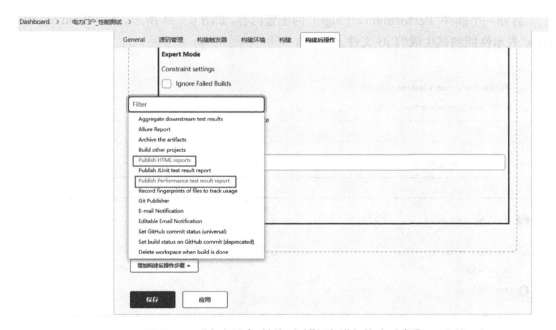

图 6‑22　"电力门户_性能测试"任务增加构建后步骤

对于"HTML Publisher plugin"插件的相关设置，如图 6‑23 所示，其中"report"代表工作区间中创建的 report 目录。

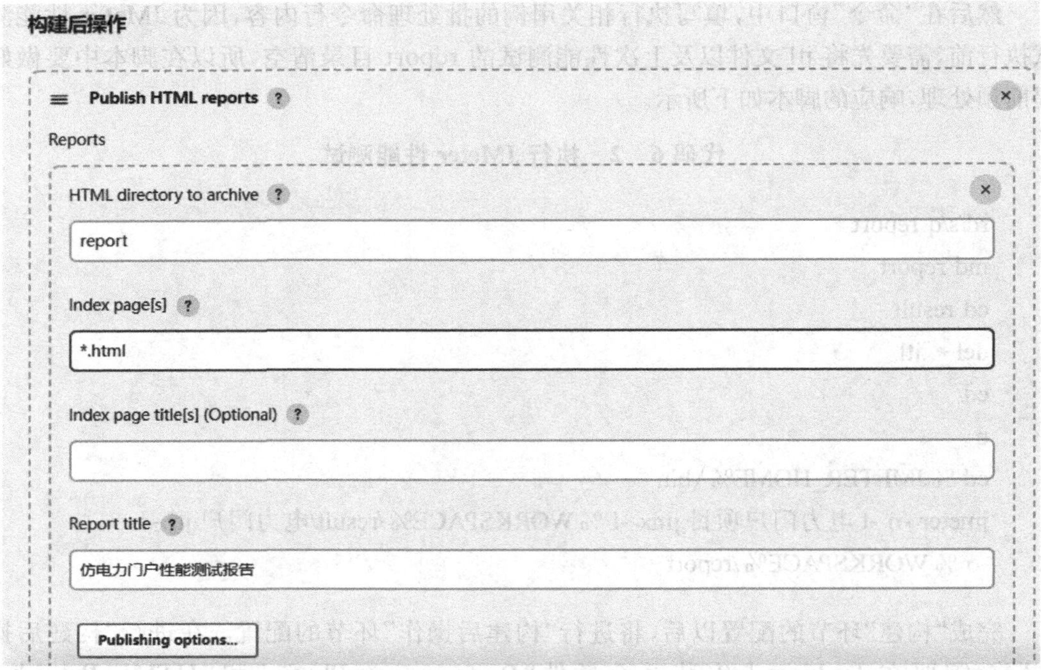

图 6-23 "HTML Publisher plugin"插件配置

另外一个插件"Performance Plugin"的配置内容,如图 6-24 所示,其中"Source data files"表示性能测试生成的 jtl 文件。

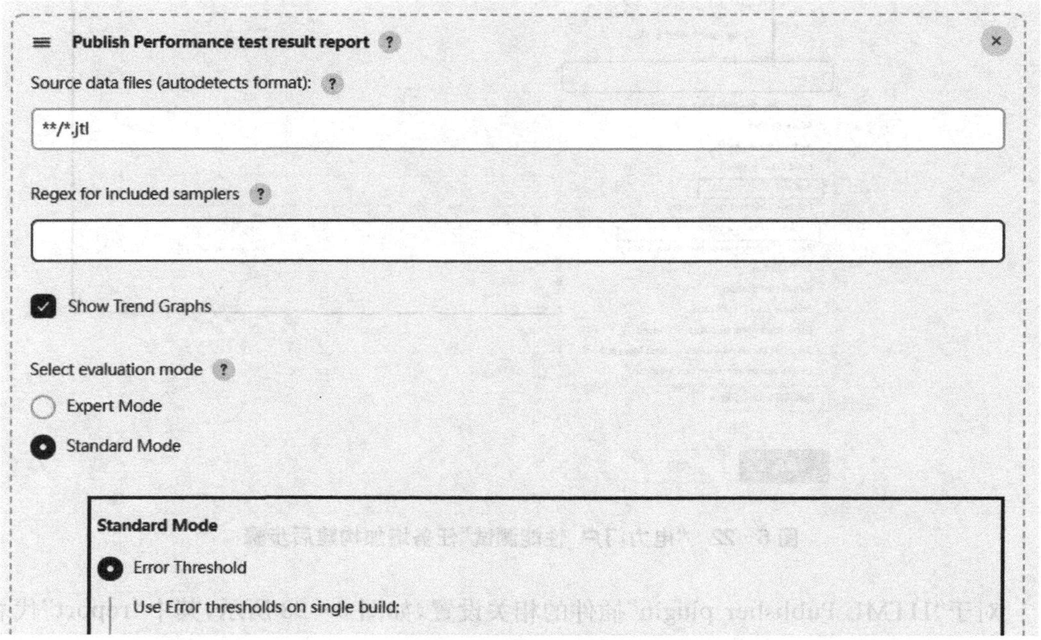

图 6-24 "Performance Plugin"插件配置

完成以上设置以后，就可以开始启动项目进行性能测试活动了，性能测试项目启动后的打印信息如图6-25所示。

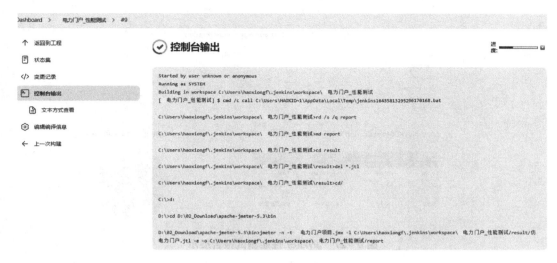

图6-25 "电力门户_性能测试"任务控制台输出

"电力门户_性能测试"构建完成后的报告，如图6-26所示。

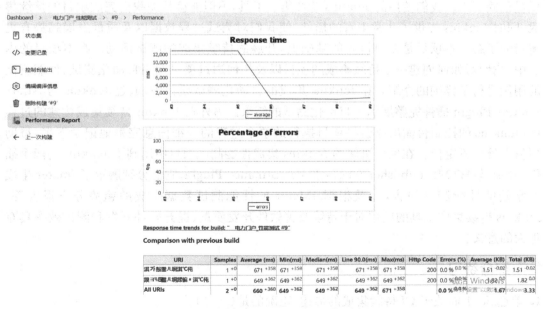

图6-26 "Performance Report"报告展示

图 6-27 为构建完成后的 HTML 报告。

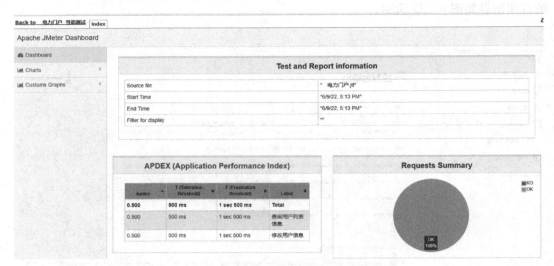

图 6-27　JMeter 性能测试报告展示

项目小结

持续集成是软件开发过程中的一个重要环节，通过多次反复构建逐渐让软件的版本质量稳固下来。我们使用的 Jenkins 持续集成工具，不但能够帮助我们完成项目的持续集成，同时 Jenkins 提供了非常丰富的插件，使我们对测试过程数据以及质量发展趋势有更清晰的了解。本项目是在项目 5 的基础上，开展的持续集成的测试活动。在本项目的内容中，我们对如何创建一个持续集成的项目以及如何通过项目调用自动化测试、性能测试的用例进行了详细的介绍。在 Jenkins 集成的自动化测试项目中，通过 Jenkins 的 Allure Jenkins Plugin 插件完整展示了自动化测试的结果。另外在 Jenkins 持续集成构建的过程中，Jenkins 的控制台输出也会将项目执行的整个过程的详细信息完整地记录下来，帮助项目人员分析定位。在项目讲解的 Jenkins 集成性能测试项目中用到了 Jenkins 的两个插件，分别是：HTML Publisher plugin 和 Performance Plugin，它们分别展示了 Jmeter 生成的原始的性能测试报告，以及根据 JMeter 的性能测试数据生成的趋势分析报告等。Jenkins 持续集成工具的应用对于持续改善软件开发质量、提升软件开发和测试效率具有重大的意义。

综合练习

1. 单选题：下面关于 CI 持续集成的描述，正确的是(　　)。
    A. CI 的关键点是自动化，常见实践覆盖自动构建、自动测试及自动结果通知
    B. CI 的关键点是自动化测试和有效率的手工测试高效结合
    C. CI 主要关注代码内建质量，与测试关系并不大
    D. CI 主要关注的是单元测试的成功率而不是覆盖率

2. 单选题：Jenkins 初次部署时，会生成一个初始登录密码文件，文件的位置是（　　）。
   A. C:\Users\用户名\.jenkins\secrets\initialAdminPassword
   B. C:\Users\用户名\.jenkins\AdminPassword
   C. C:\windows\system\AdminPassword
   D. C:\windows\system\AdminPass
3. 判断题：Jenkins 是持续集成工具，Git 是源码版本控制工具。（　　）
4. 简答题：什么是持续集成？

参 考 文 献

[1] 冈迪察 U. Selenium 自动化测试:基于 Python 语言[M].金鑫,熊志男,译.北京:人民邮电出版社,2018.
[2] 杜文洁.软件测试教程 2 版[M].北京:清华大学出版社,2013.
[3] 王辉.Python 程序设计教程[M].北京:清华大学出版社,2021.
[4] 马瑟斯 E.Python 编程:从入门到实践[M].袁国忠,译.北京:人民邮电出版社,2016.
[5] 卢茨 M.Python 学习手册 5 版[M].秦鹤,林明,译.北京:机械工业出版社,2018.